U0131943

高等学校教材

计算机应用

Visual C#.NET
程序设计基础教程

王华秋 主编

董世都 刘洁 刘祥 汪钛铬 副主编

清华大学出版社

北京

内 容 简 介

．NET 体系教程由初级教程、高级教程和案例教程组成，本书是该体系教程的初级教程，主要内容包括 C♯语言基础、窗体程序设计、数据库编程、图形图像编程和 ASP．NET 网页设计 5 部分内容。

全书以实践为主，旨在提供多种形式的 Visual C♯语言应用和操作方法。通过实践操作方式可以帮助读者更好地理解在各种应用背景和软件环境下如何运用各种 Visual C♯编程技术有效地设计和开发程序，加深对 Visual C♯编程技术理论和实践的理解。

本书所提供的实践操作大多附有较为完整的分析和点评，非常适合初学者使用。它不仅可作为高等学校大学本科、高职高专学生"Visual C♯语言程序设计"课程的教材，也可以作为各类短期培训的教材。

图书在版编目（CIP）数据

Visual C♯.NET 程序设计基础教程/王华秋主编. —北京：清华大学出版社，2009.7
（高等学校教材·计算机应用）
ISBN 978-7-302-20117-5

Ⅰ. V…　Ⅱ. 王…　Ⅲ. C语言－程序设计－高等学校－教材　Ⅳ. TP312

中国版本图书馆 CIP 数据核字（2009）第 071030 号

责任编辑：付弘宇　薛　阳
责任校对：焦丽丽
责任印制：何　芊

出版发行：清华大学出版社　　　　　　　　地　　址：北京清华大学学研大厦 A 座
　　　　　http://www.tup.com.cn　　　　邮　　编：100084
　　　　　社　总　机：010-62770175　　　邮　　购：010-62786544
　　　　　投稿与读者服务：010-62776969，c-service@tup.tsinghua.edu.cn
　　　　　质　量　反　馈：010-62772015，zhiliang@tup.tsinghua.edu.cn
印　刷　者：北京季蜂印刷有限公司
装　订　者：三河市兴旺装订有限公司
经　　销：全国新华书店
开　　本：185×260　印　张：22　字　数：533 千字
版　　次：2009 年 7 月第 1 版　　印　　次：2009 年 7 月第 1 次印刷
印　　数：1～4000
定　　价：32.00 元

南京邮电学院	朱秀昌	教授
苏州大学	龚声蓉	教授
江苏大学	宋余庆	教授
武汉大学	何炎祥	教授
华中科技大学	刘乐善	教授
中南财经政法大学	刘腾红	教授
华中师范大学	王林平	副教授
	魏开平	教授
	叶俊民	教授
武汉理工大学	李中年	教授
国防科技大学	赵克佳	教授
	肖 侬	副教授
中南大学	陈松乔	教授
	刘卫国	教授
湖南大学	林亚平	教授
	邹北骥	教授
西安交通大学	沈钧毅	教授
	齐 勇	教授
长安大学	巨永峰	教授
西安石油学院	方 明	教授
西安邮电学院	陈莉君	教授
哈尔滨工业大学	郭茂祖	教授
吉林大学	徐一平	教授
	毕 强	教授
长春工程学院	沙胜贤	教授
山东大学	孟祥旭	教授
	郝兴伟	教授
山东科技大学	郑永果	教授
中山大学	潘小轰	教授
厦门大学	冯少荣	教授
福州大学	林世平	副教授
云南大学	刘惟一	教授
重庆邮电学院	王国胤	教授
西南交通大学	杨 燕	副教授

出版说明

改革开放以来,特别是党的十五大以来,我国教育事业取得了举世瞩目的辉煌成就,高等教育实现了历史性的跨越,已由精英教育阶段进入国际公认的大众化教育阶段。在质量不断提高的基础上,高等教育规模取得如此快速的发展,创造了世界教育发展史上的奇迹。当前,教育工作既面临着千载难逢的良好机遇,同时也面临着前所未有的严峻挑战。社会不断增长的高等教育需求同教育供给特别是优质教育供给不足的矛盾,是现阶段教育发展面临的基本矛盾。

教育部一直十分重视高等教育质量工作。2001 年 8 月,教育部下发了《关于加强高等学校本科教学工作,提高教学质量的若干意见》,提出了十二条加强本科教学工作提高教学质量的措施和意见。2003 年 6 月和 2004 年 2 月,教育部分别下发了《关于启动高等学校教学质量与教学改革工程精品课程建设工作的通知》和《教育部实施精品课程建设提高高校教学质量和人才培养质量》文件,指出"高等学校教学质量和教学改革工程"是教育部正在制定的《2003—2007 年教育振兴行动计划》的重要组成部分,精品课程建设是"质量工程"的重要内容之一。教育部计划用五年时间(2003—2007 年)建设 1500 门国家级精品课程,利用现代化的教育信息技术手段将精品课程的相关内容上网并免费开放,以实现优质教学资源共享,提高高等学校教学质量和人才培养质量。

为了深入贯彻落实教育部《关于加强高等学校本科教学工作,提高教学质量的若干意见》精神,紧密配合教育部已经启动的"高等学校教学质量与教学改革工程精品课程建设工作",在有关专家、教授的倡议和有关部门的大力支持下,我们组织并成立了"清华大学出版社教材编审委员会"(以下简称"编委会"),旨在配合教育部制定精品课程教材的出版规划,讨论并实施精品课程教材的编写与出版工作。"编委会"成员皆来自全国各类高等学校教学与科研第一线的骨干教师,其中许多教师为各校相关院、系主管教学的院长或系主任。

按照教育部的要求,"编委会"一致认为,精品课程的建设工作从开始就要坚持高标准、严要求,处于一个比较高的起点上;精品课程教材应该能够反映各高校教学改革与课程建设的需要,要有特色风格、有创新性(新体系、新内容、新手段、新思路,教材的内容体系有较高的科学创新、技术创新和理念创新的含量)、先进性(对原有的学科体系有实质性的改革和发展,顺应并符合新世纪教学发展的规律,代表并引领课程发展的趋势和方向)、示范性(教材所体现的课程体系具有较广泛的辐射性和示范性)和一定的前瞻性。教材由个人申报或各校推荐(通过所在高校的"编委会"成员推荐),经"编委会"认真评审,最后由清华大学出版社审定出版。

目前,针对计算机类和电子信息类相关专业成立了两个"编委会",即"清华大学出版社计算机教材编审委员会"和"清华大学出版社电子信息教材编审委员会"。首批推出的特色精品教材包括:

(1) 高等学校教材·计算机应用——高等学校各类专业,特别是非计算机专业的计算机应用类教材。

(2) 高等学校教材·计算机科学与技术——高等学校计算机相关专业的教材。

(3) 高等学校教材·电子信息——高等学校电子信息相关专业的教材。

(4) 高等学校教材·软件工程——高等学校软件工程相关专业的教材。

(5) 高等学校教材·信息管理与信息系统。

(6) 高等学校教材·财经管理与计算机应用。

清华大学出版社经过二十多年的努力,在教材尤其是计算机和电子信息类专业教材出版方面树立了权威品牌,为我国的高等教育事业做出了重要贡献。清华版教材形成了技术准确、内容严谨的独特风格,这种风格将延续并反映在特色精品教材的建设中。

清华大学出版社教材编审委员会
E-mail:dingl@tup.tsinghua.edu.cn

C♯语言不仅吸收了 C++ 和 Java 的优秀之处,而且具备现代软件设计的先进思想,不仅提供面向对象的程序设计思想及其执行代码,同时也为我们提供了使编程更加容易的动态编译环境,因而 C♯ 语言已成为企业解决方案的首选开发语言。

本书是入门学习 C♯ 编程语言的良师益友。本书将程序开发技术和当前计算机的主要应用领域进行了适当的结合,比如数据库联机分析处理(OLAP)、计算机图形图像处理、Web 网页设计。这有助于学生今后进入这些领域从事开发、设计或者研究工作。

本书适合有一定编程基础的读者,这本书试图让程序员从繁琐的程序设计理论中解脱出来并通过大量浅显易懂的实例学会使用 C♯,当然这一切有赖于他们已经拥有的基础知识,因为本书的目标对象是有 C 或者 C++ 编程知识的读者。

如果读者具有 Java 的背景,转向 C♯ 会很容易。只有踏踏实实学习这本书,才会真正体会到本书的乐趣;如果想走马观花或不求甚解地学习本书,这样会白白耗费掉时间。

这本书的结构组织如下。

第 1 章　.NET Framework 和 C♯ 概述。这一章把读者带入 .NET 框架里面,同时介绍 C♯ 语言的特点,并讲解如何创建 C♯ 应用程序。

第 2 章　C♯ 编程语言基础。可以看到用在 C♯ 应用程序中的各种简单数据类型、运算符、数组等内容,并且详细介绍程序流程控制。

第 3 章　C♯ 面向对象程序设计。类是 C♯ 功能真正强大的标志,它是具有类的面向对象的编程。具体讲解如构造函数、析构函数、方法、属性、事件和委托等。进一步学习到 C♯ 面向对象的特点,如抽象、多态、封装、继承、接口等内容。

第 4 章　Windows 程序设计。主要介绍各种 C♯ 组件,对 Windows 应用程序实行流程控制,探索 C♯ 提供的各种 Windows 用户界面设计、事件处理机制。

第 5 章　Transact-SQL 语言基础。获得了编写 Transact-SQL 关系数据库查询语言和联机分析处理的基础知识,以及编写复杂查询语句的方法,如存储过程、自定义函数以及触发器。

第 6 章　数据库开发技术。学到如何用 C♯ 提供的数据库组件,开发各种数据库应用程序,另外,这一章将介绍如何使用 C♯ 提供的 SQL Server 项目的技术问题。

第 7 章　图像处理。学习图像处理的基本概念,学会如何用 C♯ 代码实现图像处理的基本方法。

　　第8章　绘制图像。讲解如何使用C♯提供的GDI＋绘图组件绘制各种图形,如直线、圆、长方形等图形。

　　第9章　ASP.NET。获得使用C♯开发ASP.NET中的一些基本知识和技能,程序设计员可以利用这些技术建置一个网站/页应用程序。

　　书中的实例全部出自编者实际教学和工作过程中所采用的实例,都在C♯平台上进行了编译调试通过,方便程序员自学理解。书中源程序注释清晰明了,可以直接使用和更改,方便自行修改和升级。从这本书的观点看,读者所需要的就是应用软件开发工具Visual Studio.Net 2005和数据库管理软件SQL Server 2005。

　　根据我们的教学体会,本书的教学可以安排为50～70学时。如果安排的学时数较少,可根据学生的水平适当删减部分内容。关于更详细的教学安排,请读者查看重庆工学院计算机学院网站(http://cs.cqit.edu.cn)。

　　在清华大学出版社的网站(http://www.tup.tsinghua.edu.cn)上提供了本书的所有例题源代码以及多媒体课件。读者也可以到重庆工学院计算机学院网站上查看相关内容。本书编者也制作了部分习题答案,只提供给教师,请需要的老师发邮件至 fuhy@tup.tsinghua.edu.cn索取。

　　尽管我们在写作过程中投入了大量的时间和精力,但由于水平有限,错误和不足之处仍在所难免,敬请读者批评指正(任何建议可以发至邮箱 wanghuaqiu@163.com)。我们会在适当时间对本书进行修订和补充,并公布在重庆工学院计算机学院网站上。

　　本书第1章由汪钛铬编写,第5、6章由王华秋编写,第7、8章由董世都编写,第2、3章由刘洁编写,第4、9章由刘祥编写。王华秋对全书进行了认真和反复的修改。张建勋和杨长辉对本书的编写进行了指导,提出了许多建设性的建议。徐传运协助做了许多工作,本书的最终出版还得到了其他许多老师和同学的帮助。清华大学出版社的员工为本书的编辑和出版付出了辛勤劳动。在本书完成之际,一并向他们表示诚挚的感谢。

编　者

2009年春

目　录

第 1 章

.NET Framework和C#概述

本章主要是对 C# 的基础知识进行简要介绍。其中包括 . NET Framework、Common Language Runtime 以及 C# 的特点等。另外,本章还介绍了 Visual Studio 2005 的安装及使用,命名空间的基本概念。本章最后还给出了两个简单的实例,分别介绍控制台应用程序和 Windows 窗体应用程序的编写。

本章的目的是让读者快速了解 C# 基本概念,希望读者对 C# 能够有一个基本的认识。任何一门新技术的学习过程中最开始的部分都比较困难,读者可以不必过分纠缠于本章的名词,只需有一个简单的了解即可。

1.1　.NET Framework 体系结构

1.1.1　.NET Framework 环境

. NET Framework 是一个平台,此平台支撑着本书中所要介绍的 C # 语言。同样, . NET Framework 还支持许多其他的语言,如 VB. NET、VC++. NET 等。该平台支持多种应用程序开发。除了典型的 Windows 窗体应用程序和控制台应用程序,还支持 Web 应用程序、Web 服务等各种类型的应用程序。应用 . Net Framework 可以满足应用程序开发的大部分需要。由于其强大的功能特性和方便易用性, . Net Framework 已经成为越来越多的公司、机构的开发工具。

. NET Framework 是支持生成和运行下一代应用程序和 XML Web Services 的内部 Windows 组件。. NET Framework 旨在实现下列目标:

- 提供一个一致的面向对象的编程环境,而无论对象代码是在本地存储和执行,还是在本地执行但在 Internet 上分布,或者是在远程执行的。
- 提供一个将软件部署和版本控制冲突最小化的代码执行环境。
- 提供一个可提高代码(包括由未知的或不完全受信任的第三方创建的代码)执行安全性的代码执行环境。
- 提供一个可消除脚本环境或解释环境的性能问题的代码执行环境。
- 使开发人员的经验在面对类型大不相同的应用程序(如基于 Windows 的应用程序和基于 Web 的应用程序)时保持一致。

- 按照工业标准生成所有通信，以确保基于.NET Framework 的代码可与任何其他代码集成。

.NET Framework 具有两个主要组件：公共语言运行库和.NET Framework 类库。公共语言运行库是.NET Framework 的基础。我们可以将运行库看作一个在执行时管理代码的代理，它提供内存管理、线程管理和远程处理等核心服务，并且还强制实施严格的类型安全以及可提高安全性和可靠性的其他形式的代码准确性。事实上，代码管理的概念是运行库的基本原则。以运行库为目标的代码称为托管代码，而不以运行库为目标的代码称为非托管代码。.NET Framework 的另一个主要组件是类库，它是一个综合性的面向对象的可重用类型集合，我们可以使用它开发多种应用程序，这些应用程序包括传统的命令行或图形用户界面（GUI）应用程序，也包括基于 ASP.NET 所提供的最新创新的应用程序（如 Web 窗体和 XML Web Services）。

.NET Framework 可由非托管组件承载，这些组件将公共语言运行库加载到它们的进程中并启动托管代码的执行，从而创建一个可以同时利用托管和非托管功能的软件环境。.NET Framework 不但提供若干个运行库宿主，而且还支持第三方运行库宿主的开发。

例如，ASP.NET 承载运行库以为托管代码提供可伸缩的服务器端环境。ASP.NET 直接使用运行库以启用 ASP.NET 应用程序和 XML Web Services（本主题稍后将对这两者进行讨论）。

Internet Explorer 是承载运行库（以 MIME 类型扩展的形式）的非托管应用程序的一个示例。使用 Internet Explorer 承载运行库使我们能够在 HTML 文档中嵌入托管组件或 Windows 窗体控件。以这种方式承载运行库使得托管移动代码（类似于 Microsoft® ActiveX® 控件）成为可能，不过它需要只有托管代码才能提供的重大改进（如不完全受信任的执行和独立的文件存储）。

1.1.2   公共语言运行库

通常将.NET Framework 分为.NET Framework 类库、公共语言运行库（Common Language Runtime，CLR）和 ASP.NET，其中.NET Framework 类库和 ASP.NET 会在本书后面的内容中进行详细介绍，这里对 Common Language Runtime 进行简要的介绍。

同 Java 虚拟机（Java Virtual Machine，JVM）相似，CLR 也是一个运行时环境。CLR 负责内存分配和垃圾回收，也就是通常所说的资源分配，同时保证应用和底层系统的分离。总而言之，它负责.NET 库所开发的所有应用程序的执行。

CLR 所负责的应用程序在执行时是托管的，即技术资料中经常出现的 managed 一词。托管代码带来的好处即跨语言调用、内存管理、安全性处理等。CLR 隐藏了一些与底层操作系统打交道的环节，使开发人员可以把注意力放在代码所实现的功能上。非 CLR 控制的代码即非托管（unmanaged）代码，如 C++ 等。这些语言可以访问操作系统的低级功能。

垃圾回收（garbage collection）是.NET 中一个很重要的功能，这种思想在其他的语言中也有实现。这个功能保证应用程序不再使用某些内存时，这些内存就会被.NET 回收并释放。这种功能被实现以前，这些复杂的工作主要由开发人员来实现，而这正是导致程序不稳定的主要因素之一。

垃圾回收带来的负面影响就是.NET会频繁检查内存单元。虽然精确地得到监视程序运行的开销目前还不能实现，但由此带来的性能降低也得到了微软的承认。这种性能的降低总体来说还是可以忍受的，来自微软的消息也不断指出这种消耗的降低。

在托管的CLR环境中运行代码，其运行机制的示意图如图1.1所示。

一个典型的.NET程序的运行过程主要包括以下几个步骤。

（1）选择编译器。为获得公共语言运行库提供的优点，必须使用一个或多个针对运行库的语言编译器。

图1.1 CLR运行机制示意图

（2）将代码编译为Microsoft中间语言（MSIL）。编译将源代码翻译为MSIL并生成所需的元数据。

（3）将MSIL编译为本机代码。在执行时，实时（JIT）编译器将MSIL（微软中间语言）翻译为本机代码。在此编译过程中，代码必须通过验证过程，该过程检查MSIL和元数据以查看是否可以将代码确定为类型安全。

（4）运行代码。公共语言运行库提供使执行能够发生，以及可在执行期间使用的各种服务的结构。

1.1.3 .NET Framework 类库

.NET Framework类库是一个与公共语言运行库紧密集成的可重用的类型集合。该类库是面向对象的，并提供用户自己的托管代码可从中导出功能的类型。这不但使.NET Framework类型易于使用，而且还减少了学习.NET Framework的新功能所需要的时间。此外，第三方组件可与.NET Framework中的类无缝集成。

例如，.NET Framework集合类实现一组可用于开发用户自己的集合类的接口。用户的集合类将与.NET Framework中的类无缝地混合。

正如人们对面向对象的类库所希望的那样，.NET Framework类型使用户能够完成一系列常见的编程任务（包括诸如字符串管理、数据收集、数据库连接以及文件访问等任务）。除这些常见任务之外，类库还包括支持多种专用开发方案的类型。例如，可使用.NET Framework开发下列类型的应用程序和服务。

- 控制台应用程序。
- Windows GUI应用程序（Windows窗体）。
- ASP.NET应用程序。
- XML Web services。
- Windows服务。

例如，Windows窗体类是一组综合性的可重用的类型，它们大大简化了Windows GUI

的开发。如果要编写 ASP. NET Web 窗体应用程序，可使用 Web 窗体类。

1.2 C# 语言概述

1.2.1 C# 简介

1. C# 语言的演化

C# 是可用于创建运行在 .NET CLR 上的应用程序的语言之一，它从 C 和 C++ 语言演化而来，是 Microsoft 专门为使用 .NET 平台而创建的。C# 和 .NET Framework 同时出现和发展。由于 C# 出现较晚，吸取了许多其他语言的优点，解决了许多问题。

2. C# 语言的特点

它是唯一为 .NET Framework 设计的语言，是在移植到其他操作系统上的 .NET 版本中使用的主要语言。简单看来，C# 仅仅是 .NET 开发的一种语言。但事实上 C# 是 .NET 开发中最好的一门语言，这是由 C# 自身的设计决定的。作为专门为 .NET 设计的语言，C# 不但结合了 C++ 的强大灵活和 Java 语言简洁的特性，还吸取了 Delphi 和 Visual Basic 所具有的易用性。因而 C# 是一种使用简单，功能强大，表达力丰富的全新语言。

1.2.2 C# 与其他语言的比较

1. C# 与 VB

C# 和 VB 最明显的区别是 C# 编译为 MSIL，而 VB 编译为内部机器代码，C# 运行时的优点是它允许 C# 代码与其他语言编写的代码交互，允许 C# 代码使用 .NET 基类提供的丰富功能。

从特性上看，C# 对面向对象的支持更加全面。从语法上看，C# 比 VB 更简洁，允许变量同时声明和初始化。

2. C# 与 C++

首先，C# 只是 C++ 的另一种形式，可以将普通的 C++ 代码内嵌到 C# 代码的"不安全"块中。

3. C# 和 Java 的比较

Java 对 C# 有深刻的影响，其语法非常类似，甚至 Java 类库和 .NET 基类的结构也非常的相似。并且它们都依赖于一个中间的运行环境。

1.2.3 C# 的面向对象技术

C# 的面向对象技术已经成熟，且效率比较高。如支持良好的类结构，并对继承性有一定的限制,一个类可以从无数个类中继承接口,但只能从一个基类中继承其实现方法。C#采用一种更清晰的新语法来描述面向对象的多态性,即声明为"虚"函数、"纯虚"函数,特别是一个类可以先行提供方法执行方式,在该方法的前面加上 abstract 关键字,迫使其子类也这么做;而且可以创建不能继承的类,与 C++一样,种类齐全的关键字可以严格控制类成员的访问权限。

C#类机制还有一个特性是其属性的方法。这种方法把属性的读写集中到一个地方,以便更容易控制它,对属性的访问更像特性而不像伪函数的调用。属性的特殊形式称为索引符,它通过一种非常直观的语法显示类中的数组。

C#类可以使用多个参数化的构造函数,但它们一般不能以 C++类的相同方式执行析构函数,除了析构函数外,C#类含有 finalize 方法,当对象没有被释放,但运行时的无用存储单元收集器要删除该对象时,可以调用该方法。

1.3 创建第一个 C# 项目

在介绍了 C#的诸多基础知识之后,下面将向读者展示两个实例。这两个实例分别是控制台应用程序和 Windows 窗体应用程序。本节介绍如何用 C#编写一个控制台应用程序。

1.3.1 Visual Studio 2005 的安装

本书以 Visual Studio 2005 Team Suite 为例介绍其安装过程。

(1)将获得的 Visual Studio 2005 光盘放入光盘驱动器,屏幕上将会弹出如图 1.2 所示的 Visual Studio 安装界面。

图 1.2 Visual Studio 安装界面一

(2)单击"安装 Visual Studio 2005"选项,进入 Visual Studio 安装界面,如图 1.3 所示。此处可以选择是否参加微软的帮助改进安装活动,读者可以根据自己的意愿选择是否参加。

图 1.3　Visual Studio 安装界面二

　　(3) 单击"下一步"按钮,进入 Visual Studio 安装界面三,如图 1.4 所示。这个窗口中包含最终用户许可协议,读者需要同意其所有条款才能继续下一步安装。界面的右下方分别是产品密钥和名称的输入框,输入相应信息。

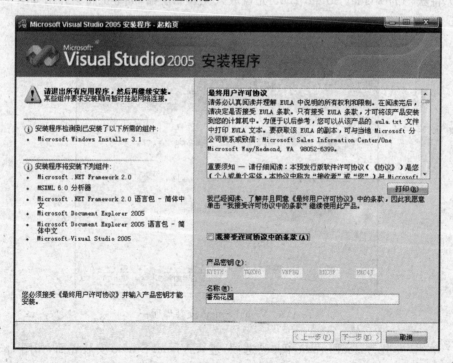

图 1.4　Visual Studio 安装界面三

（4）单击"下一步"按钮，出现如下提示框，如图1.5所示。由于本书选用的是Visual Studio 2005试用版，因此会出现上述提示。根据读者选用Visual Studio 2005版本的不同，此处可能有不同的窗体出现或不出现此窗体。

图 1.5　Visual Studio 安装界面四

（5）单击"确定"按钮，进入Visual Studio安装界面五，如图1.6所示。

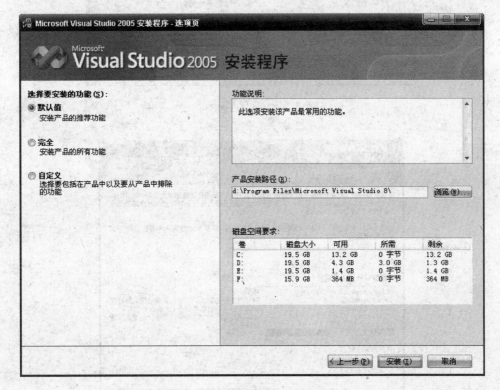

图 1.6　Visual Studio 安装界面五

此处出现的窗体右侧中部可以修改产品安装路径，读者可以根据右下方磁盘空间的提示选择合适的安装位置。对于Visual Studio功能比较熟悉的读者可以在窗体左侧选择"自定义"安装单选按钮，自己取舍程序的功能。对于广大初学者来说，选择"默认值"安装单选按钮是比较合适的。

单击"安装"按钮，安装程序将进入一个漫长的安装过程。

1.3.2　Visual Studio 2005 的使用

单击"开始"|"程序"|Microsoft Visual Studio 2005|Microsoft Visual Studio 2005命

令，即可进入 Microsoft Visual Studio 2005 开发环境。出现欢迎窗口如图 1.7 所示。第一次启动时，会出现如图 1.8 所示的界面，这里读者可以选择"Visual C# 开发设置"。

图 1.7　进入 Microsoft Visual Studio 2005

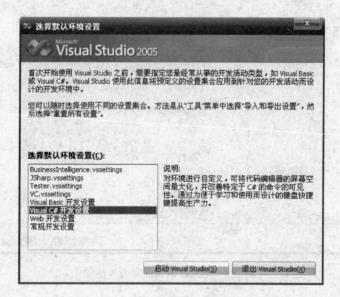

图 1.8　选择默认环境设置

单击"启动 Visual Studio"按钮后，会出现如图 1.9 所示的启动界面。

图 1.9　启动界面

图1.7 所示的欢迎窗口的右侧会列出读者已经安装的产品,Visual Studio 2005 的起始页界面如图 1.10 所示。这其中就包括了 Visual Studio 2005。

图 1.10 Visual Studio 2005 起始页界面

微软提供了一个比 Visual Studio 2003 更为漂亮的界面,并在起始页提供了 MSDN 网站的新闻,这些新闻只有在联网的状态下才能获得。下面将逐步介绍如何用 Visual Studio 2005 IDE 中的功能编写第一个 C♯ 项目。

1.3.3 命名空间

命名空间实际上是一种组织相关类和其他类型的方法。其与文件或组件的区别是命名空间是逻辑意义上的组合,而非物理组合。在编写 C♯ 代码时,如果需要定义一个类,则可以将其包含在命名空间的定义中。以后,若需另外定义一个类,在另一个文件中执行该类的相关操作时,就可以在同一个命名空间中包含该类。创建一个逻辑组合,告诉使用类的其他开发人员这两个类是如何相关的以及如何使用这些类。

下面是一个典型的命名空间的代码实例。

```
namespace MyNamespace
{
using System;
public Class MyClass
{
 :  //具体代码
}
}
```

把一个类型如 MyClass 包含在命名空间中，可以有效地给这个类型指定一个较长的名称。该名称包括类型的命名空间，后面是句点(.)和类的名称。在上面的例子中，MyClass 类型的全称是 MyNamespace. MyClass。这样，在不同命名空间下有相同名称的不同类型就可以在同一个程序中使用了。

用户也可以在命名空间中嵌套其他命名空间，为类型创建层次结构。其代码如下。

```
namespace MyNamespace1
{
  namespace MyNamespace2
  {
    namespace MyNamespace3
    {
      class MyClass
      {
        ⋮//具体代码
      }
    }
  }
}
```

每个命名空间名都由它所在的命名空间的名称组成，这些名称用句点分隔开，首先是最外层的命名空间，紧跟其后的是内层的命名空间。

所以 MyNamespace2 命名空间的全名是 MyNamespace1. MyNamespace2，MyClass 类的全名是 MyNamespace1. MyNamespace2. MyNamespace3. MyClass。

使用这个语法也可以组织自己的命名空间定义中的命名空间，所以上面的代码也可以采用如下的方式编写。

```
namespace MyNamespace1.MyNamespace2.MyNamespace3
{
  class MyClass
  {
    ⋮//具体代码
  }
}
```

注意不允许在另一个嵌套的命名空间中声明多部分的命名空间。

命名空间与程序集是不同的概念，两者没有必然的联系。在一个程序集中可以使用不同的命名空间，也可以在不同的程序集中使用同一个命名空间中的类型。

如果命名空间相当长，编写代码时十分繁琐，频繁地用这种方式指定某个特定的类也是不必要的。如本节开头所述，C#中允许简写类的全名。因此，要在文件的顶部列出类的命名空间，前面加上 using 关键字。在文件的其他地方，就可以使用其类型名称来引用命名空间中的类型了。下面的代码即使用 using 语句的实例。

```
using System;
using MyNamespace1;
```

如前所述，所有的 C#源代码都以语句 using System；开头，这是由于.NET 类库提供的许多有用的类都包含在 System 命名空间中。

如果 using 指令引用的两个命名空间包含同名的类，就必须使用完整的名称（或者至少较长的名称），确保编译器知道访问哪个类型，例如，类 MyClass 同时存在于 MyNamespace1和 MyNamespace2 命名空间中，如果要在命名空间 MyNamespace3 中创建一个类 TestClass，并在该类中实例化一个 MyClass 类，就需要指定使用哪个类：

```
using MyNamespace3;
class TestClass
{
  public static int Main()
  {
    MyNamespace1.MyClass myclass = new MyNamespace1.MyClass ();
     ∶//其他代码
    return 0;
  }
}
```

using 语句通常在 C# 文件的开头，而 C 和 C++ 把 ♯include 放在这里，所以从 C++ 转型到 C♯的程序员常把命名空间与 C++ 风格的头文件相混淆。请读者注意不要犯这种错误，using 语句在这些文件之间并没有真正建立物理链接。C♯也没有对应于 C++ 头文件的部分。

1.3.4 编写控制台应用程序 Hello World!

选择文件菜单中新建菜单项，在弹出的子菜单中单击"项目"命令，在弹出的新建项目窗口中选择控制台应用程序，并将其名称设置为 ConsoleHelloWorld 并单击"确定"按钮，如图 1.11 所示。

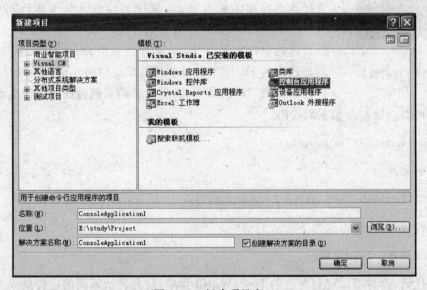

图 1.11 新建项目窗口

修改创建的项目中 Program.cs 的代码如下：

```
//using 表示程序引用的库，以下的 System,System.Collections.Generic 和 System.Text 为控制台
//应用程序默认引用的库，这几个库由 .NET Framework 2.0 中提供
```

```
using System;
using System.Collections.Generic;
using System.Text;
//程序将以新建项目时填入的项目名称自动创建一个命名空间,即 namespace,命名空间可以控制
  类,变量等的作用域,以后将会讲到。类似于 Java 中包的概念
namespace ConsoleHelloWorld
{
  //此处的 class 是类的意思,C#是一门面向对象的语言,所有的程序都由类构成。项目创建的时
  //候,Visual Studio 2005 将会自动创建这个 Program 类。关于面向对象的概念以后将会讲到
  class Program
  {
    //任何一个可执行的程序中都包含一个 Main 函数,Main 函数是程序的入口。程序启动时,将执
    //行 Main 函数中的代码
    static void Main(string[] args)
    {
      //输出 Hello World!
      Console.WriteLine("Hello World!");
      //Console.ReadLine 用于使程序在执行完上面的代码后不立即退出,在用户输入回车键之后
      //才退出程序
      Console.ReadLine();
    }
  }
}
```

按 F5 键运行程序,可得到如图 1.12 的运行结果。

图 1.12　运行结果

此处的命令行窗口中显示了程序运行的结果。在本书以后出现的控制台应用程序中将会不再给出完整的命令行窗口,而是直接给出程序的标准输出,请读者注意。从上述代码中可以看到,输出 Hello World! 的语句是 Console.WriteLine,其功能是将指定的字符串值(后跟当前行结束符)写入标准输出流。以上就是经典的 Hello World 程序在 C#中的实现。此处只是为了让读者感受到 C#的易用性,更复杂的实例将在本书中逐渐呈现。

读者可以尝试修改如下的代码,

```
Console.WriteLine("Hello World!");
```

将其做如下修改:

```
Console.WriteLine("你好,欢迎进入 C#的世界!");
```

保存并运行代码,可以得到如下所示的结果。

你好,欢迎进入 C#的世界!

通过修改代码,读者可以定制自己的 HelloWorld 程序,使其显示不同的运行结果。

1.3.5　编写窗体应用程序 Hello World!

本部分将向读者介绍如何使用 C#创建一个 Windows 窗体应用程序。建立新的

Windows 窗体应用程序,将名称改为 WindowsHelloWorld,如图 1.13 所示。单击"确定"按钮,Visual Studio 将自动打开一个默认的空白窗体如图 1.14 所示。

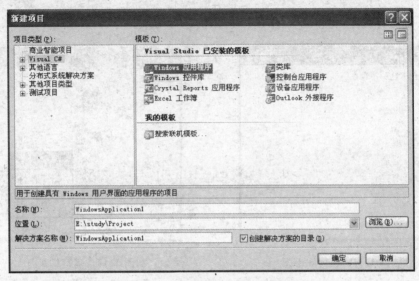

图 1.13　新建 Windows 窗体应用程序

把鼠标指针移到屏幕左侧的工具箱上,然后移到"所有 Windows 窗体"列表中的 Button 选项,并双击该选项。此操作将在新创建的窗体 Form1 中新建一个按钮,如图 1.15 和图 1.16 所示。

图 1.14　空白窗体　　　　　　　　图 1.15　Button 选项

双击添加到窗体的按钮 button1 按钮,Visual Studio 2005 将转入代码编辑器界面并添加如下代码。

```
private void button1_Click(object sender, EventArgs e)
{

}
```

在大括号中间处填入以下代码：

```
MessageBox.Show("Hello World!");
```

按 F5 键运行程序，将得到如图 1.17 所示的运行结果。

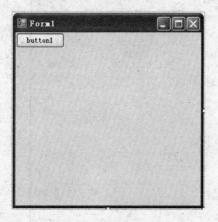

图 1.16   窗体效果图

图 1.17   运行结果

以上的例子再次展示了 Visual Studio 2005 的易用性。只需几步操作，便可创建出一个简单的 Windows 窗体应用程序。当然，Visual Studio 2005 的功能不仅限于此。从工具箱的众多选项中读者不难发现 Visual Studio 2005 可以编写出具有丰富用户体验和强大程序功能的应用程序。在以后的学习中，读者将逐渐体会到 Visual Studio 2005 的功能。

下面再对程序做一点调整，请读者尝试采用鼠标拖曳的方式将按钮移到其所在窗体的中间，如图 1.18 所示。

修改代码，完整代码如下。

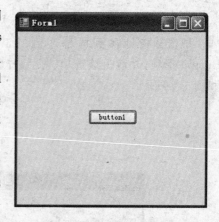

图 1.18   调整按钮位置

```
//using 表示程序引用的库，以下的 System,System.Collections.Generic,System.ComponentModel,
//System.Data,System.Drawing,System.Windows.Forms 和 System.Text 为 Windows 窗体应用程序默
//认引用的库，这几个库由 .NET Framework 2.0 中提供
using System;
using System.Collections.Generic;
using System.ComponentModel;
using System.Data;
using System.Drawing;
using System.Text;
using System.Windows.Forms;
//此处命名空间的作用与前面实例中的命名空间相同
namespace WindowsHelloWorld
{
    //此处为 Visual Studio 2005 创建的窗体类，其中 partial 是分部的意思，在后面的章节中会讲到
    //分部类。后面的冒号和 Form 表示 Form1 继承于 Form 类，继承的概念在后面的章节也会讲解
    public partial class Form1：Form
```

```
{
    //此处是构造函数,在该窗体初始化的时候会执行构造函数中的代码。构造函数也是面向对象
    //中的一个重要内容,在后面的章节中会仔细描述
    public Form1()
    {
        InitializeComponent();
    }
    //此处是 button1 按钮被单击时触发的事件,即当 button1 按钮被单击时,程序将会执行此处的
    //代码,对于本例来说,即显示一个对话框,该对话框的内容是"中间按钮被单击"
    private void button1_Click(object sender, EventArgs e)
    {
        MessageBox.Show("中间按钮被单击!");
    }
}
}
```

运行程序,运行结果如图 1.19 所示。

通过对代码的改动可以达到改变程序运行方式的目的,读者可以尝试对代码作出进一步的调整,以熟悉 Visual Studio 2005 中的各项操作。此处读者可以在窗体中放置不同的按钮,对每个按钮的单击事件做出不同的响应,例如可以对窗体布局作如图 1.20 所示的添加按钮控件设置。

图 1.19　运行结果

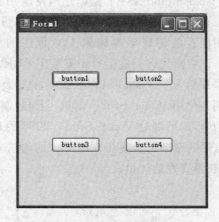

图 1.20　添加按钮控件

为每个按钮的单击事件添加处理代码如下。

```
private void button1_Click(object sender, EventArgs e)
{
    MessageBox.Show("button1 按钮被单击!");
}
private void button2_Click(object sender, EventArgs e)
{
    MessageBox.Show("button2 按钮被单击!");
}
private void button3_Click(object sender, EventArgs e)
{
    MessageBox.Show("button3 按钮被单击!");
```

```
}
private void button4_Click(object sender, EventArgs e)
{
    MessageBox.Show("button4 按钮被单击!");
}
```

此处实例非常简单,目的就是让读者多动手,熟悉 Visual Studio 2005 中的各种基本操作。只有熟练地掌握手中的工具才能更好地学习和设计程序。

本 章 小 结

C#是微软公司配合.NET平台而推出的一种全新的面向对象编程语言,C#是一种完全的面向对象的编程语言,其语法类似于 Java 和 C++,吸取了它们的优点。.NET Framework 由.NET Framenwork 基类库和公共语言运行时的两个主要组件构成,CLR 是管理用户代码执行的运行时环境,它提供了 JIT 编译、内存管理、异常管理和调试等方面的服务。当编译用兼容.NET 的任何语言编写的代码时,输出的代码为微软中间语言(即 MSIL)的形式, MSIL 由一组执行应该如何执行代码的特定指令组成。即时(JIT)编译器将 MSIL 代码编译为特定于目标操作系统和计算机体系结构的本机代码。

Visual Studio .NET 是创建网络应用程序、桌面应用程序等的一套完整的开发工具。 C#与.NET 平台的其他编程语言兼容,可以用来开发.NET 平台的所有应用程序类型。可以用任意的编辑工具编辑 C#程序的源文件,用 C#编译器 csc. exe 编译源文件为 MSIL,该中间代码只能运行于安装了 CLR 的环境。

本章学习了 Visual Studio 2005 的安装及使用,还学习了命名空间的基本概念。两个实例分别是使用 Visual Studio 2005 创建控制台应用程序和 Windows 应用程序。通过这两个实例的学习,可以对 Visual Studio 2005 的开发有一个大概的认识。

以后的章节将会逐步介绍 C#的语法知识,读者可以结合 Visual Studio 2005 进行尝试,以获得直观的认识。

习 题 1

1. 结合图 1.1,说明.NET Framework 的组件构成,并解释每个组件所实现的功能。

2. 什么是.NET Framework? 其设计目标是什么? 与 Windows 平台以前的开发平台相比有哪些特点?

3. 比较 C#与 Java 语言的各自特点。

4. 为什么说 C#是一种完全的面向对象编程语言?

5. 在 DOS 命令行窗口中编译和运行一个简单的 C#程序。

第 2 章

C#编程语言基础

在认识了 C#之后,下面来学习如何使用它。本章介绍 C#编程的基础知识,这也是后续章节的基础。其中包括变量与表达式、流程控制、复杂的数据类型和函数。阅读完本章之后,读者就有足够的 C#知识编写简单的程序了,但还不能使用面向对象的特征。

2.1 变量与表达式

2.1.1 变量

变量表示内存中具有特定属性的一个存储位置,它用来存储数据。每个变量都属于某一种类型,用以确定什么样的值可以存储在该变量中。

1. 变量的声明

要使用变量,需要先声明,即给变量一个名称和一种类型,在 C#中声明变量的语法如下:

```
<datatype> <name>;
```

例如:

```
int i;
```

该语句声明一个 int 类型的变量 i。

可以在一个语句中声明多个类型相同的变量,方法是在类型的后面用逗号分隔变量名,如下所示:

```
int x,y;
```

其中 x 和 y 都声明为整数类型。

变量的类型有多种,这部分内容详见 2.1.2 节。

在 C#中用来对变量、函数、数组、类型(如类)等数据对象命名的有效字符序列统称为标识符。标识符不能为任意序列,C#语言规定标识符的第一个字符必须是字母、下划线"_"或"@",其后的字符可以是字母、下划线或数字。另外,关键字对 C#编译器来说有特定的含义,例如 using 和 class,因此,变量名也不能和关键字重复(C#中的关键字表见附录 A)。

下面列出的标识符是合法的,可以作为变量名:

```
Name
_Identifier
myVar
```

下面是不正确的标识符和变量名:

```
a>b
99BottlesOfBeer
namespace
```

注意：C♯区分大小写,因此,sum 和 Sum 是两个不同的变量名。

在选择变量名和其他标识符时,应注意做到"见名知义",即根据变量的作用来命名它。在 .NET Framework 命名空间中有两种命名约定,称为 PascalCase 和 camelCase。在由多个单词组成的名称中,PascalCase 指定名称中的每个单词除了第一个字母大写外,其余字母小写;在 camelCase 中,第一个单词以小写开头,其他同 PascalCase 的规则。

下面是 camelCase 变量名:

```
day
firstName
```

下面是 PascalCase 变量名:

```
Month
LastName
```

Microsoft 建议,对于简单的变量,使用 camelCase 规则,而对于比较高级的命名则使用 PascalCase。

2. 变量的初始化

变量在使用前,必须初始化。

我们可以先声明一个变量,然后用"="赋值运算符给变量赋值。例如:

```
int age;
age = 25;
```

也可以在声明变量的同时赋值,即:

```
int age = 25;
```

如果有多个变量,可使用以下技巧:

```
int x = 3, y = 4;
```

注意下面的代码:

```
int x, y = 4;
```

其结果是 y 被初始化了,而 x 仅进行了声明。

3. 常量

常量是其值在使用过程中不会发生变化的变量。在声明和初始化变量时,加上关键字 const,就把该变量指定为一个常量:

```
const int a = 100;
```

使用常量的好处如下。

(1) 含义清楚。在一个规范的程序中不提倡使用很多的常数,如 sum＝15 * 30 * 23.5,搞不清各个常数究竟代表什么,给阅读程序带来困难。

(2) 使程序更易于修改。例如在 C♯ 程序中有一个代表某物品价格的常量 Price,在价格调整时,可以把新值赋给这个常量,就可以修改所有出现的价格。如果使用常数的话,就需要查找整个程序,做多处修改。

2.1.2　数据类型

前面介绍了如何声明变量和常量,下面将详细讨论 C♯ 中可用的数据类型。

C♯ 把数据类型分为两种:值类型和引用类型,其区别如下。

(1) 值类型在堆栈中直接存储其值,等价于其他语言的简单类型(整型、浮点型)。

(2) 引用类型在堆中存储值的引用,与 C++ 中指针相似。

1. 值类型

C♯ 提供了一套预定义类型,内置的值类型识别基本数据类型,例如整数、浮点数、字符和布尔类型。

1) 整型

C♯ 支持 8 个预定义整数类型,如表 2.1 所示。

表 2.1 预定义整数类型

类型	说　明	范　围
sbyte	8 位有符号的整数	$-128 \sim 127(-2^7 \sim 2^7 - 1)$
byte	8 位无符号的整数	$0 \sim 255(0 \sim 2^8 - 1)$
short	16 位有符号的整数	$-32\,768 \sim 32\,767(-2^{15} \sim 2^{15} - 1)$
ushort	16 位无符号的整数	$0 \sim 65\,535(0 \sim 2^{16} - 1)$
int	32 位有符号的整数	$-2\,147\,483\,648 \sim 2\,147\,483\,647(-2^{63} \sim 2^{63} - 1)$
uint	32 位无符号的整数	$0 \sim 4\,294\,967\,295(0 \sim 2^{32} - 1)$
long	64 位有符号的整数	$-9\,223\,372\,036\,854\,775\,808 \sim 9\,223\,372\,036\,854\,775\,807$ $(-2^{63} \sim 2^{63} - 1)$
ulong	64 位无符号的整数	$0 \sim 18\,446\,744\,073\,709\,551\,615(0 \sim 2^{64} - 1)$

注意:C♯ 中,byte 类型和 char 类型完全不同,它们之间的赋值必须进行强制类型转换。另外,与其他整数类型不同,byte 类型在默认状态下是无符号的。

一个整数可以通过添加 0x 前缀,来表示一个十六进制的数,例如:0x12ab。

对于一个整数,还可以添加一些后缀,指定其类型,如表 2.2 所示。

表 2.2 后缀

类　　型	后　　缀	范　　例
int,uint,long,ulong	无	100
uint,ulong	u 或 U	100U
long,ulong	l 或 L	100L
ulong	ul,uL,Ul,UL,lu,lU,Lu 或 LU	100UL

2）浮点数

C#支持的浮点数类型有 3 种：float,double 和 decimal。前两种用＋/－m×2^e 的形式存储浮点数,decimal 类型使用＋/－m×10^e 的形式,如表 2.3 所示。

表 2.3 浮点数类型

类型	说　　明	有效数字	近似的范围
flaot	32 位单精度浮点数	7	$\pm 1.5 \times 10^{-45} \sim \pm 3.4 \times 10^{38}$
double	64 位双精度浮点数	15～16	$\pm 5.0 \times 10^{-324} \sim \pm 1.7 \times 10^{308}$
decimal	128 位高精度十进制表示法	28	$\pm 1.0 \times 10^{-28} \sim \pm 7.9 \times 10^{28}$

在 C#中,一个非整数数字默认为 double 类型,也可以用后缀 d 或 D 来说明是 double 类型。如果想指定为 flaot 类型,可以在其后加上后缀 f 或 F；想指定为 decimal 类型,可以添加后缀 m 或 M,例如：

```
1.5     //double 类型
1.5F    //float 类型
1.5M    //decimal 类型
```

3）字符类型

C#支持 char 类型,以保存单个字符的值。char 类型使用 16 位,表示一个 Unicode 字符。

char 类型的字面值使用单引号括起来,例如 'a'。如果使用双引号,则会被认为是一个字符串。'a' 和 "a" 是不一样的。C#还包含一个转义序列,如表 2.4 所示。

表 2.4 转义序列

转义序列	字　　符	字符的 Unicode 值
\'	单引号	0x0027
\"	双引号	0x0022
\\	反斜杠	0x005C
\0	空	0x0000
\a	响铃（警报）	0x0007
\b	退格	0x0008
\f	换页	0x000C
\n	换行	0x000A
\r	回车	0x000D

转义序列	字　　　符	字符的 Unicode 值
\t	水平制表符	0x0009
\v	垂直制表符	0x000B
\uhhhh	4 位十六进制的 Unicode 值对应的字符	0xhhhh
\xhhhh	十六进制数对应的 Unicode 字符	0xhhhh

4) 布尔类型

C#的 bool 类型用于包含布尔值 true 或 false。bool 值和整数值之间不能相互转换。如果变量声明为 bool 类型，就只能使用值 true 或 false。不能使用 0 表示 false，非 0 表示 true。

2. 引用类型

引用类型包括类类型、接口类型、数组类型、委托类型等。C#支持两个预定义的引用类型，object 类型和 string 类型。

1) object 类型

在 C#中，object 类型是所有其他类型的最终父类型，也就是说 C#中所有类型都是直接或间接地从 object 类型派生出来的。第 3 章中将详细介绍 object 类型。

2) string 类型

在 C 或 C++中，字符串实际上就是一个字符数组，那么把一个字符串复制到另一个字符串，或者连接两个字符串，都需要大量工作。而 C#提供了自己的字符串类型：string 类型。像上面的操作就变得很简单了：

```
string str1 = "Hello";
string str2 = "World";
string str3 = str1 + str2; //连接两个字符串
```

因为 string 类型是一个引用类型，所以当把一个字符串赋给另一个字符串时，就会得到对同一内存空间内字符串的两个引用。修改一个字符串，实际上会创建一个全新的 string 对象。参看下面的代码：

【例 2.1】

```
using System;
class StringExample
{
    static void Main(sting[] args)
    {
        string s1 = "a string";
        string s2 = s1;
        Console.WriteLine("s1 is " + s1);
        Console.WriteLine("s2 is " + s2);
        s1 = "another string";
        Console.WriteLine("s1 is now " + s1);
        Console.WriteLine("s2 is now " + s2);
    }
}
```

其输出结果为：

```
s1 is a string
s2 is a string
s1 is now another string.
s2 is a string
```

这个结果与我们对引用类型的理解刚好相反——改变 s1 的值并未对 s2 产生影响。首先声明字符串对象 s1，并用"a string"初始化之。接着声明字符串对象 s2，引用和 s1 相同，所以 s2 的值也是"a string"。然后改变 s1 的值，使其为"another string"，但此时不是替换原来的值，而是为新值分配一个新对象。由于 s2 仍然指向原来的对象，所以它的值没发生变化。

C#中的字符串和 char 类型一样，可以使用转义序列。由于这些转义序列都以一个反斜杠开头，所以在字符串中要表示反斜杆，就需要用两个反斜杠（"\\"）。而在文件名中大量使用了反斜杠字符，这样的处理方式不免有些繁琐，例如：

```
"C:\\Temp\\MyDir\\MyFile.doc"
```

C#提供了一种可读性较高的替代方案：在字符串前面加上字符@，在这个字符后的所有字符都被看作原来的含义，即不会解释为转移字符。上面的例子等价于：

```
@"C:\Temp\MyDir\MyFile.doc"
```

这种字符串还允许包含换行符：

```
@"A short list
item1
item2"
```

2.1.3　表达式

C#包含了多种运算符，把变量和字面值（操作数）和运算符结合起来，就是一个表达式。简单的表达式包括所有基本的数学运算，例如"+"运算符是把两个操作数相加；还有专门用于处理布尔值的逻辑运算符以及赋值运算符"="等。

运算符大致分为 3 类：一元运算符（处理一个操作数）、二元运算符（处理两个操作数）、三元运算符（处理三个操作数）。大多数运算符都是二元运算符，只有几个一元运算符和一个三元运算符。详细说明请参考附录 B

1. 数学运算符

（1）＋（加法运算符，正值运算符，或字符串连接，如 3＋5、＋3、"Hello"＋"World"）

（2）－（减法运算符，或负值运算符，如 5－2、－3）

（3）＊（乘法运算符，如 3＊5）

（4）／（除法运算符，如 5/3）

（5）％（求余运算符，如 7％4）

（6）＋＋（自增运算符，如＋＋i，i＋＋）

(7) －－（自减运算符,如－－i,i－－）

这些运算符都使用简单的数值类型(整数和浮点数),其中＋可以用于字符串类型。需注意的是％运算符也可以用于浮点数。＋＋(－－)的作用是使变量的值增1(减1),而运算符的位置决定了它在何时发挥作用。把运算符放在操作数的前面,则操作数先增1(或减1),再参与其他运算;而把运算符放在操作数的后面,则操作数先参与其他运算,再自身增1(或减1)。如果i的原值等于3,则分析下面的赋值语句:

① j＝i＋＋; （i的值先变成4,再赋给j,j的值为4）。

② j＝＋＋i; （先将i的值3赋给j,j的值为3,然后i变成4）。

自增(减)运算符使用起来非常方便,常用于循环语句中,这将在第2.2节中介绍。下面介绍一个例子,说明如何使用数学运算符。

【例 2.2】

```csharp
using System;
class MathClass1
{
  static void Main(string[] args)
  {
      double Num1,Num2;
      Console.WriteLine("Please input two numbers: ");
      Num1 = Convert.ToDouble(Console.ReadLine());
      Num2 = Convert.ToDouble(Console.ReadLine());
      Console.WriteLine("{0} + {1} = {2}",Num1,Num2, Num1 + Num2);
      Console.WriteLine("{0} - {1} = {2}",
                          Num1, Num2, Num1 - Num2);
      Console.WriteLine("{0} * {1} = {2}",
                          Num1, Num2, Num1 * Num2);
      Console.WriteLine("{0} / {1} = {2}",
                          Num1, Num2, Num1/Num2);
      Console.WriteLine("{0} % {1} = {2}",
                          Num1, Num2, Num % Num2);
  }
}
```

假定输入两个数为 32.76 和 19.43,输出为:

32.76 ＋ 19.43＝52.19.

32.76 － 19.43＝13.33

32.76 * 19.23＝635.5268

32.76 / 19.23＝1.686 052 496 139 99

32.76 ％ 19.23＝13.33

在这段代码中,使用了 ReadLine()函数,作用是把用户输入的信息存储到 string 变量中。由于我们需要得到一个数字,所以就引入了类型转换,这部分内容详见下节。得到两个 double 类型的数据后,输出它们的加、减、乘、除和取余的结果。

2. 赋值运算符

赋值运算符"＝"的作用是将一个数据赋给一个变量,如"a＝3"的作用是把 3 赋给变量 a。

还可以在赋值符"="之前加上其他运算符,构成复合的运算符。例如:

a+=3 等价于 a=a+3

x * =y+8 等价于 x=x * (y+8)

x%=3 等价于 x=x%3

C#规定可以使用10种复合赋值运算符。即:

+=,-=, * =,/=,%=,&=,|=,^=,<<=,>>=

后面5种是有关位运算的,稍后将介绍。

3. 比较运算符

将两个值进行比较,判断其比较的结果是否符合给定的条件。例如,a>3 是一个比较表达式,大于号(>)是一个比较运算符,如果 a 的值为 5,则满足给定的"a>3"条件,因此比较表达式的值为"真";如果 a 的值为 2,不满足"a>3"条件,则比较表达式的值为"假"。C#提供了6种比较运算符:

(1) <   (小于)

(2) <=   (小于等于)

(3) >   (大于)

(4) >=   (大于等于)

(5) ==   (等于)

(6) !=   (不等于)

比较表达式的值是 bool 类型的,可以有两个值:true 或 false。例如:

```
bool d;
d = a > b;
```

如果 a 存储的值比 b 存储的值大,就给 b 赋值 true,否则就赋值 false。

可以使用比较运算符的数据类型包括:数值类型、字符串类型和布尔类型等。但对布尔值只能使用==和!=运算符。比如:

```
bool isTrue;
isTrue = myBool == true;
```

4. 逻辑运算符

在处理布尔值时,C#还提供了一些逻辑运算符。

(1) !(逻辑非,如 v1=! v2,若 v2 是 false,v1 的值就是 true)

(2) &(逻辑与,如 v1=v2 & v3,若 v2 和 v3 都是 true,v1 的值就是 true,否则为 false)

(3) |(逻辑或,如 v1=v2 | v3,若 v2 和 v3 都是 false,v1 的值就是 false,否则为 true)

(4) ^(逻辑异或,如 v1=v2^v3,若 v2 和 v3 逻辑值不同,v1 的值就是 true,否则为 true)

(5) &&(与 & 相同)

(6) ||(与|相同)

其中 && 与 || 虽然和 & 与|结果相同,但得到结果的方式却不相同:其性能比较好。

&& 与‖都是先检查第一个操作数的值,再根据该操作数进行操作,可能根本就不需要第二个操作数。如果 && 运算符的第一个操作数的值是 false,就不需要考虑第二个操作数了,因为无论第二个操作数的值是什么,其结果都是 false。同样地,如果第一个操作数是true,‖运算符就返回 true,而无须考虑第二个操作数。例如:

$(m = a > b)$ && $(n = c > d)$

当 a＝1,b＝2,c＝3,d＝4,m 和 n 的原值为 true 时,由于"a > b"的值为 false,因此 m＝false,而"n＝c > d"不被执行,所以 n 的值不是 false 而仍保持原值 true。

但 & 和|运算符的两个操作数总是要计算的。所以,如果使用 && 和‖运算符来代替& 和|,性能会有一定的提高。

5. 位运算符

在讨论逻辑运算符时,我们会质疑 & 和|的存在,既然有更高性能的运算符,为什么还要使用它们呢? 原因在于它们处理的是变量中的一系列位,而不是变量的值,即它们是位运算符。这类运算符主要用于系统软件的编写、检测和控制领域。

(1) &　　　（按位与）

(2) |　　　（按位或）

(3) ^　　　（按位异或）

(4) ~　　　（取反）

(5) <<　　（左移）

(6) >>　　（右移）

先讨论 &,参加运算的两个数据,按照二进制位,把相同位置的位进行比较,按表 2.5 得到结果。

表 2.5　& 运算

操作数 1 的位	操作数 2 的位	& 的结果位
1	1	1
1	0	0
0	1	0
0	0	0

|运算符与此类似,但得到的结果不同,如表 2.6 所示。

表 2.6　|运算

操作数 1 的位	操作数 2 的位		的结果位
1	1	1
1	0	1
0	1	1
0	0	0

例如,3&5 的过程如下:

```
    00000011   3
&   00000101   5
    00000001   1
```

4|5 的过程如下:

```
    00000100   4
|   00000101   5
    00000101   5
```

^ 运算符的用法与此相同。如果操作数中相同位置上的位有且仅有一个是1,其结果位就是1,如表 2.7 所示。

表 2.7 ^ 运算

操作数 1 的位	操作数 2 的位	^的结果位
1	1	0
1	0	1
0	1	1
0	0	1

~运算符是一个一元运算符,用来对操作数中的位取反,即将 0 变 1,将 1 变 0,如表 2.8 所示。

表 2.8 ~运算

操作数的位	~的结果位
1	0
0	1

最后,讨论位移运算符。<<用来将一个数的各二进制位全部左移若干位。例如:

a = a << 2

将 a 的二进制数左移 2 位,右补 0。若 a=15,即二进制数 00001111,左移 2 位得 00111100,即十进制数 60。实际上,我们执行了乘法操作。每向左移一位,该数都要乘以 2,而每向右移动一位,则是给操作数除以 2,并丢弃余数。例如:

a = a >> 1

a 的值是 10,即 00001010,向右移 2 位得 00000101,即 5。

下面的例子说明如何使用布尔和位运算符。

【例 2.3】

```
using System;
class Class1
{
  static void Main(string[] args)
  {
      Console.WriteLine("Enter an integer: ");
```

```
int myInt = Convert.ToInt32(Console.ReadLine());
Console.WriteLine("Integer less than 10? {0}",myInt<10);
Console.WriteLine("Integer between 0 and 5? {0}",(0<=myInt)&&(myInt<=5));
Console.WriteLine("Bitwise AND of Integer and 10 = {0}",myInt&10);
    }
}
```

假设输入一个整数 6,其输出结果为:

```
Iteger less than 10? True
Integer betweem 0 and 5? False
Bitwise AND of Integer and 10 = 2
```

与例 2.2 相同,使用 Convert.ToInt32()得到一个整数。第一个输出是操作 myInt < 10 的结果。第二个输出是($0<=$myInt)&&(myInt$<=5$)的结果,如果 myInt 是大于或等于 0, 且小于等于 5,就输出 true。最后一个操作是对 myInt 的值与 10 进行按位与操作的结果。

6. 条件运算符

它是一个三元操作符,一般形式如下:

<test> ? <resultTrue> : <resultFalse>

条件运算符的执行顺序:先求解<test>,若为 true 则求解<resultTrue>,此时表达式<resultTrue>的值就作为整个条件表达式的值。若<test>的值为 false,则求解<resultFalse>,表达式<resultFalse>的值就是整个条件表达式的值。如:

max = (a > b)? a: b

执行结果就是将 a 和 b 中大者赋给 max。

2.1.4　类型转换

在表达式的计算中,常常需要把数据从一种类型转换为另一种类型,有两种类型转换的形式。

(1) 隐式类型转换。从类型 A 到类型 B 的转换可以在任何情况下进行,编译器自动进行。

(2) 显式类型转换。从类型 A 到类型 B 的转换只能在某些情况下进行,应进行某种处理才能进行。

1. 隐式类型转换

隐式转换不需要做任何工作。看一个例子:

```
byte v1 = 10;
byte v2 = 23;
long sum;
sum = v1 + v2;
```

由于 long 类型变量包含的数据字节比 byte 类型多,所以没有数据丢失的危险,编译器就会顺利地进行转换,不需编写代码。

简单类型有许多隐式转换,但 bool 和 string 类型没有隐式转换。表 2.9 列出了 C# 支持的隐式类型转换。

表 2.9　隐式类型转换

类　型	可以安全地转换为
sbyte	short,int,long,float,double,decimal
byte	short,ushort,int,uint,long,ulong,float double,decimal
short	int,long,float,double,decimal
ushort	int,uint,long,ulong,float,double,decimal
int	long,float,double,decimal
uint	long,ulong,float,double,decimal
long	float,double,decimal
ulong	float,double,decimal
char	ushort,int,uint,long,ulong,float,double,decimal
float	double

这些隐式转换的规则是:任何类型 A,只要其取值范围完全包在类型 B 的取值范围内,就可以隐式转换为类型 B。

2. 显式类型转换

但是仍有许多场合不能进行隐式类型转换,否则编译器会报告错误。例如:

```
byte v1;
short v2 = 7;
v1 = v2;
```

如果编译这段代码,就会产生如下错误:

```
Cannot implicitly convet type 'short' to 'byte'
```

为了能成功地编译这段代码,需要添加代码,进行显式转换。显式类型转换的一般语法如下:

```
(destinationType) sourceVar
```

把 sourceVar 中的值转换为 destinationType。

同时,这也是一种比较危险的操作。比如在从 long 转换为 int 的过程中,如果 long 变量的值比 int 类型的最大值还大,就会出现问题。例如:

```
long val = 3000000000;
int i = (int) val;
```

结果为:

```
i = - 1294967296
```

出现这样的结果的原因在于,把一个数据类型显式转换为另一种数据类型的过程中,有些数据位丢失了。显然,这不是我们所期望的,那如何确定何时会出现这样的情况呢? C#

提供了两个关键字 checked 和 unchecked，用来测试操作是否会产生溢出。使用方式如下：

```
checked (expression)
unchecked (expression)
```

使用 checked 运算符可以检查数据类型转换是否安全，如果不安全，就会在运行时抛出一个溢出异常（第 3 章将介绍异常）。上面的例子可改写为：

```
long val = 3000000000;
int i = checked ((int) val);
```

需要注意的是，显式转换也有一些限制。彼此之间没有什么关系的类型不能进行数据类型转换。例如值类型，只能在数字、char 类型和 enum 类型之间转换。不能直接把 bool 类型转换为其他类型，也不能把其他类型转换为 bool 类型。

3. 字符串转换

数字和字符串之间的转换，不能使用显式类型转换，系统也不会进行隐式类型转换，而是通过 .NET 类库提供的方法。把一个变量转换为字符串，需要调用一个名为 ToString 的方法：

```
int i = 10;
string s = i.ToString();
```

同样，把一个字符串转换为一个数字或 bool 值，可以使用 Parse 方法：

```
string s = "100";
int i = Int32.Parse(s);
```

如果不能进行转换（例如把字符串 hello 转换为一个整数），Parse 方法就会抛出一个异常。

System 名空间还有一个 Convert 类，前面的例子中就使用了 Convert.ToDouble 等命令把字符串值转换为数值，显然，这种方式并不适合于所有的字符串。为了成功执行这种类型的转换，所提供的字符串必须是数值的有效表达式，该数值还必须是不会溢出的数。以这种方式可以进行许多显式转换，如表 2.10 所示。

表 2.10　Convert 类显式转换

命　　令	结　　果
Convert.ToBoolean(val)	将 val 转换为等效的布尔值
Convert.ToByte(val)	将 val 转换为 8 位无符号整数
Convert.ToChar(val)	将 val 转换为 Unicode 字符
Convert.ToDecimal(val)	将 val 转换为 Decimal 数字
Convert.ToDouble(val)	将 val 转换为双精度浮点数字
Convert.ToInt16(val)	将 val 转换为 16 位有符号整数
Convert.ToInt32(val)	将 val 转换为 32 位有符号整数
Convert.ToInt64(val)	将 val 转换为 64 位有符号整数
Convert.ToSByte(val)	将 val 转换为 8 位有符号整数
Convert.ToSingle(val)	将 val 转换为单精度浮点数字

命　　令	结　　果
Convert. ToString(val)	将 val 转换为其等效的 String 表示形式
Convert. ToUInt16(val)	将 val 转换为 16 位无符号整数
Convert. ToUInt32(val)	将 val 转换为 32 位无符号整数
Convert. ToUInt64(val)	将 val 转换为 64 位无符号整数

其中 val 可以是各种类型的变量，这些转换不管是否使用 checked，总是要进行溢出检查。

下面的例子用来说明本节介绍的多种类型转换。

【例 2.4】

```csharp
using System;
class Class1
{
    static void Main(string[] args)
    {
        short shortResult,shortVal = 4;
        int integerVal = 67;
        long longResult;
        float floatVal = 10.5F;
        double doubleResult,doubleVal = 99.999;
        string stringResult, stringVal = "17";
        bool boolVal = true;
        doubleResult = floatVal * shortVal;
        Console.WriteLine("Inplicit: {0} * {1} -> {2}",floatVal,shortVal,doubleResult);
        shortResult = (short)floatVal;
        Console.WriteLine("Explicit: {0} ->{1}",floatVal,shortResult);
        stringResult = Convert.ToString(boolVal) + Convert.ToString(doubleVal);
        Console.WriteLine("Explicit:\"{0}\" + \"{1}\" ->{2}",
         boolVal,doubleVal,stringResult);
        longResult = integerVal + Convert.ToInt64(stringVal);
        Console.WriteLine("Mixed: {0} + {1} ->{2}",integerVal,stringVal,longResult);
    }
}
```

结果输出如下：

```
Implict: 10.5 * 4 -> 42
Explict: 10.5 -> 10
Explict: "True" + "99.999" -> True99.999
Mixed: 67 + 17 -> 84
```

2.1.5　命名空间

命名空间是一个比较重要的主题，它们提供了一种组织相关类和其他类型的方式，是.NET 中提供的应用程序代码容器。使用命名空间，就可以唯一地标识该命名空间下的代码及其内容。

在默认情况下,C#代码包含在全局命名空间中。这意味着对于包含在这段代码中的项目,只要按照名称进行引用,就可以由全局命名空间中的其他代码访问它们。如果在该命名空间的外部使用命名空间中的名称,就必须写出该命名空间中的限定名称。限定名称包括所有的继承信息,在不同的命名空间之间使用点字符(.)。例如:

```
namespace LevelOne
{
  public class NameOne
  {
    //code for class NameOne
  }
}
```

这段代码中定义了一个命名空间 LevelOne,和该命名空间中的一个类名 NameOne。在命名空间 LevelOne 中可以直接使用 NameOne 来引用,但在全局命名空间必须使用 LevelOne. NameOne 来引用这个名称。

也可以在命名空间中嵌套其他命名空间,为类型创建层次结构。例如:

```
namespace LevelOne
{
  //code in LevelOne namespace
  namespace LevelTwo
  {
    //code in LevelOne.LevelTwo namespace
    class NameTwo
    {
      //code for class NameTwo
    }
  }
}
```

其中,在全局命名空间中,NameTwo 必须引用 LevelOne. LevelTwo. NameTwo,在 LevelOne 命名空间中,则可以引用为 LevelTwo. NameTwo,在 LevelOne. LevelTwo 命名空间中,则可以引用为 NameTwo。

1. using 语句

建立命名空间之后,会发现命名空间相当长,键入非常繁琐。这时就可以使用 using 语句来简化。即在文件的顶部列出类的命名空间,前面加上 using 关键字。在文件的其他地方,就可以使用其较短的相对名称来引用命名空间。例如,在下面的代码中,LevelOne 命名空间中的代码可以访问 LevelOne. LevelTwo 命名空间中的名称:

```
namespace LevelOne
{
  using LevelTwo;
  namespace LevelTwo
  {
    class NameTwo
```

```
    {
      //code for class NameTwo
    }
  }
}
```

LevelOne 命名空间中的代码现在可以简单地使用 NameTwo 引用 LevelTwo. NameTwo。

2. 命名空间的别名

在不同的命名空间中，可以定义相同的名称。例如：

```
namespace LevelOne
{
  class NameThree
  {
    //code for class NameThree
  }
  namespace LevelTwo
  {
    class NameThree
    {
      //code for class NameThree
    }
  }
}
```

定义的 LevelOne. NameThree 和 LevelOne. LevelTwo. NameThree 是两个不同的名称，可以独立使用。但如果把两个命名空间都包含在 using 指令中，就会发生类名冲突，导致系统崩溃。此时，可以为命名空间提供一个别名，上面的例子改写为：

```
namespace LevelOne
{
  using LT = LevelTwo;
  class NameThree
  {
    //code for class NameThree
  }
  namespace LevelTwo
  {
    class NameThree
    {
      //code for class NameThree
    }
  }
}
```

LevelOne 命名空间中的代码可以把 LevelOne. NameThree 引用为 NameThree，把 LevelOne. LevelTwo. NameThree 引用为 LT. NameThree。

至此，可以发现大多数程序的开始处都有 using System；语句，因为 System 命名空间是.NET Framework 应用程序的根命名空间,包含控制台应用程序所需要的所有基本功能。

2.2　流程控制

2.2.1　语句

语句是定义了某项指令的有效的 C#表达式。一个实际的程序应当包含若干条语句。C#中最短小的语句是空语句。空语句什么也不做,它只由一个分号构成:

```
;
```

每条语句通常是独立一行的代码。但是,C#并不强求这种布局格式。只要每条语句之间用一个分号隔开,C#就认为是一条语句。例如:

```
int MyVariable;
MyVariable = 123; MyVariable += 234;
```

可以用花括号把一些语句括起来成为语句块(或复合语句)。在编写函数的代码时,经常会用到语句块。函数的所有语句都包含在一个语句块中。例如:

```
public static void Main()
{
    System.Console.WriteLine ("Hello!");
}
```

C#对一个语句块中的语句数量不加任何限制。

下面将介绍 C#语言的核心——流程控制语句。

2.2.2　分支结构

选择语句可以根据条件是否满足来选择下一步要执行哪些代码。其中的条件使用布尔逻辑,对测试值与一个或多个可能的值进行比较。据此,C#有两种分支代码的结构:if 语句和 switch 语句。

1. if 语句

if 语句使用一个可求出布尔值的表达式作为条件。最简单的语法如下:

```
if (<test>)
    <statement>;
```

先执行<test>,如果<test>的值为 true,就执行语句<statement>;,如果<test>的值为 false,则不执行<statement>,例如:

```
if (MyVariable == 123)
    System.Console.WriteLine("My Variabld's value is 123.");
```

在上面的示例中,将 MyVariable 变量的值与字面值 123 进行比较。如果该变量的值等于 123,则表达式 MyVariable==123 的值为 true,并会在控制台上显示消息"MyVariable's value is 123"。如果该变量值不等于 123,则表达式 MyVariable==123 的值为 false,并且在控制台上不会显示任何消息。

if 语句后面也可以用 else 子句。当 if 语句的布尔表达式的值为 false 时,将执行 else 关键字后面的语句:

```
if (<test>)
    <statement1>;
else
    <statement2>;
```

例如:

```
if (MyVariable == 123)
    System.Console.WriteLine("MyVariable's value is 123.");
else
    System.Console.WriteLine("MyVariable's value is not 123.");
```

在上面的示例中,将 MyVariable 变量的值与字面值 123 进行比较。如果该变量的值等于 123,则并会在控制台上显示消息"MyVariable's value is 123"。如果该变量值不等于 123,则会在控制台上显示消息"MyVariable's value is not 123"。

else 子句后面还可以有它自己的 if 子句,测试多个条件,语法形式如下:

```
if (<test1>)
    <statement1>;
else if (<test2>)
    <statement2>;
else if (<test3>)
    <statement3>;
    ⋮
else if (<testm>)
    <statementm>;
else
    <statementn>;
```

例如:

```
if (MyVariable == 123)
    System.Console.WriteLine("MyVariable's value is 123.");
else if (MyVariable == 124)
    System.Console.WriteLine("MyVariable's value is 124.");
else
    System.Console.WriteLine ("MyVariable's value is not 123.");
```

在 if 和 else 后面只允许含一条语句,如下列代码所示:

```
if (MyVariable == 123)
    System.Console.WriteLine("MyVariable's value is 123.");
System.Console.WriteLine("This always prints.");
```

上述程序写出"This always prints"的语句总会执行,因为这条语句不属于 if 子句,所以不管 MyVariable 变量的值是否是 123,它都会执行。唯一依赖于 MyVariable 变量值与 123 的比较结果的语句是写出"MyVariable's value is 123"的语句。如果要将多个操作语句与一个 if 或 else 子句关联起来,就要使用语句块,例如:

```
if (MyVariable == 123)
    {
        System.Console.WriteLine("MyVariable's value is 123.");
        System.Console.WriteLine("This prints if MyVariable == 123.");
    }
```

2. switch 语句

switch 是多分支选择语句,它可以将一个测试变量与多个值进行比较,而不是仅测试一个条件。但这种测试仅限于离散值。switch 语句的基本结构如下:

```
switch (<testVar>)
{
  case <comparisonVar1>:
    <statement1>;
    break;
  case <comparisonVar2>:
    <statement2>;
    break;
    ⋮
  case <comparisonValn>:
    <statementn>;
    break;
  default:
    <statementdefault>;
    break;
}
```

先求出表达式<testVar>的值,并将这个值与每个<comparisonx>的值进行比较,如果有一个<comparisoni>的值等于<testVar>的值,就执行该 case 子句中<statementi>;如果没有一个与其相等,就执行 default 部分的语句。在 case 语句中,不需要使用大括号把语句组合成语句块,只需要使用 break 关键字标记每个 case 代码的结束。

switch 语句中使用的表达式<testVar>的值必须为或是可以隐式转换为下列类型之一:sbyte、byte、short、ushort、int、uint、long、ulong、char、string。

case 关键字后面的表达式<comparisoni>必须是一个常量表达式——不允许使用变量。

下面的 switch 语句测试 MyVariable 变量的值:

```
switch(MyVariable)
{
 case 123:
   System.Console.WriteLine("MyVariable == 123");
   break;
```

```
  case 124:
    System.Console.WriteLine("MyVariable == 124");
    break;
  case 125:
    System.Console.WriteLine("MyVariable == 125");
    break;
}
```

C#允许将多个 case 语句放在一起，其后加一行代码，实际上是一次检查多个条件。如果满足这些条件中的任何一个，就会执行代码。这样就可以在多种情况下都执行相同的语句了。例如：

```
switch (MyVariable)
{
 case 123:
 case 124:
    System.Console.WriteLine("MyVariable == 123 or 124");
    break;
 case 125:
    System.Console.WriteLine("MyVariable == 125");
    break;
}
```

在 switch 语句中是否使用 default 关键字是可选的。

2.2.3　循环结构

循环就是重复执行一些语句。在许多问题中都需要用到循环控制，例如，要输入全校学生成绩；求若干个数之和等。在这些问题中，涉及许多相同或相似的代码，如果按顺序书写，就会变成一件非常痛苦的事情。这时使用一个循环就可以指定指令需要执行的次数，大大方便了我们。

C#提供了 4 种不同的循环机制：while、do…while、foreach、for。让我们首先从简单一些的循环（一直循环到给定的条件满足为止）开始。

1. while 语句

其一般形式如下：

```
while(<test>)
{
   <statements>;
}
```

只要 while 表达式<test>的值为 true，while 语句就执行嵌入在其中的语句<statements>。例如：

```
int MyVariable = 0;
while(MyVariable < 10)
{
```

```
    System. Console. WriteLine(MyVariable);
    MyVariable++ ;
}
```

上述代码在控制台上打印出下列内容：

```
0
1
2
3
4
5
6
7
8
9
```

2. do…while 语句

do…while 循环是 while 循环的后测试版本，即该循环的测试条件要在执行完循环体之后进行。其结构为：

```
do
{
    <statements>;
}while(<test>);
```

它是这样执行的：先执行一次循环体语句<statements>，然后判别表达式<test>，当表达式<test>的值为 true 时，返回重新执行循环体语句<statements>，如此反复，直到表达式<test>的值为 false 为止。例如：

```
int MyVariable = 0;
do
{
    System. Console. WriteLine(MyVariable);
    MyVariable++ ;
} while(MyVariable < 10)
```

上述代码在控制台上打印出下列内容：

```
0
1
2
3
4
5
6
7
8
9
```

while 语句循环体执行的次数为零次或多次。如果 while 语句中布尔表达式的值为

false,就不会执行嵌入循环体语句。例如：

```
int MyVariable = 100;
while(MyVariable < 10)
{
 System.Console.WriteLine(MyVariable);
 MyVariable++ ;
}
```

因为 while 语句中的布尔表达式 MyVariable<10 的值在第一次执行时就为 false,所以在控制台上不会打印出任何内容。因为一开始这个布尔表达式的值就为 false,所以从未执行过其中嵌入的语句。

如果要确保至少执行一次嵌入语句,可以使用 do 语句,如下列代码所示：

```
int MyVariable = 100;
do
{
 System.Console.WriteLine(MyVariable);
 MyVariable++ ;
} while(MyVariable < 10)
```

上述代码将在控制台上打印出下列内容：

```
100
```

3. for 语句

for 语句是循环语句中功能最强大的语句,不仅可以用于次数已经确定的情况,还可以用于循环次数不确定而只给出循环结束条件的情况。for 语句中的控制代码包含 3 部分。

- 初始化设置,设置 for 语句循环计数器的起始条件。
- 循环执行条件,指定使 for 语句执行的布尔表达式。
- 循环变量的增减量,指定每次在嵌入循环语句执行之后对计数器执行的语句。

例如,如果要在循环中使计数器从 1 递增到 10,递增量为 1,则起始值为 1,条件是计数器小于或等于 10,在每次循环的最后,要执行的操作是给计数器加 1。

for 循环的语法如下：

```
for(<initializer>; <condition>; <iterator>)
  <statements>;
```

以下面简单的 for 循环为例：

```
int MyVariable;
for(MyVariable = 0; MyVariable < 10; MyVariable++ )
{
  System.Console.WriteLine(MyVariable);
}
```

上述 for 循环中的循环变量是 MyVariable,它的初始值是 0,接着测试 MyVariable<10 是否满足。因为这个布尔表达式的值为 true,所以执行 for 循环中的嵌入语句,显示值 0。

然后执行 MyVariable++。当 MyVariable 的值为 10 时，循环结束。所有这些指令在控制台上打印出下列内容：

```
0
1
2
3
4
5
6
7
8
9
```

for 循环中初始化设置、循环执行条件和循环变量的增减量 3 部分都是可选的。如果不使用其中的某部分，只需写一个分号而不用指定这部分的语句。下列代码是合法的，它与上述代码等价：

```
int MyVariable = 0;
for( ; MyVariable < 10 ; MyVariable ++ )
{
    System.Console.WriteLine(MyVariable);
}
```

下述代码也与原来的代码等价：

```
int MyVariable;
for(MyVariable = 0 ; MyVariable < 10 ; )
{
    System.Console.WriteLine(MyVariable);
    MyVariable ++ ;
}
```

当省略 for 循环的循环执行条件部分时，要格外小心。

因为 foreach 循环涉及到集合的概念，我们将在下一节中再进行介绍。

2.2.4 跳转语句

C# 提供了许多可以立即跳转到程序中另一行代码的语句，包括以下 4 个命令。

1. goto 语句

goto 语句可以直接跳转到程序中用标签指定的位置(标签是一个标识符，后跟一个冒号)。例如：

```
int i = 1;
while (i <= 10)
{
    if (i == 6)
        goto Label1;
```

```
    System.Console.WriteLine("{0}", i++);
}
System.Console.WriteLine("This code will never be reached.");
Label1:
    System.Console.WriteLine("This code is run when the loop is exited using goto.");
```

goto 语句有两个限制。不能使用 goto 语句从外部进入循环体;不能跳出类的范围和 try…catch 后面的 finally 块。

如果希望代码易于阅读和理解,最好不要使用 goto 语句。

2. break 语句

switch 语句中使用 break 语句来退出某个 case 语句。实际上,break 语句可退出任何循环,继续执行循环后面的语句。例如:

```
int i = 1;
while ( i <= 10)
{
  if ( i == 6)
    break;
  System.Console.WriteLine("{0}", i++);
}
```

这段代码输出 1~5 的数字。

如果把 break 语句放在嵌套的循环中,它只能结束所在的内部循环,然后执行内部循环后的语句。不能把 break 放在 switch 语句或循环体外部。

3. continue 语句

continue 语句类似于 break,也必须用于循环体中。但它终止的是当前的循环,然后继续执行下一次循环,而不是退出循环。例如:

```
int i;
for ( i = 1; i <= 10; i++ )
{
  if ((i % 2) == 2)
    continue;
  System.Console.WriteLine(i);
}
```

在这个例子中,当 i 除以 2 的余数是 0,continue 语句就会执行,终止当前的循环,所以这段代码仅显示 1、3、5、7、9。

4. return 语句

return 语句用于退出循环及其包含的函数,参见 2.4 节。

2.3 复杂的变量类型

除了前面介绍的简单变量类型,C# 还提供 3 个略复杂但非常有用的变量类型。

2.3.1　枚举

如果一个变量只有几种可能的值，就可以定义为枚举类型。所谓"枚举"是指将变量的值一一列举出来，变量的值只限于列举出来的值的范围之内。例如：orientation 类型变量的值可以为 north，south，east 或 west 中的一个。

在声明一个枚举时，要指定该枚举可以包含的一组可接受的实例值。不仅如此，还可以给值指定易于记忆的名称。对于上面的例子，可以定义一个 orientation 枚举类型，它可以从上述的 4 个值中选择一个值。

枚举可以使用 enum 关键字来定义，语法如下：

```
enum typeName
{
  value1,
  value2,
  value3,
    ⋮
  valuen
}
```

需要注意的是这里声明和描述的是一个用户定义的类型，使用时需再声明这个类型的变量。语法如下：

```
typeName varName;
```

并赋值为：

```
varName = typeName.valuei;
```

例如，orientation 类型定义如下：

```
enum orientation
{
  north,
  south,
  east,
  west
}
orientation varOrien = north;
```

其中 north、south、east、west 称为枚举元素。它们是用户定义的标识符，这些标识符并不自动地代表什么。例如，north 不会自动代表"北"。用什么标识符代表什么含义，完全由程序员决定，并在程序中做相应的处理。

在默认情况下，枚举使用 int 类型来存储，即枚举类型中的每一个值对应 int 类型的一个值。除此之外，枚举的基本类型还可以是 byte，sbyte，short，ushort，uint，long 和 ulong。

在默认情况下，每个枚举元素都会按定义时的顺序，从 0 开始自动赋值。在上面的例子中，north 的值为 0，south 的值为 1，east 的值为 2 等。也使用"＝"运算符来改变枚举元素的值：

```
enum typeName: underlyingType
{
  value1 = actualVal1,
  value2 = actualVal2,
  value3 = actualVal3,
    ⋮
  valuen = actualValn
}
```

另外，还可以使用一个值作为另一个枚举的基础值，为多个枚举指定相同的值：

```
enum typeName: underlyingType
{
  value1 = actualVal1,
  value2 = value1,
  value3 ,
    ⋮
  valuen = actualValn
}
```

没有赋值的枚举元素都会自动获得一个初始值，该值为最后一个明确声明值大 1 开始的序列。上面代码中，value3 的值是 value1＋1。

下面的例子用于说明枚举类型的使用。

【例 2.5】

```
using System;
enum orientation: byte
{
  north = 1,
  south = 2,
  east = 3,
  west = 4
}
class Class1
{
  static void Main(string[] args)
  {
      byte directionByte;
      string directionString;
      orientation myDirection = orientation. north;
      Console. WriteLine("myDirection = {0}",myDirection);
      directionByte = (byte)myDirection;
      directionString = Convert. ToString(myDirection);
      Console. WriteLine("byte equivalent = {0}",directionByte);
      Console. WriteLine("string equivalent = {0}",directionString);
  }
}
```

程序运行结果为：

```
myDirection = north
byte equivalent = 1
```

```
string equivalent = north
```

这段代码定义了一个枚举类型 orientation，创建该类型的变量并赋值，最后输出到屏幕上。并使用显式类型转换把枚举类型转换为 byte 类型，虽然 byte 是 orientation 的基本类型，仍必须使用显式转换。要获得枚举的字符串值，可以使用 Convert. ToString() 或者变量本身的 ToString() 方法 (myDirection. ToString())。

如果要把 byte 类型转换为 orientation，也需要进行显式转换。但要注意不是每个 byte 类型变量的值都对应一个 orientation 的值。例如把 byte 类型变量 myByte 转换为 orientation，并把这个值赋给 myDirection。代码如下：

```
myDirection = (orientation)myByte;
```

另外，也可以把 string 转换为枚举值，方式如下：

```
(enumerationType)Enum.Parse(typedof(enumerationType), enumerationValueString);
```

其中 Enum. Parse() 是静态方法，这个方法带两个参数，第一个参数是要使用的枚举类型。使用 typeof 运算符可以得到操作数的类型。第二个参数是要转换的字符串。对 orientation 类型使用这个方法如下：

```
string myString = "north";
orientation myDirection = (orientation)Enum.Parse(typeof(orientation), myString);
```

同样，也不是所有的字符串值都能转换为 orientation。

2.3.2 结构

下面要介绍的变量类型是结构。结构是由几个不同类型的数据组成的数据结构。例如，需要存储从出发地到目的地的路线，该路线由一个方向和一个距离组成。为了简化起见，假定该方向为上一节中定义的 orientation 枚举，距离值可以用一个 double 类型的值表示。把它们当作一对来处理，要比单个处理方便一些。

结构体用关键字 struct 来定义，语法如下：

```
struct <typeName>
{
  <memberDelarations>
}
```

<memberDelarations> 包含变量——结构数据成员的声明，每个成员的声明采用如下格式：

```
<accessibility> <type> <name>;
```

关于 <accessibility> 修饰符将在第 3 章中介绍。这里只需了解要让调用结构的代码访问该结构的数据成员，就使用 public 关键字。像上面的例子，可写成下面的代码：

```
struct route
{
  public orientation direction;
```

```
  public double distance;
}
```

定义了结构类型之后,就可以定义该类型的变量:

```
route myRoute;
```

通过"."成员运算符可以访问该变量的数据成员:

```
myRoute.direction = orientation.north;
myRoute.distance = 2.5;
```

下面的例子用于说明结构的使用。

【例 2.6】

```
using System;
enum orientation: byte
{
  north = 1,
  south = 2,
  east = 3,
  west = 4
}
struct route
{
  public orientation direction;
  public double distance;
}
class Class1
{
static void Main(string[] args)
{
    route myRoute;
    int myDirection = -1;
    double myDistance;
    Console.WriteLine("1)North\n2)South\n3)East\n4)West");
    do
    {
      Console.WriteLine("Select a direction: ");
      myDirection = Convert.ToInt32(Console.ReadLine());
    }while((myDirection<1) || (myDirection>4));
    Console.WriteLine("Input a distance: ");
    myDistance = Convert.ToDouble(Console.ReadLine());
    myRoute.direction = (orientation)myDirection;
    myRoute.distance = myDistance;
    Console.WriteLine("myRoute specifies a direction of {0} and a" + "
      distance of {1}",myRoute.direction,myRoute.distance);
  }
}
```

假设选择方向为 East,距离值为 40.3,输出如下:

```
1) North
2) South
```

```
3) East
4) West
Select a direction:
3
Input a distance:
40.3
myRout specifies a direction of east and a distance of 40.3
```

结构和枚举一样,都是在主函数外面声明的。处理 route 的成员的方式与成员类型相同的变量完全一样。

在许多方面,可以把 C# 中的结构看作是缩小的类。它们基本上与类相同,但更适合于把一些数据组合起来的场合。它与类的区别将在第 3 章中介绍。

2.3.3　数组

数组是有序数据的集合。数组中的每一个元素都属于同一个数据类型。用一个统一的数组名和下标来唯一地确定数组中的元素。例如,一个班有 30 个学生,可以用 student1,student2,student3,…,student30 来表示 30 个学生的姓名。但这看起来很费时费力。如果采用数组:student 是数组名,下标代表学生的序号。比如 student[15]代表第 15 个学生的姓名,就可以和循环结合起来,有效地处理大批量的数据,大大地提高工作效率。

1. 一维数组

一维数组的定义如下:

```
<baseType>[] <name>;
```

其中,<baseType>可以是任何变量类型。变量类型后面的方括号不能丢。例如,int 表示一个整数,而 int[]表示一个整型数组:

```
int[] integers;
```

数组在使用前必须初始化。初始化方式有两种:以字面值形式指定数组的所有内容;指定数组大小,再使用关键字 new 初始化所有的数组元素。

使用字面值指定数组时,只需要将数组元素的字面值用逗号分隔开,依次放在一对大括号内。例如:

```
int myIntArray = {5, 9, 10, 2, 99};
```

其中,myIntArray 有 5 个元素,每个元素都被赋予了一个整数值。

而使用 new 关键字,需在类型名后面的方括号中给出大小:

```
int[] myIntArray = new int[5];
```

这里使用一个常量定义数组大小,每个数组元素会被赋予同一个默认值,对于数值型来说,其默认值是 0。也可以使用这两种方式的组合来进行初始化。例如:

```
int[] myIntArray = new int[5]{5, 9, 10, 2, 99};
```

使用这种方式时,数组大小必须与元素个数相匹配,例如,不能编写如下代码:

```
int[] myIntArray = new int[10]{5, 9, 10, 2, 99};
```

同样也不能把过多的值赋予数组。

实际上,C#可以在声明数组时不进行初始化,这样以后就可以在程序中动态地指定其大小。利用这项技术,可以创建一个空引用,以后再使用 new 关键字把这个引用指向请求动态分配的内存位置:

```
int[] myIntArray;
myIntArray = new int[32];
```

访问数组中的单个元素的方法为:

```
ArrayName[i]
```

所有的 C#数组都用下标 0 代表第一个数组元素变量:

```
myIntArray[0] = 35;
```

同样,用下标值来表示有 5 个元素的数组中的最后一个元素:

```
myIntArray[4] = 432;
```

数组在 C#中是一种特殊的类型,有自己的方法。例如可以使用下面的语法查看一个数组包含多少个元素:

```
int numElements = myIntArray.Length;
```

如果数组元素是某个预定义类型,可以使用 Sort 方法把数组元素按升序排列:

```
Array.Sort(myIntArray);
```

可以使用 Reverse()方法把数组中的元素反序排列:

```
Array.Reverse(myArray);
```

下面的例子用来说明一维数组的使用。

【例 2.7】

```
using System;
class Class1
{
  static void Main(string[] args)
  {
    string[] friendNames = {"Robert Barwell","Mike Parry","Jeremy Beacock"};
    int i;
    Console.WriteLine("Here are {0} of my friends: ",friendNames.Length);
    for(i = 0; i<friendNames.Length; i++ )
    {
      Console.WriteLine(friendNames[i]);
    }
  }
}
```

程序输出如下：

```
Here are 3 of my friends:
Robert Barwell
Mike Parry
Jeremy Beacock
```

这段代码建立了一个有 3 个元素的 string 数组，并用 for 循环把 3 个数组元素输出。使用 for 循环输出数组元素容易出错，造成数组下标越界访问。在 C#中提供了另外一种循环，即 foreach 循环。

2. foreach 循环

foreach 循环可以迭代集合中的每一项。集合是一种包含其他对象的对象，比如 C#中的数组、System. Collection 命名空间中的集合类，以及用户定义的集合类。从下面的代码中可以了解 foreach 循环的语法：

```
foreach (<baseType> <name> in <array>)
{
  //can use <name>for each element
}
```

其中，foreach 循环每次迭代数组中的一个元素，依次把每个元素的值放在<baseType>型的变量<name>中，然后执行一次循环。foreach 循环不会访问到数组元素以外的内存空间，这样不用考虑数组中有多少个元素，就能确保访问到每个数组元素。使用这个循环改写上面的例子，如下所示：

```
static void Main(string[] args)
{
  string[] friendNames = {"Robert Barwell","Mike Parry","Jeremy Beacock"};
  Console.WriteLine("Here are {0} of my friends: ",friendNames.Length);
  foreach(string friendName in friendNames)
  {
      Console.WriteLine(friendName);
  }
}
```

这段代码的输出结果与前面的例子完全相同。

注意，foreach 循环对数组内容进行只读访问，所以不能改变集合中各项的值，下面的代码不会编译：

```
foreach (int temp in arrayOfInts)
{
    temp++ ;
    Console.WriteLine(temp);
}
```

如果需要迭代集合中的各项，并改变它们的值，就应使用 for 循环。

3. 多维数组

多维数组是使用多个下标访问其元素的数组。C#支持两种类型的多维数组，第一种是矩形数组,即每行的元素个数都相同。第二种是变长数组,即每行都有不同的元素个数。这里先看下矩形数组。

在二维矩形数组中,每一行有相同的列数,也称为矩阵,可以声明如下:

```
<baseType>[,]<name>;
```

多维数组只需要更多的逗号,例如:

```
<baseType>[,,,]<name>;
```

这里声明了一个四维数组。

赋值也使用类似于一维数组的语法,但需用逗号分隔开下标。例如要声明和初始化一个二维数组 myArray,其基本类型是 double,3 行 4 列的矩阵,则需要:

```
double[,] myArray = new double[3, 4];
```

另外,还可以使用字面值进行初始化。使用嵌套的花括号,用逗号分隔开。例如:

```
double[,] myArray = {{1, 2, 3, 4}, {2, 3, 4, 5}, {3, 4, 5, 6}};
```

要访问多维数组中的每个元素,只需指定它们的下标,并用逗号分隔开即可。例如:

```
myArray[2, 1]
```

这个表达式将访问 myArray 数组的第 3 行的第 2 个元素,值为 4。需要注意的是下标从 0 开始。

foreach 循环也可以访问多维数组中的所有元素,其方式与一维数组相同,例如:

```
double[,] matrix = {{1, 2, 3, 4}, {2, 3, 4, 5}, {3, 4, 5, 6}};
foreach(double temp in matrix)
{
    Console.WriteLine("{0}", temp);
}
```

4. 数组的数组

C#支持的第二种多维数组是变长数组,也叫正交数组,其中每行可以有不同的元素个数。显然,它比矩形数组更灵活,在创建正交数组时也会复杂一些——需要有一个数组,它的每个元素都是另一个数组。即要创建一个数组的数组,但这些数组都必须有相同的基本类型。

声明数组的数组,其语法要在数组的声明中指定多个方括号对,例如:

```
int a[][];
```

但初始化正交数组不像初始化多维数组那样简单,不能进行这样的声明:

```
a[][] = new int[3][4];
```

或

```
a[][] = {{1, 2, 3}, {1}, {1,2}};
```

有两种方式:第一种可以先初始化包含其他数组的数组,然后再初始化子数组:

```
a = new int[3][];
a[0] = new int[4];
a[1] = new int[3];
a[2] = new int[1];
```

第二种方式是使用字面值赋值的一种改进形式：

```
a = {new int[]{1, 2, 3}, new int[]{1}, new int[]{1, 2}};
```

正交数组也可以使用 foreach 循环，但通常需要嵌套循环，才能得到实际的数据。假定下述变长数组包含 10 个子数组，每个子数组又包含一个整数数组如下：

```
int[][] myArray = {new int[]{1},
                   new int[]{1, 2},
                   new int[]{1, 3},
                   new int[]{1, 2, 4},
                   new int[]{1, 5},
                   new int[]{1, 2, 3, 6},
                   new int[]{1, 7},
                   new int[]{1, 2, 4, 8},
                   new int[]{1, 3, 9},
                   new int[]{1, 2, 5, 10}};
foreach(int[] myIntArray in myArray)
{
  foreach(int temp in myIntArray)
  {
    Console.WriteLine(temp);
  }
}
```

可见，迭代变长数组元素要比矩形数组复杂。

2.4 函　　数

某些功能常常需要在一个程序中执行好几次，例如查找数组中的最大值。如果采用前面介绍的方法，可以把相同的代码块按照需要放在应用程序中，但如果要改动功能代码块，就需要修改多处，并且如果遗忘一处，就有可能发生错误。解决这个问题的方法就是使用函数。

2.4.1 函数的定义与使用

在 C# 中，函数的定义包括函数的修饰符，然后是返回值的类型、方法名、输入参数的列表。具体语法如下：

```
[modifies] return_type MethodName([paraments])
{
    //Method body
}
```

每个参数都包括参数类型名以及在函数体中的引用名称。如果函数有返回值,函数体内必须有 return 语句用来返回函数值。如果函数没有返回值,就把返回类型指定为 void。如果函数不带参数,仍需要在方法名的后面写上一对空的圆括号。调用函数的方法是函数名后跟括号。例如:

```
class Program
{
  static void Write()
  {
    Console.WriteLine("Text output from function.");
  }
  static void Main(string[] args)
  {
    Write();
  }
}
```

执行程序,结果如下:

```
Text output from function.
```

该代码先定义了函数 Write(),然后在主函数中调用它。

1. 函数的返回值

通过函数进行数据交换的最简单方式是利用返回值。有返回值的函数会计算这个值,其方式与在表达式中使用变量计算它们包含的值完全相同。与变量一样,返回值也有数据类型。其语法如下:

```
static <returnType> <functionName>([paraments])
{
  ⋮
  return <returnValue>;
}
```

这里<returnValue>必须是一个值,其类型可以是<returnType>,也可以隐式转换为该类型。<returnType>可以是任何类型,包括前面介绍的较复杂的类型。例如:

```
static double getVal()
{
return 3.2;
}
```

返回值通常是函数执行的一些处理的结果。在执行到 return 语句时,程序会立即返回调用代码,return 语句后面的代码都不会执行。一个函数可以包含多个 return 语句。例如:

```
public bool IsPositive(int value)
{
  if(valaue < 0)
   return false;
```

```
    return true;
}
```

这段程序根据 value 的值，将返回两个值中的一个。

注意所有的处理路径都必须执行到 return 语句。下面的代码是不合法的：

```
static double getVal(int checkVal)
{
    double checkVal;
    if (checkVal < 5)
      return 4.7;
}
```

如果 checkVal≥5，就不会执行到 return 语句。

最后要注意的是，在通过 void 关键字声明的函数中不能使用 return 语句。

2. 函数参数

在调用函数时，主调函数和被调用函数之间多数都有数据传递，除了上面的返回值之外，还可以使用参数。一般来说，在定义函数时函数名后面括号中的变量称为"形式参数"（简称"形参"），在主调函数中调用一个函数时，函数名后面括号中的参数称为"实际参数"（简称"实参"）。

有参数时函数定义改写如下：

```
static <returnType> <functionName>(<paramType> <paramName>,…)
{
    ⋮
    return <returnValue>;
}
```

可以有任意多个参数，每个参数都有一个类型和一个名称。参数用逗号分隔开。每个参数都在函数的代码中用作一个变量。例如，下面是一个简单的函数，带有两个参数，并返回乘积：

```
static double product(double param1, double param2)
{
    return param1 * param2;
}
```

在 Main() 函数中调用它，使用以下代码：

```
product(2.3, 3.2);
```

在这个程序中，param1 和 param2 是形参，而 2.3 和 3.2 是实参，实参除了是常量之外，还可以是变量或表达式，但要求有确定的值。在调用时，将实参的值赋给形参。所以要求实参和形参要匹配，即要匹配参数的类型、个数和顺序。例如，下面的函数：

```
static void myFunction(string myString, double myDouble)
{
    ⋮
}
```

不能使用下面的代码调用：

```
myFunction (2.6, "Hello");
```

该程序把一个 double 值作为第一个参数传递，把 string 值作为第二个参数传递，参数的顺序与函数声明中定义的顺序不匹配。

也不能使用下面的代码：

```
myFunction("Hello");
```

这里仅传送了一个 string 参数，而该函数需要两个参数。

在 C# 中，实参向形参的数据传递都是"值传递"。其含义是单向传递，只能由实参传递给形参，而不能由形参传回来给实参，即对形参的任何修改都不影响实参。到目前为止，本章定义的所有函数都是值传递。例如，下面的函数使传递过来的参数值加倍，并显示出来：

```
static void showDouble(int val)
{
  val *= 2;
  Console.WriteLine("val doubled = {0}", val);
}
```

参数 val 在这个函数中被加倍，如果以下面的方式调用它：

```
int myNumber = 5;
Console.WriteLine("myNumber = {0}", myNumber);
showDouble(myNumber);
Console.WriteLine("myNumber = {0}", myNumber);
```

程序输出如下所示：

```
myNumber = 5
val doubled = 10
myNumber = 5
```

把 myNumber 作为一个实参，调用 showDouble()并不影响 Main()中 myNumber 的值，即给 val 形参加倍，myNumber 的值也不变。

但如果要改变 myNumber 的值，可以使用一个给 myNumber 返回新值的函数，如下：

```
static void DoubleNum(int val)
{
  val *= 2;
  return val;
}
```

并使用下面的代码调用它：

```
int myNumber = 5;
Console.WriteLine("myNumber = {0}", myNumber);
myNumber = DoubleNum(myNumber);
Console.WriteLine("myNumber = {0}", myNumber);
```

但这段代码不能改变用作参数的多个变量值，因为函数只有一个返回值。此时可以通过引用传递参数，即函数形参与函数调用中实参相同，函数引用的形参是实参的一个副本，对这个形参进行的任何改变都会影响实参。为此,需使用数组或其他引用类型进行数据传递。例如下面的例子。

【例2.8】

```
using System;
class ParameterTest
{
    static void Function(int[] intArray)
    {
        intArray[0] = 100;
    }
    public static void Main(string[] args)
    {
        int[] ints = {0, 1, 2, 4, 8};
        Console.WriteLine("ints[0] = " + ints[0]);
        Console.WriteLine("Calling Function…"?);
        Function(ints);
        Console.WriteLine("ints[0] = " + ints[0]);
    }
}
```

结果如下:

```
ints[0] = 0
Calling Function…
ints[100] = 100
```

可以发现在intArray中改变的值在原来的数组中也改变了。

需要注意的是,字符串是不能改变的,如果要改变字符串的值,系统就会创建一个新的字符串。在函数调用中,对字符串所做的改变都不会影响原来的字符串。

另外,还可以使用ref关键字指定参数为引用参数。即如果把一个实参传递给函数,且这个函数的参数前带有ref关键字,则该函数对形参所做的任何改变都会影响实参的值。例如:

```
static void showDouble(ref int val)
{
    val *= 2;
    Console.WriteLine("val doubled = {0}", val);
}
```

函数调用:

```
int myNumber = 5;
Console.WriteLine("myNumber = {0}", myNumber);
showDouble(ref myNumber);
Console.WriteLine("myNumber = {0}", myNumber);
```

输出如下所示:

```
myNumber = 5
val doubled = 10
```

```
myNumber = 10
```

这次,myNumber 被 showDouble() 修改了。

用作 ref 参数的变量有两个限制。首先,函数可能会改变引用参数的值,所以必须在函数调用中使用变量。所以,下面的代码是非法的:

```
const int myNumber = 5;
Console.WriteLine("myNumber = {0}", myNumber);
showDouble(ref myNumber);
Console.WriteLine("myNumber = {0}", myNumber);
```

其次,必须使用初始化过的变量。在传递参数前,无论是值传递还是引用传递,实参必须初始化。下面的代码是非法的:

```
int myNumber;
showDouble(ref myNumber);
Console.WriteLine("myNumber = {0}", myNumber);
```

3. 参数数组

C# 允许为函数指定一个(只能指定一个)特定的参数,这个参数必须是函数定义中的最后一个参数,称为参数数组。参数数组可以使用个数不定的参数调用函数,它可以使用 params 关键字来定义。参数数组可以简化代码,因为不必从调用代码中传递数组,而是传递可在函数中使用的一个数组中相同类型的几个参数。定义使用参数数组的函数时,需要使用下述代码:

```
static <returnType> <functionName>(<p1Type> <p1Name>, … ,params <type>[] <name>)
{
    ⋮
    return <returnValue>;
}
```

使用下面的代码可以调用该函数:

```
<functionName>(<p1>, … , <val1>, <val2>, …)
```

其中<val1>, <val2>等都是类型为<type>的值,用于初始化<name>数组。在可以指定的参数个数方面没有限制,甚至可以根本不指定参数。这一点使参数数组特别适合于为在处理过程中要使用的函数指定其他信息。例如,假定有一个函数 GetWord(),它的第一个参数是一个 string 值,并返回字符串中的第一个单词。

```
string firstWord = GetWord("This is a sentence.");
```

其中 firstWord 被赋予字符串 This。

可以在 GetWord()中添加一个 params 参数,以根据其下标选择另一个要返回的单词:

```
string firstWord = GetWord("This is a sentence.", 2);
```

假定第一个单词计数为 1,则 firstWord 就被赋予字符串 is。

也可以在第 3 个参数中限制返回的字符个数,同样通过 params 参数来实现:

```
string firstWord = GetWord("This is a sentence.", 4, 3);
```

其中 firstWord 被赋予字符串 sen。

下面例子用于说明定义并使用带有 params 类型参数的函数。

【例 2.9】

```
class Program
{
    static int SumVals(params int[] vals)
    {
        int sum = 0;
        foreach (int val in vals)
        {
            sum += val;
        }
        return sum;
    }
    static void Main(string[] args)
    {
        int sum = SumVals(1, 5, 2, 9, 8);
        Console.WriteLine("Summed Values = {0}", sum);
        Console.Readkey();
    }
}
```

执行代码,结果如下所示:

```
Summed Values = 25
```

在这个例子中,函数 sumVals()的参数使用关键字 params 定义的,可以接受任意个 int 参数(或不接受任何参数),这个函数对 vals 数组中的值进行迭代,把这些值加在一起,返回其结果。在 Main()中,用 5 个整型参数调用这个函数。

4. 输出参数

除了根据引用传递值之外,还可以使用 out 关键字,指定所给的参数是一个输出参数。out 关键字的使用方式与 ref 关键字相同,除了可以把未初始化的变量用作 out 参数外,即使调用代码把已初始化的变量用作 out 参数,在函数执行时也会丢失该变量中的值。

例如,考虑返回数组中最大值并返回最大值元素下标的函数,为了简单起见,如果数组中有多个元素的值都是这个最大值,只提取第一个最大值的下标。程序如下所示:

```
static int MaxValue(int[] intArray, out int maxIndex)
{
    int maxVal = intArray[0];
    maxIndex = 0;
    for (int i = 1; i < intArray.Length; i++)
    {
        if (intArray[i] > maxVal)
        {
            maxVal = intArray[i];
```

```
        maxIndex = i;
      }
    }
    return maxVal;
}
```

可以用下述方式使用该函数：

```
int[] myArray = {1, 8, 3, 6, 2, 5, 9, 3, 0, 2};
int maxIndex;
Console.WriteLine("The maximum value in myArray is {0}",
MaxValue(myArray, out maxIndex));
Console.WriteLine("The first occurrence of this value is at element {0}", maxIndex + 1);
```

结果输出如下：

```
The maximum value in myArray is 9
The first occurrence of this value is at element 7
```

注意：必须在函数调用中使用 out 关键字，就像 ref 关键字一样。如果在函数体中没有给 out 参数分配一个值，那么函数就不能编译。

2.4.2 变量的作用域

变量的作用域是可以访问该变量的代码区域。变量的作用域是一个重要的主题，作用域的确定有以下规则。
- 只要变量所属的类在某个作用域内，该变量也在该作用域内。
- 局部变量存在于表示声明该变量的语句块结束的大括号之前的作用域内。
- 同名的变量不能在相同的作用域内声明两次。

例如下面的例子。

【例 2.10】

```
class Program
{
  static void Write()
  {
    string myString = "String defined in Write()";
    Console.WriteLine("Now in Write()");
    Console.WriteLine("myString = {0}", myString);
  }
  static void Main(string[] args)
  {
    string myString = "String defined in Main()";
    Write();
    Console.WriteLine("\nNow in Main()");
    Console.WriteLine("myString = {0}", myString);
  }
}
```

这段代码结果如下所示：

```
Now in Write()
myString = String defined in Write()
Now in Main()
myString = String defined in Main()
```

这段代码执行的操作如下：Main()定义和初始化字符串变量 myString，调用 Write()，Write()定义和初始化一个字符串变量 myString，它与 Main()中定义的 myString 变量完全不同，Write()把在 Write()中定义的字符串 myString 输出，返回 Main()，Main()把在 Main()中定义的 myString 字符串输出。作用域以这种方式覆盖一个函数的变量称为局部变量，即在一个函数内部定义的变量只在本函数范围内有效，在此函数之外是不能使用这些变量的。同样在一个语句块中定义的变量，只能在本语句块中使用。例如：

```
using System;
public class ScopeTest
{
    public static void Main()
    {
        for(int i = 0; i < 10; i++ )
        {
            Console.WriteLine(i);
        }
        for(int i = 9; i >= 0; i-- )
        {
            Console.WriteLine(i);
        }
    }
}
```

这段代码使用一个 for 循环打印出从 0 到 9 的数字，再打印从 9 到 0 的数字。由于 i 是在循环内部声明的，所以变量 i 对循环来说是局部变量。而下面的程序：

```
int i;
for (i = 0; i < 10; i++)
{
    string text = "Line " + Convert.ToString(i);
    Console.WriteLine("{0}", text);
}
Console.WriteLine("Last text output in loop: {0}", text);
```

由于字符串变量 text 是 for 循环的局部变量，这段代码不能编译，因为在该循环外部试图使用变量 text，这超出了循环的作用域。

一般地，在函数外面定义的变量称为全局变量，其作用域可覆盖几个函数。例如下面的例子。

【例 2.11】

```
class Program
{
    static string myString;
```

```
    static void Write()
    {
      string myString = "String defined in Write()";
      Console.WriteLine("Now in Write()");
      Console.WriteLine("Local myString = {0}", myString);
      Console.WriteLine("Global myString = {0}", Program.myString);
    }
    static void Main(string[] args)
    {
      string myString = "String defined in Main()";
      Program.myString = "Global string";
      Write();
      Console.WriteLine("\nNow in Main()");
      Console.WriteLine("Local myString = {0}", myString);
      Console.WriteLine("Global myString = {0}", Program.myString);
    }
  }
```

结果如下所示:

```
Now in Write()
Local myString = String defined in Write()
Global myString = Global myString

Now in Main()
Local myString = String defined in Main()
Global myString = Global myString
```

这里添加了一个全局变量 myString,它是类 Program 的一个字段。在控制台应用程序中,必须使用 static 或 const 关键字来定义这种形式的全局变量。如果要修改全局变量的值,就需要使用 static,因为 const 禁止修改变量的值。

为了区分这个变量和 Main() 与 Write() 中同名的局部变量,必须用一个完整限定的名称为变量名。这里把全局变量称为 Program. myString。注意,在全局变量和局部变量同名时,这是必须的。如果没有局部 myString 变量,就可以使用 myString 表示全局变量,而不需要使用 Program. myString。如果局部变量和全局变量同名,全局变量就会被屏蔽。

也可以使用这种技术交换数据,但在许多情况下不应使用这种方式。通过下面的代码做进一步的说明:

```
class Program
{
  static void showDouble(ref int val)
  {
    val *= 2;
    Console.WriteLine("val doubled = {0}", val);
  }
  static void Main(string[] args)
  {
    int val = 5;
    Console.WriteLine("val = {0}", val);
```

```
        showDouble(ref val);
        Console.WriteLine("val = {0}", val);
    }
}
```

和下面的代码比较：

```
class Program
{
    static int val;
    static void showDouble()
    {
        val *= 2;
        Console.WriteLine("val doubled = {0}", val);
    }
    static void Main(string[] args)
    {
        val = 5;
        Console.WriteLine("val = {0}", val);
        showDouble();
        Console.WriteLine("val = {0}", val);
    }
}
```

这两个 showDouble() 函数的结果是相同的，说明两种方法都是有效的。选用哪种取决于以下的一些规则。

首先，使用全局变量，会使函数的通用性降低，因为函数在执行时要依赖于其所在的外部变量。如果全局变量与局部变量同名，则在局部变量的作用范围内，全局变量被屏蔽。另外，全局数据可以在应用程序的任何地方修改，程序容易出错。使用全局变量会降低程序的清晰性，使代码更难理解。

但是，使用全局变量也有好处的。由于一个程序中所有的函数都能引用全局变量的值，相当于各个函数间有直接的传递通道，增加函数间的联系。

总之，可以自由选择使用哪种技术来交换数据。一般情况下，最好使用参数，而不使用全局数据，但有时使用全局数据更合适。

2.4.3　Main 函数

C#程序是从方法 Main() 开始执行的，即 Main() 是 C#应用程序的入口。这个方法必须是类或结构的静态方法，并且其返回类型必须是 int 或 void。通常会显式指定 public 修饰符，因为必须在程序外部调用 Main() 函数，但为该函数指定什么访问级别并不重要，即使把该函数标记为 private，它也可以运行。

在 C#控制台或 Windows 应用程序中，如果有多个 Main 方法，编译器就会返回一个错误，例如：

```
using System;
namespace MainExample
```

```
{
  class Client
  {
    public static int Main()
    {
      MathExample.Main();
      return 0;
    }
  }
  class MathExample
  {
    static int Add(int x, int y)
    {
      return x + y;
    }
    public static int Main()
    {
      int i = Add(5,10);
      Console.WriteLine(i);
      return 0;
    }
  }
}
```

上述代码中包含两个类,它们都有一个 Main()方法。如果按照通常的方式编译这段代码,就会得到下述错误:

```
MainExample.cs(7,23): error CS0017: Program 'MainExample.exe' has more than one entry point
defined: 'MainExample.Client.Main()'
MainExample.cs(15,23): error CS0017: Program 'MainExample.exe' has more than one entry point
defined: 'MainExample.MathExample.Main()'
```

但是,可以使用/main 选项,其后跟 Main()方法所属类的全名(包括命名空间),明确告诉编译器把哪个方法作为程序的入口点:

```
csc MainExample.cs /main: MainExample.MathExample
```

给 Main()方法传送参数:

Main()函数有一个参数 string[] args,下面将介绍该参数及其使用。

Main()的参数是从应用程序外部接受信息的方法,这些信息在运行期间指定,其形式是命令行参数。这个参数是一个字符串数组,传统称为 args(但 C♯可以接受任何名称)。

下面的例子 ArgsExample.cs 是在传送给 Main 方法的字符串数组中循环,并把每个选项的值输出。

【例 2.12】

```
using System;
class ArgsExample
{
  public static int Main(string[] args)
```

```
{
    for (int i = 0; i < args.Length; i++)
    {
        Console.WriteLine(args[i]);
    }
    return 0;
}
}
```

通常使用命令行就可以编译这段代码。在运行编译好的可执行文件时,可以在程序名的后面加上参数,例如:

```
ArgsExample /a /b /c
```

程序输出如下:

```
/a
/b
/c
```

本 章 小 结

本章学习了声明变量的方法,使用变量前需初始化以及常量的使用。C#中的预定义数据类型分为值类型和引用类型,其中值类型包括整数、浮点数、字符和布尔类型;引用类型介绍了 object 类型和 string 类型。变量和运算符结合起来,就是一个表达式。简单的表达式包括数学运算、比较运算、逻辑运算符、赋值运算、位运算和条件运算等。把数据从一种类型转换为另一种类型即为类型转换。C#提供两种类型转换:隐式类型转换和显式类型转换。

语句是定义了某项指令的有效的 C#表达式。一个实际的程序应当包含若干条语句。选择语句可以根据条件是否满足来选择下一步要执行哪些代码。C#有两种分支代码的结构:if 语句和 switch 语句。循环就是重复执行一些语句。C#提供了 4 种不同的循环机制:for、while、do…while、foreach。C#提供了许多可以立即跳转到程序中另一行代码的语句,包括 4 个命令:goto、break、continue 和 return。

如果一个变量只有几种可能的值,就可以定义为枚举类型。在声明一个枚举时,要指定该枚举可以包含的一组可接受的实例值。结构是由几个不同类型的数据组成的数据结构。使用关键字 stucture 定义。数组是有序数据的集合。数组中的每一个元素都属于同一个数据类型。数组分为一维和多维。多维数组又可分为矩形数组和变长数组。

在 C#中,函数的定义包括函数的修饰符,然后是返回值的类型、方法名、输入参数的列表。变量的作用域是可以访问该变量的代码区域。分为局部变量和全局变量。C#程序是从方法 Main()开始执行的,利用参数 args 从应用程序外部接受信息。

第 3 章将介绍面向对象相关概念和语法。

习　题　2

1. 下面_____不是合法的变量名。

A．myVariableIsGood　　　　　　　B．99Flake

C．_floor　　　　　　　　　　　　D．time2GetJiggyWidIt

2. 字符串 supercalifragilisticexpialidocious 是因为太长了而不能放在 string 变量中吗？为什么？

3. 编写一个控制台应用程序，要求用户输入 4 个 int 值，并显示它们的乘积。提示：可以考虑使用 Convert.ToDouble()命令，该命令可以把用户在控制台上输入的数转换为 double；从 string 转换为 int 的命令是 Convert.ToInt32()。

4. 如果两个整数存储在变量 val1 和 val2 中，该进行什么样的布尔测试，看看其中的一个(但不是两个)是否大于 10？

5. 编写一个应用程序，其中包含练习 4 中的逻辑，让用户输入两个数字，并显示它们，但拒绝接受两个数字都大于 10 的情况，并要求用户重新输入。

6. 下面的代码有什么错误？

```
for(i = 1; i <= 10; i++ )
{
  if((i % 2) = 0)
    continue;
 Console.WriteLine(i);
}
```

7. 下面的转换哪些不是隐式转换？

A．int 转换为 short　　　　　　　B．short 转换为 int

C．bool 转换为 string　　　　　　D．byte 转换为 float

8. 下面的代码可以成功编译吗？如果不能，为什么？

```
string[] blab = new string[5];
string[5] = 5th string.
```

9. 编写一个控制台应用程序，它接收用户输入的一个字符串，将其中的字符以与输入相反的顺序输出。

10. 编写一个控制台应用程序，它接收一个字符串，用 yes 替换字符串中所有的 no。

11. 编写一个控制台应用程序，给字符串中的每个单词加上双引号。

12. 下面两个函数都有错误，请指出这些错误。

```
static bool Write()
{
  Console.WriteLine("Text output from function.");
}

static void myFunction(string label, params int[] args, bool showLabel)
{
```

```
    if (showLabel)
      Console.WriteLine(label);
    foreach (int i in args)
    Console.WriteLine("{0}", i);
}
```

13. 编写一个应用程序,该程序使用两个命令行参数,分别把值放在一个字符串和一个整型变量中,然后显示这些值。

14. 修改下面的结构,使之包含一个返回订单总价格的函数。

```
struct order
{
    public string itemName;
    public int unitCount;
    public double unitCost;
}
```

第 **3** 章

C#面向对象程序设计

第2章介绍了 C#的语法和基础知识,据此已经可以写出一些控制台应用程序了,但是,要了解 C#语言的强大功能,还需要使用面向对象编程(Object-Oriented Programming,OOP)技术。实际上,前面的例子已经在使用这些技术,但没有重点讲述。

本章先探讨 OOP 的原理,包括 OOP 的基础知识和与 OOP 相关的术语。接着学习如何在 C#中定义类,包括基本的类定义语法、用于确定类可访问性的关键字以及接口的定义。然后讨论如何定义类成员,包括如何定义字段、属性和方法等成员。最后说明一些高级技术,包括集合、运算符重载、高级转换、深度复制和定制异常。

3.1   面向对象编程简介

3.1.1   什么是面向对象编程

面向对象编程代表了一种全新的程序设计思路,与传统的面向过程开发方法不同,面向对象的程序设计和问题求解更符合人们的思维习惯。

前面介绍的编程方法都是面向过程的程序设计方法,这种方法常常会导致所谓的单一应用程序,即所有的功能都包含在几个代码模块中(常常是一个代码模块),适合解决比较小的简单问题。而 OOP 技术则按照现实世界的特点来管理复杂的事物,把它们抽象为对象,具有自己的状态和行为,通过对消息的反应来完成一定的任务。这种编程方法提供了非常强大的多样性,大大增加了代码的重用机会,增加了程序开发的速度;同时降低了维护负担,将具备独立性特制的程序代码包装起来,修改部分程序代码时不至于会影响到程序的其他部分。

1. 对象

什么是对象? 实际上,现实世界就是由各种对象组成的,如人、汽车、动物、植物等。复杂的对象可以由简单的对象组成。对象都具有各自的属性,如形状、颜色、重量等;对外界都呈现出各自的行为,如人可以走路、说话、唱歌;汽车可以启动、加速、减速、刹车、停止等。

在 OOP 中,对象就是变量和相关的方法的集合。其中变量表明对象的属性,方法表明对象所具有的行为。一个对象的变量构成了这个对象的核心,包围在它外面的方法使这个对象和其他对象分离开来。例如：我们可以把汽车抽象为一个对象，用变量来表示它当前的状态，如速度、油量、型号、所处的位置等，它的行为则为上面提到的加速、刹车、换档等。操作汽车时，不用去考虑汽车内部各个零件如何运作的细节，而只需根据汽车可能的行为使用相应的方法即可。实际上，面向对象的程序设计实现了对象的封装，使我们不必关心对象的行为是如何实现的这样一些细节。通过对对象的封装，实现了模块化和信息隐藏。有利于程序的可移植性和安全性，同时也利于对复杂对象的管理。

简单地说，对象非常类似于本书前面讨论的结构类型。略为复杂的对象可能不包含任何数据，而是只包含函数，表示一个过程。

2. 类

在研究对象时主要考虑对象的属性和行为，有些不同的对象会呈现相同或相似的属性和行为，如轿车、卡车、面包车。通常将属性及行为相同或相似的对象归为一类。类可以看成是对象的抽象，代表了此类对象所具有的共同属性和行为。典型的类是"人类"，表明人的共同性质。比如我们可以定义一个汽车类来描述所有汽车的共性。通过类定义人们可以实现代码的复用。不用去描述每一个对象（如某辆汽车），而是通过创建类（如汽车类）的一个实例来创建该类的一个对象，这样大大简化了软件的设计。

类是对一组具有相同特征的对象的抽象描述，所有这些对象都是这个类的实例。在 C# 中，类是一种数据类型，而对象是该类型的变量，变量名即是某个具体对象的标识名。

3. 属性和字段

通过属性和字段可以访问对象中包含的数据。对象数据可以区分不同的对象，因为同一个类的不同对象可能在属性和字段中存储了不同的值。包含在对象中的不同数据统称为对象的状态。

假定一个对象类表示一杯咖啡，叫做 CupOfCoffee。在实例化这个类（即创建这个类的对象）时，必须提供对于类有意义的状态。此时可以使用属性和字段，让代码能通过该对象来设置要使用的咖啡品牌，咖啡中是否加牛奶或方糖，咖啡是否即溶等。给定的咖啡对象就有一个指定的状态，例如 Columbian filter coffee with milk and two sugars。

可以把信息存储在字段和属性中，作为 string 变量、int 变量等。但是，属性与字段是不同的，属性不能直接访问数据。一般情况下，在访问状态时最好提供属性，而不是字段，因为这样可以更好地控制整个过程，而使用它们的语法是相同的。

对属性的读写访问也可以由对象来明确定义。某些属性是只读的，只能查看它们的值，而不能改变它们（至少不能直接改变）。还可以有只写的属性，其操作方式类似。

除了对属性的读写访问外，还可以为字段和属性指定另一种访问许可，这种可访问性确定了什么代码可以访问这些成员，它们是可用于所有的代码（公共），还是只能用于类中的代码（私有），或者更复杂的模式。常见的情况是把字段设置为私有，通过公共属性访问它们。

例如，CupOfCoffee 类可以定义 5 个成员：Type、isInstant、Milk、Sugar、Description 等。

4. 方法

对象的所有行为都可以用方法来描述，在 C# 中，方法就是对象中的函数。

方法用于访问对象的功能,与字段和属性一样:方法可以是公共的或私有的,按照需要限制外部代码的访问。它们常常使用对象状态——访问私有成员。例如,CupOfCoffee 类定义了一个方法 AddSugar() 来增加方糖数属性。

实际上,C♯中的所有东西都是对象。控制台应用程序中的 Main() 函数就是类的一个方法。前面介绍的每个变量类型都是一个类。前面使用的每个命令都是一个属性或方法。句点字符"."把对象实例名和属性或方法名分隔开来。

5. 对象的生命周期

每个对象都有一个明确定义的生命周期,即从使用类定义开始一直到删除它为止。在对象的生命周期中,除了"正在使用"的正常状态之外,还有两个重要的阶段。

- 构造阶段。对象最初进行实例化的时期。这个初始化过程称为构造阶段,由构造函数完成。
- 析构阶段。在删除一个对象时,常常需要执行一些清理工作,例如释放内存,由析构函数完成。

(1) 构造函数

所有的对象都有一个默认的构造函数,该函数没有参数,与类本身有相同的名称。一个类定义可以包含几个构造函数,它们有不同的签名,代码可以使用这些签名实例化对象。带有参数的构造函数通常用于给存储在对象中的数据提供初始值。

在 C♯ 中,构造函数用 new 关键字来调用。例如,可以用下面的方式实例化一个 CupOfCoffee 对象:

```
CupOfCoffee myCup = new CupOfCoffee();
```

对象还可以用非默认的构造函数来创建。与默认的构造函数一样,非默认的构造函数与类同名,但它们还带有参数,例如:

```
CupOfCoffee myCup = new CupOfCoffee("Blue Mountain");
```

构造函数与字段、属性和方法一样,可以是公共或私有的。在类外部的代码不能使用私有构造函数实例化对象,而必须使用公共构造函数。一些类没有公共的构造函数,外部的代码就不可能实例化它们。

(2) 析构函数

析构函数用于清理对象。一般情况下,不需要提供解构方法的代码,而是由默认的析构函数执行操作。但是,如果在删除对象实例前,需要完成一些重要的操作,就应提供特定的析构函数。

属性、方法和字段等成员是对象实例所特有的,即改变一个对象实例的这些成员不影响其他的实例中的这些成员。除此之外,还有一种静态成员(也称为共享成员),例如静态方法、静态属性或静态字段。静态成员可以在类的实例之间共享,所以它们可以看作是类的全局对象。静态属性和静态字段可以访问独立于任何对象实例的数据,静态方法可以执行与对象类型相关、但不是特定实例的命令,在使用静态成员时,甚至不需要实例化类型的对象。例如,前面使用的 Console. WriteLine() 方法就是静态的。

3.1.2　OOP 技术

前面介绍了一些基础知识，下面讨论 OOP 中的一些技术，包括抽象与接口、继承、多态性、重载等。

1. 抽象与接口

抽象化是为了要降低程序版本更新后，在维护方面的负担，使得功能的提供者和功能的用户分开，各自独立，彼此不受影响。

为了达到抽象化的目的，需要在功能提供者与功能使用者之间提供一个共同的规范，功能提供者与功能使用者都要按照这个规范来提供、使用这些功能。这个共用的规范就是接口，接口定义了功能数量、函数名称、函数参数、参数顺序等。它是一个能声明属性、字段和方法的编程构造。它不为这些成员实现，只提供定义。接口定义了功能提供者与功能使用者之间的准则，因此只要接口不变，功能提供者就可以任意更改实现的程序代码，而不影响到使用者。

一旦定义了接口，就可以在类中实现它。这样，类就可以支持接口所指定的所有属性和成员。注意，不能实例化接口，执行过程必须在实现接口的类中实现。

在前面的咖啡范例中，可以把较一般用途的属性和方法例如 AddSugar()，Milk，Sugar 和 Instant 组合到一个接口中，称为 IhotDrink(接口的名称一般用大写字母 I 开头)。然后就可以在其他对象上使用该接口，例如 CupOfTea 类。

一个类可以支持多个接口，多个类也可以支持相同的接口。

2. 继承

继承是 OOP 最重要的特性之一。任何类都可以从另一个类继承，这就是说，这个类拥有它继承的类的所有成员。在 OOP 中，被继承(也称为派生)的类称为父类(也称为基类)。注意，C# 中的对象仅能派生于一个基类。

公共汽车、出租车、货车等都是汽车，但它们是不同的汽车，除了具有汽车的共性外，它们还具有自己的特点，如不同的操作方法，不同的用途等。这时可以把它们作为汽车的子类来实现，它们继承父类(汽车)的所有状态和行为，同时增加自己的状态和行为。通过父类和子类实现了类的层次，可以从最一般的类开始，逐步特殊化，定义一系列的子类。同时，通过继承也实现了代码的复用，使程序的复杂性线性地增长，而不是呈几何级数增长。

在继承一个基类时，成员的可访问性就成为一个重要的问题。派生类不能访问基类的私有成员，但可以访问其公共成员。不过，派生类和外部的代码都可以访问公共成员。这就是说，只使用这两个可访问性，不仅可以让一个成员被基类和派生类访问，而且也能够被外部的代码访问。为了解决这个问题，C# 提供了第三种可访问性：protected，只有派生类才能访问 protected 成员。

除了成员的保护级别外，还可以为成员定义其继承行为。基类的成员可以是虚拟的，也就是说，成员可以由继承它的类重写。派生类可以提供成员的其他执行代码。这种执行代码不会删除原来的代码,仍可以在类中访问原来的代码,但外部代码不能访问它们。如果没有提供其他执行方式,外部代码就访问基类中成员的执行代码。虚拟成员不能是私有成员。

基类还可以定义为抽象类。抽象类不能直接实例化。要使用抽象类,必须继承这个类,抽象类可以有抽象成员,这些成员在基类中没有代码实现,所以这些执行代码必须在派生类中提供。

最后,类可以是密封的。密封的类不能用作基类,所以也没有派生类。

在 C# 中,所有的对象都有一个共同的基类 object,参见第 2 章中的相关内容。

3. 多态性

多态是面向对象程序设计的又一个特性。在面向过程的程序设计中,主要工作是编写一个个的过程或函数,这些过程和函数不能重名。例如在一个应用中,需要对数值型数据进行排序,还需要对字符型数据进行排序,虽然使用的排序方法相同,但要定义两个不同的过程(过程的名称也不同)来实现。

在面向对象程序设计中,可以利用“重名”来提高程序的抽象度和简洁性。首先来理解实际的现象,例如,“启动”是所有交通工具都具有的操作,但是不同的具体交通工具,其“启动”操作的具体实现是不同的,如汽车的启动是“发动机点火——启动引擎”、“启动”轮船时要“起锚”、气球飞艇的“启动”是“充气——解缆”。如果不允许这些功能使用相同的名字,就必须分别定义“汽车启动”、“轮船启动”、“气球飞艇启动”多个方法。这样一来,用户在使用时需要记忆很多名字,继承的优势就荡然无存了。为了解决这个问题,在面向对象的程序设计中引入了多态的机制。

多态是指一个程序中同名的不同方法共存的情况。主要通过子类对父类方法的覆盖来实现多态。这样一来,不同类的对象可以响应同名的方法来完成特定的功能,但其具体的实现方法却可以不同。例如同样的加法,把两个时间加在一起和把两个整数加在一起肯定完全不同。

通过方法覆盖,子类可以重新实现父类的某些方法,使其具有自己的特征。例如对于车类的加速方法,其子类(如赛车)中可能增加了一些新的部件来改善提高加速性能,这时可以在赛车类中覆盖父类的加速方法。覆盖隐藏了父类的方法,使子类拥有自己的具体实现,更进一步表明了与父类相比,子类所具有的特殊性。

多态性使语言具有灵活、抽象、行为共享的优势,很好地解决了应用程序函数同名问题。

注意并不是只有共享同一个父类的类才能利用多态性。只要子类和孙子类在继承层次结构中有一个相同的类,它们就可以用相同的方式利用多态性。

4. 重载

方法重载是实现多态的另一个方法。通过方法重载,一个类中可以有多个具有相同名字的方法,由传递给它们的不同个数的参数来决定使用哪种方法。例如,对于一个作图的类,它有一个 draw()方法用来画图或输出文字,可以传递给它一个字符串、一个矩形、一个圆形,甚至还可以再制定作图的初始位置、图形的颜色等。对于每一种实现,只需实现一个新的 draw()方法即可,而不需要新起一个名字,这样大大简化了方法的实现和调用,程序员和用户不需要记住很多的方法名,只需要传入相应的参数即可。

因为类可以包含运算符如何运算的指令,所以可以把运算符用于从类实例化而来的对象。我们为重载运算符编写代码,把它们用作类定义的一部分,而该运算符作用于这个类。也可以重载运算符,以相同的方式处理不同的类,其中一个(或两个)类定义包含达到这一目的的代码。

注意:只能用这种方式重载现有的 C# 运算符,不能创建新的运算符。

5. 消息和事件

对象之间必须要进行交互来实现复杂的行为。例如,要汽车加速,必须发给它一个消息,告诉它进行何种动作(这里是加速)以及实现这种动作所需要的参数(这里是需要达到的速度等)。一个消息包含三个方面的内容:消息的接收者、接收对象应采用的方法、方法所需要的参数。同时,接收消息的对象在执行相应的方法后,可能会给发送消息的对象返回一些信息。如上例中,汽车的仪表上会出现已达到的速度等。

在 C# 中,消息处理称为事件。对象可以激活事件,作为处理的一部分。为此,需要给代码添加事件处理程序,这是一种特殊类型的函数,在事件发生时调用。还需要配置这个处理程序,以监听我们感兴趣的事件。

使用事件可以创建事件驱动的应用程序,这类应用程序很多。例如,许多基于 Windows 的应用程序完全依赖于事件。每个按钮单击或滚动条拖动操作都是通过事件处理实现的,其中事件是通过鼠标或键盘触发的。本章的后面将介绍事件是如何工作的。

3.2　定　义　类

本节将重点讨论如何定义类本身。首先介绍基本的类定义语法、用于确定类可访问性的关键字、指定继承的方式以及接口的定义。

3.2.1　C# 中的类定义

1. 类的定义

C# 使用 class 关键字来定义类。其基本结构如下:

```
Class MyClass
{
   // class members
}
```

这段代码定义了一个类 MyClass。定义了一个类后,就可以对该类进行实例化。在默认情况下,类声明为内部的,即只有当前代码才能访问,可以用 intemal 访问修饰符关键字显式指定,如下所示(但这是不必要的):

```
internal class MyClass
```

```
{
    // class members
}
```

另外，还可以制定类是公共的，可以由其他任意代码访问。为此，需要使用关键字 public：

```
public class MyClass
{
    // class members
}
```

除了这两个访问修饰符关键字外，还可以指定类是抽象的（不能实例化，只能继承，可以有抽象成员）或密封的（sesled，不能继承）。为此，可以使用两个互斥的关键字 abstract 或 sealed。所以，抽象类必须用下述方式声明：

```
public abstract class MyClass
{
    // class members, may be abstract
}
```

密封类的声明如下所示：

```
public sealed class MyClass
{
    //class members
}
```

还可以在类定义中指定继承。C♯支持类的单一继承，即只能有一个基类，语法如下：

```
class MyClass: MyBaseClass
{
    // class members
}
```

在 C♯ 的类定义中，如果继承了一个抽象类，就必须执行所继承的所有抽象成员（除非派生类也是抽象的）。

编译器不允许派生类的可访问性比其基类更高。也就是说，内部类可以继承于一个公共类，但公共类不能继承于一个内部类。因此，下述代码就是不合法的：

```
internal class MyBaseClass
{
    // class members
}
```

```
public class MyClass: MyBaseClass
{
    // class members
}
```

在 C♯中，类必须派生于另一个类。如果没有指定基类，则被定义的类就继承于基类 System. Object。

除了以这种方式指定基类外，还可以指定支持的接口。如果指定了基类，它必须紧跟在冒号的后面,之后才是指定的接口。必须使用逗号分隔基类名(如果有基类)和接口名。

例如,给 MyClass 添加一接口,如下所示:

```
class MyClass: IMyInterface
{
  // class memebrs
}
```

所有的接口成员都必须在支持该接口的类中实现,但如果不想使用给定的接口成员,可以提供一个“空”的执行方式(没有函数代码)。

下面的声明是无效的,因为基类 MyBaseClass 不是继承列表中的第一项:

```
class MyClass: IMyInterface, MyBaseClass
{
  // class members
}
```

指定基类和接口的正确方式如下:

```
class: MyBaseClass, ImyInterface
{
  // class members
}
```

可以指定多个接口,所以下面的代码是有效的:

```
public class MyClass: MyBaseClass, ImyInterface, ImySecondInterface
{
  // class members
}
```

表 3.1 是类定义时可以使用的访问修饰符组合。

表 3.1   访问修饰符

修 饰 符	含 义
none 或 internal	类只能在当前程序中被访问
public	类可以在任何地方访问
abstract 或 internal abstract	类只能在当前程序中被访问,不能实例化,只能继承
public abstract	类可以在任何地方访问,不能实例化,只能继承
sealed 或 internal sealed	类只能在当前程序中被访问,不能派生,只能实例化
public sealed	类可以在任何地方访问,不能派生,只能实例化

2. 接口的定义

接口声明的方式与声明类的方式相似,但使用的是关键字 interface,例如:

```
interface ImyInterface
{
  // interface members
}
```

访问修饰符关键字 public 和 internal 的使用方式是相同的,所以要使接口的访问是公共的,就必须使用 public 关键字:

```
public interface ImyInterface
{
    // interface members
}
```

关键字 abstract 和 sealed 不能在接口中使用,因为这两个修饰符在接口定义中是没有意义的(接口不包含执行代码,所以不能直接实例化,且必须是可以继承的)。

接口的继承也可以用与类继承的类似方式来指定。主要的区别是可以使用多个基接口,例如:

```
public interface IMyInterface: IMyBaseInterface, ImyBaseInterface2
{
    // interface members
}
```

下面看一个类定义的范例。

【例 3.1】

```
using System;
public abstract class MyBaseClass
{
}
class MyClass: MyBaseClass
{
}
public interface IMyBaseInterface
{
}
interface IMyBaseInterface2
{
}
interface ImyInterface: IMyBaseInterface, IMyBaseInterface2
{
}
sealed class MyComplexClass: MyClass,IMyInterface
{
}
class Class1
{
    static void Main(string[] args)
    {
        MyComplexClass myObj = new MyComplexClass();
        Console.WriteLine(myObj.ToString());
    }
}
```

这里的 Clsss1 不是主要类层次结构中的一部分,而是处理 Main()方法的应用程序的入口点。MyBaseClass 和 IMyBaseInterface 被定义为公共的,其他类和接口都是内部的。其中

MyComplexClass 继承 MyClass 和 IMyInterface，MyClass 继承 MyBassClass，IMyInterface 继承
IMyBaseInterface 和 IMyInterface2，而 MyBaseClass 和 IMyBaseInterface、IMyBaseInterface2 的共
同的基类为 Object。Main()中的代码调用 MyComplexClass 的一个实例 myObj 的 ToString()
方法。这是继承 System. Object 的一种方法，功能是把对象的类名作为一个字符串返回，该
类名用所有相关的命名空间来限定。

3.2.2　Object 类

前面提到所有的 . NET 类都派生于 System. Object。实际上，如果在定义类时没有指
定基类，编译器就会自动假定这个类派生于 Object。其重要性在于，自己定义的所有类除了
自己定义的方法和属性外，还可以访问为 Object 定义的许多公共或受保护的成员方法。在
Object 中定义的方法如表 3. 2 所示。

表 3. 2　Object 中的方法

方　　法	访问修饰符	作　　用
string ToString()	public virtual	返回对象的字符串表示。在默认情况下，这是一个类类型的限定名，但它可以被重写，以便给类类型提供合适的实现方式
int GetHashTable()	public virtual	在实现散列表时使用
bool Equals(object obj)	public virtual	把调用该方法的对象与另一个对象相比较，如果它们相等，就返回 true。以默认的执行方式进行检查，以查看对象的参数是否引用了同一对象。如果想以不同的方式来比较对象，可以重写该方法
bool Equals(object objA，object objB)	public static	这个方法比较传递给它的两个对象是否相等。如果两个对象都是空引用，这个方法会返回 true
bool ReferenceEquals（object objA，object objB）	public static	比较两个引用是否指向同一个对象
Type GetType()	public	返回对象类型的详细信息
object MemberwiseClone()	protected	通过创建一个新对象实例并复制成员来复制该对象。成员复制不会得到这些成员的新实例。新对象的任何引用类型成员都将引用与源类相同的对象，这个方法是受保护的，所以只能在类或派生的类中使用

这些方法是 . NET Framework 中对象类型必须支持的基本方法，但可以从不使用它
们。下面将介绍几种方法的作用。

GetType()方法：这个方法返回从 System. Type 派生的类的一个实例。在利用多态性
时，GetType()是一个有用的方法，它允许根据对象的类型来执行不同的操作。联合使用
GetType()和 typeof()，就可以进行比较，如下所示：

```
if(myObj.GetType() == typeof(MyComplexClass))
{
    // myObj is an instance of the class MyComplexClass
}
```

　　ToString()方法：是获取对象的字符串表示的一种便捷方式。当只需要快速获取对象的内容，以用于调试时就可以使用这个方法。在数据的格式化方面，它提供的选择非常少：例如，日期在原则上可以表示为许多不同的格式，但 DateTime. ToString()没有在这方面提供任何选择。例如：

```
int i = - 50;
string str = i. ToString();  //*returns " - 50"
```

下面是另一个例子：

```
enum Colors {Red, Orange, Yellow};
// later on in code…
Colors favoriteColor = Colors. Orange;
string str = favoriteColor. ToString();          // returns "Orange"
```

　　Object. ToString()声明为虚类型，在这些例子中，该方法的实现代码都是为 C# 预定义数据类型重写过的代码，以返回这些类型的正确字符串表示。Colors 枚举是一个预定义的数据类型，它实际上实现为一个派生于 System. Enum 的结构，而 System. Enum 有一个 ToString()重写方法，来处理用户定义的所有枚举。

　　如果不在自己定义的类中重写 ToString()，该类将只继承 System. Object 执行方式——显示类的名称。如果希望 ToString()返回一个字符串，其中包含类中对象的值信息，就需要重写它。下面用一个例子 Money 来说明这一点。在该例子中，定义一个非常简单的类 Money，表示钱数。Money 是 decimal 类的包装器，提供了一个 ToString()方法（这个方法必须声明为 override，因为它将重写 Object 提供的 ToString()方法）。该例子的完整代码如下所示。

【例 3.2】

```
using System;
class MainEntryPoint
{
    static void Main(string[] args)
    {
    Money cash1 = new Money();
    cash1. Amount = 40M;
    Console. WriteLine("cash1. ToString() returns: " + cash1. ToString());
    }
}
class Money
{
    private decimal amount;
    public decimal Amount
    {
      get
      {
         return amount;
      }
      set
      {
```

```
        amount = value;
      }
    }
    public override string ToString()
    {
      return " $ " + Amount.ToString();
    }
}
```

在 Main()方法中,先实例化一个 Money 对象,在这个实例化过程中调用了 ToString(),选择了我们自己的重写方法。运行这段代码,会得到如下结果:

```
StringRepresentations
cash1.ToString() returns: $ 40
```

3.2.3　构造函数和析构函数

在 C# 中定义类时,常常不需要定义相关的构造函数和析构函数,因为基类 System.Object 提供了一个默认的实现方式。但是,如果需要,也可以提供自己的构造函数和析构函数,以便初始化对象和清理对象。

1. 构造函数

使用下述语法把简单的构造函数添加到一个类中:

```
class MyClass
{
  public MyClass()
  {
    // Constructor code
  }
  // rest of class definition
}
```

这个构造函数与包含它的类同名,且没有参数,这是一个公共函数,所以用来实例化类的对象。

也可以使用私有的默认构造函数,即这个类的对象实例不能用这个构造函数来创建。例如:

```
class MyClass
{
  private MyClass()
  {
    //Constructor code
  }
  // rest of class definition
}
```

构造函数也可以重载,即可以为构造函数提供任意多的重载,只要它们的签名有明显的

区别,例如:

```
class MyClass
{
  public MyClass()
  {
    //Default contructor code
  }
  public MyClass(int number)
  {
    //Non - default contructot code
  }
  //rest of class definition
}
```

如果提供了带参数的构造函数,编译器就不会自动提供默认的构造函数,下面的例子中,因为明确定义了一个带一个参数的构造函数,所以编译器会假定这是可以使用的唯一构造函数,不会隐式地提供其他构造函数:

```
public class MyNumber
{
  public MyNumber(int number)
  {
    // Contructor code
  }
  // rest of class definition
}
```

2. 构造函数的执行序列

在讨论构造函数前,先看看在默认情况下,创建类的实例时会发生什么情况。

为了实例化派生的类,必须实例化它的基类。而要实例化这个基类,又必须实例化这个基类的基类,这样一直到实例化 System. Object 为止。结果是无论使用什么构造函数实例化一个类,总是要先调用 System. ObJect. Object()。

如果对一个类使用非默认的构造函数,默认的情况是在其基类上使用匹配于这个构造函数签名的构造函数。如果没有找到这样的构造函数,就使用基类的默认构造函数。下面介绍一个例子,说明事件的发生顺序。代码如下:

```
public class MyBaseClass
{
  public MyBaseClass()
  {
  }
  public MyBaseClass(int i)
  {
  }
}
public class MyDerivedClass: MyBaseClass
{
```

```
    public MyDerivedClass()
    {
    }
    public MyDerivedClass(int i)
    {
    }
    public MyDerivedClass(int i, int j)
    {
    }
}
```

如果以下列方式实例化 MyDerivedClass：

```
MyDrivedClass myObj = new MyDerivedClass();
```

则发生下面的一系列事件：

（1）执行 System. Object. Object()构造函数。

（2）执行 MyBaseClass. MyBaseClass()构造函数。

（3）执行 MyDrivedClass. MyDerivedClass()构造函数。

另外，如果使用下面的语句：

```
MyDrivedClass myObj = new MyDrivedClass(4);
```

则发生下面的一系列事件：

（1）执行 System. Object. Object()构造函数。

（2）执行 MyBaseClass. MyBaseClass(int i)构造函数。

（3）执行 MyDrivedClass. MyDerivedClass(int i)构造的数。

最后，如果使用下面的语句：

```
MyDeivedClass myObj = new MyDerivcdClass(4, 8);
```

则发生下面的一系列事件：

（1）执行 System. Object. Object()构造函数。

（2）执行 MyBaseClass. MyBaseClass()构造函数。

（3）执行 MyDerivedClass. MyDerivedClass(int i,tnt j)构造函数。

有时需要对发生的事件进行更多的控制。例如，在上面的实例化例子中，需要有下面的事件序列：

（1）执行 System. Object. Object()构造函数。

（2）执行 MyBaseClass. MyBaseClass(int i)构造函数。

（3）执行 MyDerivedClass. MyDerivedClass(int i, int j)构造函数。

使用这个序列可以编写在 MyBaseClass（int i）中使用 int i 参数的代码，即 MyDerivedClass(int i, int j))构造函数要做的工作比较少，只需要处理 int j 参数（假定 int i 参数在两种情况下有相同的含义）。为此，只需指定在派生类的构造函数定义中所使用的基类的构造函数即可，如下所示：

```
public class MyDerivedClass: MyBaseClass
{
```

```
         ⋮
    public MyDerivedClass(int i, int j): base(i)
    {
    }
}
```

其中,base 关键字指定.NET 实例化过程,以使用基类中匹配指定签名的构造函数。这里使用了一个 int i 参数,所以应使用 MyBaseClass(int i)。这么做将不调用 MyBaseClass(),而是执行本例前面列出的事件序列。

也可以使用这个关键字指定基类构造函数的字面值,例如使用 MyDerivedClass 的默认构造函数调用 MyBaseClass 非默认的构造函数:

```
public class MyDerivedClass: MyBaseClass
{
    public MyDerivedClass(): base(5)
    {
    }
         ⋮
}
```

这段代码将执行下述序列:

(1) 执行 System. Object. Object()构造函数。

(2) 执行 MyBaseClass. MyBaseClass(int i)构造函数。

(3) 执行 MyDerivedClass. MyDerivedClass()构造函数。

除了 base 关键字外,这里还可以使用另一个关键字 this。这个关键字指定在调用指定的构造函数前,.NET 实例化过程对当前类使用非默认的构造函数。例如:

```
public class MyDerivedClass: MyBaseClass
{
    public MyDerivedClass(): this(5, 6)
    {
    }
         ⋮
    public MyDerivedClass(int i, int j): base(i)
    {
    }
}
```

这段代码将执行下述序列:

(1) 执行 System. Object. Object()构造函数。

(2) 执行 MyBaseClass. MyBaseClass(int i)构造函数。

(3) 执行 MyDerivedClass. MyDerivedClass(int i, int j)构造函数。

(4) 执行 MyDerivedClass. MyDerivedClass()构造的数。

唯一的限制是使用 this 或 base 关键字只能指定一个构造函数。

3. 析构函数

析构函数使用略微不同的语法来声明。在.NET 中使用的析构函数(由 System. Object

类提供)叫做 Finalize(),但这不是用于声明析构函数的名称。使用下面的代码,而不是重写 Finalize():

```
class MyClass
{
~MyClass()
{
    //destructor code
}
}
```

因此类的析构函数是用类名和前缀~来声明的。当进行无用存储单元收集时,就执行析构函数中的代码,释放资源。在调用这个析构函数后,还将隐式地调用基类的析构函数,包括 System.Object 根类中的 Finalize()调用。

3.2.4 接口和抽象类

本节介绍如何创建接口和抽象类。这两种类型在许多方面都很类似,所以应看看它们的相似和不同之处,看看哪些情况应使用什么技术。

首先讨论它们的类似之处。抽象类和接口都包含可以由派生类继承的成员。接口和抽象类都不能直接实例化,但可以声明它们的变量。如果这样做,就可以使用多态性把继承这两种类型的对象指定给它们的变量。接着通过这些变量来使用这些类型的成员,但不能直接访问派生对象的其他成员。

下面看看它们的区别。派生类只能继承一个基类,即只能直接继承一个抽象类(但可以用一个继承链包含多个抽象类)。相反,类可以使用任意多个接口。但这不会产生太大的区别——这两种情况得到的效果是类似的。只是采用接口的方式略有不同。

抽象类可以拥有抽象成员(没有代码体,但必须在派生类中执行,否则派生类本身必须也是抽象的)和非抽象成员(它们拥有代码体,也可以是虚拟的,这样就可以在派生类中重写)。另一方面,接口成员必须都在使用接口的类上执行——它们没有代码体。另外,接口成员被定义为公共的(因为它们倾向于在外部使用),但抽象类的成员也可以是私有的(只要它们不是抽象的)、受保护的、内部的或受保护的内部成员(其中受保护的内部成员只能在应用程序的代码或派生类中访问)。此外,接口不能包含字段、构造函数、析构函数、静态成员或常量。

这说明这两种类型用于完全不同的目的。抽象类主要用作对象系列的基类,共享某些主要特性,例如共同的目的和结构。接口则主要由类来使用,虽然这些类在基础水平上有所不同,但仍可以完成某些相同的任务。

例如,假定有一个对象系列表示火车,基类 Train 包含火车的核心定义,例如车轮的规格和引擎的类型(可以是蒸汽发动机、柴油发动机等)。但这个类是抽象的,因为并没有"一般的"火车。为了创建一辆实际的火车,需要给该火车添加特性。为此,派生一些类,例如 Passenger Train,FreightTrain 等。

汽车对象系列也可以用相同的方式来定义,使用 Car 抽象基类,其派生类有 Compact, SUV 和 PickUp。Car 和 Train 可以派生于一个相同的基类 Vehicle。

现在,层次结构中的一些类共享相同的特性,这是因为它们的目的是相同的,而不是因为它们派生于相同的基类。例如 PassengerTrain,Compact,SUV 和 PickUp 都可以运送乘客,所以它们都拥有 IpassengerCarrier 接口,FreightTrain 和 PickUp 可以运送货物,所以它们都拥有 IHeavyLoadCarrier 接口。

在进行更详细的分工前,把对象系统以这种方式进行分解,可以清楚地看到哪种情形适合使用抽象类,哪种情形适合使用接口。只使用接口或只使用抽象继承,就得不到这个范例的结果。

3.2.5　类和结构

在许多方面,可以把 C# 中的结构看作是缩小的类。它们基本上与类相同,但更适合于把一些数据组合起来的场合。它们与类的区别如下。

- 结构是值类型,不是引用类型。它们存储在堆栈中或存储为内联(inline)(如果它们是另一个对象的一部分,就会保存在堆中),其生存期的限制与简单的数据类型一样。
- 结构不支持继承。
- 结构的构造函数的工作方式有一些区别。尤其是编译器总是提供一个无参数的默认构造函数,这是不允许替换的。
- 使用结构,可以指定字段如何在内存中布局。

下面将详细说明类和结构之间的区别。

1. 结构是值类型

虽然结构是值类型,但在语法上常常可以把它们当作类来处理。例如,在上面的 Dimensions 类的定义中,可以编写下面的代码:

```
struct Dimensions
{
  public double Length;
  public double Width;
}
Dimensions point = new Dimensions();
point.Length = 3;
point.Width = 6;
```

注意:因为结构是值类型,所以 new 运算符与类和其他引用类型的工作方式不同。new 运算符并不分配堆中的内存,而是调用相应的构造函数,根据传送给它的参数,初始化所有的字段。对于结构,可以编写下述代码:

```
Dimensions point;
point.Length = 3;
point.Width = 6;
```

如果 Dimensions 是一个类,就会产生一个编译错误,因为 point 包含一个未初始化的引用——不指向任何地方的一个地址,所以不能给其字段设置值。但对于结构,变量声明实际上是为整个结构分配堆栈中的空间,所以就可以赋值了。

结构遵循其他数据类型都遵循的规则:在使用前所有的元素都必须进行初始化。在结构上调用 new 运算符,或者给所有的字段分别赋值,结构就可以完全初始化了。当然,如果结构定义为类的成员字段,在初始化包含对象时,该结构会自动初始化为 0。

结构是值类型,所以会影响性能,但根据使用结构的方式,这种影响可能是正面的,也可能是负面的。正面的影响是为结构分配内存时,速度非常快,因为它们将内联或者保存在堆栈中。在结构超出了作用域被删除时,速度也很快。另一方面,只要把结构作为参数来传递或者把一个结构赋给另一个结构(例如 A=B,其中 A 和 B 是结构),结构的所有内容就被复制,而对于类,则只复制引用。这样,就会有性能损失,根据结构的大小,性能损失也不同。注意,结构主要用于小的数据结构。但当把结构作为参数传递给方法时,就应把它作为 ref 参数传递,以避免性能损失——此时只传递了结构在内存中的地址,这样传递速度就与在类中的传递速度一样快了。另一方面,如果这样做,就必须注意被调用的方法可以改变结构的值。

2. 结构和继承

不能从一个结构中继承,唯一的例外是结构(和 C# 中的其他类型一样)派生于类 System.Object。因此,结构也可以访问 System.Object 的方法。在结构中,甚至可以重写 System.Object 中的方法——例如重写 ToString()方法。结构的继承链是:每个结构派生于 System.ValueType,System.ValueType 派生于 System.Object。ValueType 并没有给 Object 添加任何新成员,但提供了一些更适合结构的执行代码。注意,不能为结构提供其他基类:每个结构都派生于 ValueType。

3. 结构的构造函数

为结构定义构造函数的方式与为类定义构造函数的方式相同,但不允许定义无参数的构造函数。例如:

```
struct Dimensions
{
 public double Length;
 public double Width;
 Dimensions(double length, double width)
 {
  Length = length;
  Width = width;
 }
}
```

前面说过,默认构造函数把所有的字段都初始化为 0,且总是隐式地给出,即使提供了其他带参数的构造函数,也是如此,也不能提供字段的初始值,以此绕过默认构造函数。下面的代码会产生编译错误:

```
struct Dimensions
{
 public double Length = 1;              // error. Initial values not allowed
```

```
    public double Width = 2;              // error. Initial values not allowed
}
```

当然,如果 Dimensions 声明为一个类,这段代码就不会有编译错误。

3.3 定义类成员

本节继续讨论在 C#中如何定义类,主要介绍的是如何定义字段、属性和方法等类成员。首先介绍每种类型需要的代码,然后将讨论一些比较高级的成员技术:隐藏基类成员、调用重写的基类成员。

3.3.1 成员定义

在类定义中,也提供了该类中所有成员的定义,也括字段、方法和属性。所有成员都有自己的访问级别,用下面的关键字之一来定义。

- public。成员可以由任何代码访问。
- private。成员只能由类中的代码访问(如果没有使用任何关键字,就默认使用这个关键字)。
- internal。成员只能由定义它的工程(程序集)内部的代码访问。
- proteded。成员只能由类或派生类中的代码访问。

最后两个关键字可以合并使用,所以也有 protected internal 成员。它们只能由工程(程序集)中派生类的代码来访问。

字段、属性和方法都可以使用关键字 static 来声明,这表示它们是用于类的静态成员,而不是对象实例的成员。

1. 定义字段

字段用标准的变量声明格式和前面介绍的修饰符来声明(可以进行初始化),例如:

```
class MyClass
{
  public int MyInt;
}
```

字段也可以使用关键字 readonly,表示这个字段只能在执行构造函数的过程中赋值,或由初始化赋值语句赋值。例如:

```
class MyClass
{
  public readonly int MyInt = 17;
}
```

字段可以使用 static 关键字声明为静态,例如:

```
class MyClass
{
```

```
public static int MyInt;
}
```

静态字段可以通过定义它们的类来访问(在上面的例子中,是 MyClass.MyInt),而不是通过这个类的对象实例来访问。

另外,可以使用关键字 const 来创建一个常量。按照定义,const 成员也是静态的,所以不需要用 static 修饰。

2. 定义方法

方法使用标准函数格式,以及可访问性和可选的 static 修饰符来声明。例如:

```
class MyClass
{
public string GetString()
{
  return "Here is a string.";
}
}
```

注意:如果使用了 static 关键字,这个方法就只能通过类来访问,不能通过对象实例来访问。

也可以在方法定义中使用下述关键字:

- virtual。方法可以重写。
- abstract。方法必须重写(只用于抽象类中)。
- override。方法重写了一个基类方法(如果方法被重写,就必须使用该关键字)。
- extern。方法定义放在其他地方。

下面的代码是方法重写的一个例子:

```
public class MyBaseClass
{
  public virtual void DoSomething()
  {
    //Base implementation
  }
}
public class MyDerivedClass: MyBaseClass
{
  public override void DoSomething()
  {
    //Derived class implementation, override base implementation
  }
}
```

如果使用了 override,也可以使用 sealed 指定在派生类中不能对这个方法做进一步的修改,即这个方法不能由派生类重写。例如:

```
public class MyDerivedClass: MyBaseClass
{
```

```
public override sealed void DoSomething()
{
    //Derived class implementation, override base implementation
}
}
```

使用 extern 可以提供方法在工程外部使用的实现。

3. 定义属性

属性定义的方式与字段定义的方式类似；但包含的内容比较多。这是因为它们在修改状态前还执行额外的操作。属性拥有两个类似函数的块，一个块用于获取属性的值，另一个块用于设置属性的值。

这两个块分别用 get 和 set 关键字来定义，可以用于控制对属性的访问级别。可以忽略其中的一个块来创建只读或只写属性（忽略 get 块创建只写属性，忽略 set 块创建只读属性）。当然，这仅适用于外部代码，因为类中的代码可以访问这些块能访问的数据。属性至少要包含一个块才是有效的（既不能读取也不能修改的属性没有任何用处）。

属性的基本结构包括标准访问修改关键字（public，private 等）后跟类名、属性名和 get 块（或 set 块，或者 get 块和 set 块，其中包含属性处理代码），例如：

```
public string SomeProperty
{
    get
    {
        return "This is the property value";
    }
    set
    {
        // do whatever needs to be done to set the property
    }
}
```

定义代码中的第一行类似于定义域的代码。区别是行末没有分号，而是一个包含嵌套 get 和 set 块的代码块。

get 块不带参数，且必须返回属性声明的类型。简单的属性一般与一个私有字段相关联，以控制对这个字段的访问，此时 get 块可以直接返回该字段的值，例如：

```
//Field used by property
private int myInt;
//Property
public int MyIntProp
{
    get
    {
        return myInt;
    }
    set
    {
        //Property set code
```

```
    }
}
```

注意类外部的代码不能直接访问这个 myInt 字段,因为其访问级别是私有的。必须使用属性来访问该字段。

也不应为 set 代码块指定任何显式参数,但编译器假定它带一个参数,其类型也与属性相同,并表示为 value。set 函数以类似的方式把一个值赋给字段:

```
//Field used by property
private int myInt;
//Property
public int MyIntProp
{
  get
  {
    return myInt;
  }
  set
  {
    myInt = value;
  }
}
```

value 等于类型与属性相同的一个值,所以如果字段使用相同的类型,就不必进行数据类型转换了。

这个简单的属性只是直接访问 myInt 字段。在对操作进行更多的控制时,属性的真正作用才能发挥出来。例如,下面的代码包含一个属性 ForeName,它设置了一个字段 foreName,该字段有一个长度限制。

```
private string foreName;
public string ForeName
{
  get
  {
    return foreName;
  }
  set
  {
    if (value.Length > 20)
    // code here to take error recovery action
    // (eg. throw an exception)
    else
      foreName = value;
  }
}
```

如果赋给属性的字符串长度大于 20,就修改 foreName。使用了无效的值,该怎么办?有 4 种选择:

* 什么也不做。

- 给字段赋默认值。
- 继续执行,就好像没有发生错误一样,但记录下该事件以备将来分析。
- 抛出一个异常。

一般情况下,最后两个选择比较好,使用哪个选择取决于如何使用类,以及给类的用户授予多少控制权。抛出异常给用户提供的控制权比较大,可以让他们知道发生了什么情况,并做出合适的响应。关于异常详见下一节。

记录数据,例如记录到文本文件等,对产品代码会比较有效,因为产品代码不应发生错误。它们允许开发人员检查性能,如果需要,还可以调试现有的代码。

属性可以使用 virtual、override 和 abstract 关键字,就像方法一样,但这几个关键字不能全部用于字段。

3.3.2 类成员的其他议题

前面讨论了成员定义的基本知识,下面讨论一些比较高级的成员议题,包括隐藏基类方法和调用重写或隐藏的基类方法。

1. 隐藏基类方法

当从基类继承一个(非抽象的)成员时,也就继承了其实现代码。如果继承的成员是虚拟的,就可以用 override 关键字重写这段执行代码。无论继承的成员是否为虚拟,都可以隐藏这些执行代码。

使用下面的代码就可以隐藏:

```
public class MyBaseClass
{
  public void DoSomething()
  {
    //Base implementation
  }
}
public class MyDerivedClass: MyBaseClass
{
  public void DoSomething()
  {
    //Derived class implementation, hides base implementation
  }
}
```

尽管这段代码正常运行,但它会产生一个警告,说明隐藏了一个基类成员。如果是偶然地隐藏了一个需要使用的成员,此时就可以改正错误。如果确实要隐藏该成员,就可以使用 new 关键字显式地说明:

```
public class MyDerivedClass: MyBaseClass
{
  new public void DoSomething()
  {
```

```
    //Derived class implementation, hides base implementation
  }
}
```

此时应注意隐藏基类成员和重写它们的区别。考虑下面的代码：

```
public class MyBaseClass
{
  public virtual void DoSomething()
  {
    Console.WriteLine("Base imp");
  }
}
public class MyDerivedClass: MyBaseClass
{
  public override void DoSomething()
  {
    Console.WriteLine("Derived imp");
  }
}
```

其中重写方法将替换基类中的执行代码,这样下面的代码就将使用新版本,即使这是通过基类进行的,情况也是这样：

```
MyDerivedClass myObj = new MyDerivedClass();
MyBaseClass myBaseObj;
myBaseObj = myObj;
myBaseObj.DoSomething();
```

结果如下：

```
Derivd imp
```

另外,还可以使用下面的代码隐藏基类方法：

```
public class MyBaseClass
{
  public virtual void DoSomething()
  {
    Console.WriteLine("Base imp");
  }
}
public class MyDerivedClass: MyBaseClass
{
  new public void DoSomething()
  {
    Console.WriteLine("Derived imp");
  }
}
```

基类方法不必是虚拟的,但结果是一样的,对于基类的虚拟方法和非虚拟方法来说,其结果如下：

```
Base imp
```

尽管隐藏了基类的执行代码,但仍可以通过基类访问它。

2. 调用重写或隐藏的基类方法

无论是重写成员还是隐藏成员,都可以在类的内部访问基类成员。这在许多情况下都是很有用的,例如:

- 要对派生类的用户隐藏继承的公共成员,但仍能在类中访问其功能。
- 要给继承的虚拟成员添加执行代码,而不是简单地用新的重写的执行代码替换它。

为此,可以使用 base 关键字,它表示包含在派生类中的基类的执行代码(在控制构造函数时,其用法是类似的,见上节),例如:

```
class CustomerAccount
{
 public virtual decimal CalculatePrice()
 {
  // implementation
  return 0.0M;
 }
}
class GoldAccount : CustomerAccount
{
  public override decimal CalculatePrice()
  {
   return base.CalculatePrice() * 0.9M;
  }
}
```

base 使用的是对象实例,所以在静态成员中使用它会产生错误。

除了使用 base 关键字外,还可以使用 this 关键字。与 base 一样,this 也可以用在类成员的内部,且该关键字也引用对象实例。由 this 引用的对象实例是当前的对象实例(即不能在静态成员中使用 this 关键字,因为静态成员不是对象实例的一部分)。

this 关键字最常用的功能是把一个当前对象实例的引用传递给一个方法,例如:

```
public void doSomething()
{
  MyTargetClass myObj = new MyTargetClass();
  myObj.DoSomethingWith(this);
}
```

其中,实例化的 MyTargetClass 有一个方法 DoSomethingWith(),该方法带有一个参数,其类型与包含上述方法的类兼容。

3.3.3　接口的实现

1. 接口的定义

3.3.2 节中介绍了接口定义的方式与类相似,接口成员的定义与类成员的定义也相似,但有以下几个重要的区别。

- 不允许使用访问修饰符（public，private，protected 或 internal），所有的接口成员都是公共的。
- 接口成员不能包含代码体。
- 接口不能定义字段成员。
- 接口成员不能用关键字 static，virtual，abstract 或 sealed 来定义。

但要隐藏继承了基接口的成员，可以用关键字 new 来定义它们，例如：

```
interface IMyBaseInterface
{
  void DoSomething();
}
interface ImyDerivedInterface: IMyBaseInterface
{
  new void DoSomething();
}
```

其执行方式与隐藏继承的类成员一样。

在接口中定义的属性可以确定访问块 get 和 set 中的哪一个能用于该属性，例如：

```
interface IMyInterface
{
  int MyInt
  {
    get;
    set;
  }
}
```

其中 int 属性 MyInt 有 get 和 set 访问程序块。对于访问级别有更严限制的属性来说，可以省略它们中的任一个。但要注意，接口没有指定属性应如何存储。接口不能指定字段，例如用于存储属性数据的字段。

2. 在类中实现接口

执行接口的类必须包含该接口所有成员的执行代码，且必须匹配指定的签名（包括匹配指定的 get 和 set 块），并且必须是公共的。可以使用关键字 virtual 或 abstract 来执行接口成员，但不能使用 static 或 const，例如：

```
public interface IMyInterface
{
  void DoSomething();
  void DoSomethingElse();
}
public class MyClass: IMyInterface
{
  public void DoSomething()
  {
  }
}
```

```csharp
public void DoSomethingElse()
{
}
}
```

继承一个实现给定接口的基类,就意味着派生类隐式地支持这个接口,例如:

```csharp
public interface IMyInterface
{
  void DoSomething();
  void DoSomethingElse();
}
public class MyBaseClass: IMyInterface
{
  public virtual void DoSomething()
  {
  }
  public virtual void DoSomethingElse()
  {
  }
}
public class MyDerivedClass: MyBaseClass
{
  public override void DoSomething()
  {
  }
}
```

如上所示,在基类中把执行代码定义为虚拟,派生类就可以替换该执行代码,而不是隐藏它们。如果要使用 new 关键字隐藏一个基类成员,而不是重写它,则方法 IMyInterface.DoSomething()就总是引用基类版本,即使派生类通过这个接口来访问也是这样。

下面的例子用来说明如何定义和使用接口。这个例子建立在银行账户的基础上。假定编写代码,最终允许在银行账户之间进行计算机转账业务。许多公司可以实现银行账户,但它们都是彼此赞同表示银行账户的所有类都实现接口 IBankAccount。该接口包含一个用于存取款的方法和一个返回余额的属性。这个接口还允许外部代码识别由不同银行账户执行的各种银行账户类。

【例 3.3】

```csharp
public interface IBankAccount
{
  void PayIn(decimal amount);
  bool Withdraw(decimal amount);
  decimal Balance
  {
    get;
  }
}
public class SaverAccount: IBankAccount
{
```

```
    private decimal balance;
    public void PayIn(decimal amount)
    {
        balance += amount;
    }
    public bool Withdraw(decimal amount)
    {
        if (balance >= amount)
        {
            balance -= amount;
            return true;
        }
        Console.WriteLine("Withdrawal attempt failed.");
        return false;
    }
    public decimal Balance
    {
        get
        {
            return balance;
        }
    }
    public override string ToString()
    {
        return String.Format("Venus Bank Saver: Balance = {0,6:C}", balance);
    }
}
class MainEntryPoint
{
    static void Main()
    {
        IBankAccount venusAccount = new SaverAccount();
        venusAccount.PayIn(200);
        venusAccount.Withdraw(100);
        Console.WriteLine(venusAccount.ToString());
    }
}
```

　　首先,需要定义接口的名称为 IBankAccount,然后编写表示银行账户的类 SaverAccount,
其中包含一个私有字段 balance,当存款或取款时就调整这个字段。如果因为账户中的金额
不足而取款失败,就会显示一个错误消息。SaverAccount 派生于一个接口 IBankAccount,
表示它获得了 IBankAccount 的所有成员,但接口并不实际实现其方法,所以 SaverAccount
必须提供这些方法的所有实现代码。如果没有提供实现代码,编译器就会产生错误。接口
仅表示其成员的存在性,类负责确定这些成员是虚拟还是抽象的(但只有在类本身是抽象
的,这些成员才能是抽象的)。在本例中,接口方法不必是虚拟的。有了自己的类后,就可以
测试它们了。执行结果如下:

```
Venus Bank Saver: Balance = £ 100.00
Withdrawal attempt failed.
```

3.4   类的更多内容

3.4.1   集合

第 2 章介绍了如何使用数组创建包含许多对象或值的变量类型。但数组有一定的限制。最大的限制是一旦创建好数组，它们的大小就是固定的，不能在现有数组的末尾添加新项目，除非创建一个新的数组。这常常意味着用于处理数组的语法比较复杂。

C# 中的数组是作为 System.Array 类的实例来执行的，它们只是集合类中的一种。集合类一般用于处理对象列表，其功能比简单数组要多，这些功能是通过执行 System.Collections 命名空间中的接口而实现的。

集合的功能可以通过接口来实现，该接口不仅没有限制我们使用基本集合类，例如 System.Array。相反我们还可以创建自己的定制集合类。这些集合可以专用于要枚举的对象。这么做的一个优点是定制的集合类可以是强类型化的。也就是说，在从集合中提取项目时，不需要把它们转换为正确的类型。

在 System.Collections 名称空间中有许多接口都提供了基本的集合功能。

- IEnumerable 提供了循环集合中项目的功能。
- ICollection(继承于 IEnumerable)可以获取集合中项目的个数，并能把项目复制到一个简单的数组类型中。
- IList(继承于 IEnumerable 和 ICollection)提供了集合的项目列表，并可以访问这些项目，以及其他一些与项目列表相关的功能。
- IDictionary(继承于 IEnumerable 和 ICollection)类似于 IList，但提供了可通过键码值而不是索引访问的项目列表。

System.Array 类继承了 IList、ICollection 和 IEnumerable，但不支持 IList 的一些更高级的功能，它表示大小固定的一个项目列表。

1. 定义集合

如何创建自己的、强类型化的集合？一种方式是手动执行需要的方法，但这比较花时间，在某些情况下也非常复杂。还可以从一个类派生自己的集合，例如 System.Collections.CollectionBase 类，这个抽象类提供了集合类的许多执行方式。

CollectionBase 类有接口 IEnumerable、ICollection 和 IList，但只提供了一些要求的执行代码，特别是 IList 的 Clear() 和 RemoveAt() 方法，以及 ICollection 的 Count 属性。如果要使用提供的功能，就需要自己执行其他代码。

为了方便地完成任务，CollectionBase 提供了两个受保护的属性，它们可以访问存储的对象本身。可以使用 List 和 InnerList，其中 List 可以通过 IList 接口访问项目，InnerList 则是用于存储项目的 ArrayList 对象。

2. 索引符

索引符是一种特殊类型的属性，可以把它添加到一个类中，以提供类似于数组的访问。

实际上,可以通过一个索引符提供更复杂的访问,因为可以定义和使用复杂的参数类型和方括号语法。它最常见的一个用法是对项目执行一个简单的数字索引。

3. 关键字值集合和 IDictionary

除了 IList 接口外,集合还可以执行类似的 IDictionary 接口,允许项目通过一个关键字值(例如字符串名)进行索引,而不是通过一个索引。

这也可以使用索引符来完成,但这里的索引符参数是与存储的项目相关联的一个关键字,而不是一个 int 索引,这样集合的用户友好性就更高了。

与索引的集合一样,可以使用一个基类简化 IDictionary 接口的实现,这个基类就是 DictionaryBase,它也实现 IEnumerable 和 ICollection 接口,提供了对任何集合都相同的集合处理功能。

DictionaryBase 与 CollectionBase 一样,实现通过其支持的接口获得的一些成员(但不是全部成员)。DictionaryBase 也执行 Clear() 和 Count,但不执行 RemoveAt()。这里的 RemoveAt() 是 IList 接口上的一个方法,不是 IDictionary 接口上的一个方法。但是,Dictionary 有一个 Remove() 方法,这是一个应执行基于 DictionaryBase 的定制集合类的方法。

【例 3.4】 用集合类移动显示产品信息。

```csharp
using System;
using System.Collections;
using System.Text;

namespace Exp3_4
{
    class Program
    {
        class Products
        {
            public string ProductName;
            public double UnitPrice;
            public int UnitsInStock;
            public int UnitsOnOrder;

            // 带参构造器
            public Products(string ProductName, double UnitPrice, int UnitsInStock, int UnitsOnOrder)
            {
                this.ProductName = ProductName;
                this.UnitPrice = UnitPrice;
                this.UnitsInStock = UnitsInStock;
                this.UnitsOnOrder = UnitsOnOrder;
            }
        }

        // 实现接口 Ienumerator 和 IEnumerable 类 Iterator
        public class ProductsIterator : IEnumerator, IEnumerable
```

```
{
    // 初始化 Products 类型的集合
    private Products[] ProductsArray;
    int Index;
    public ProductsIterator()
    {
        // 使用带参构造器赋值
        ProductsArray = new Products[4];
        ProductsArray[0] = new Products("Maxilaku", 20.00, 10, 60);
        ProductsArray[1] = new Products("Ipoh Coffee", 46.00, 17, 10);
        ProductsArray[2] = new Products("Chocolade", 12.75, 15, 70);
        ProductsArray[3] = new Products("Pavlova", 17.45, 29, 0);
        Index = -1;
    }
    // 实现 IEnumerator 的 Reset()方法
    public void Reset()
    {
        Index = -1;
    }
    // 实现 IEnumerator 的 MoveNext()方法
    public bool MoveNext()
    {
        return ( ++Index < ProductsArray.Length);
    }
    // 实现 IEnumerator 的 Current 属性
    public object Current
    {
        get
        {
            return ProductsArray[Index];
        }
    }
    // 实现 IEnumerable 的 GetEnumerator()方法
    public IEnumerator GetEnumerator()
    {
        return (IEnumerator)this;
    }
    static void Main()
    {
        ProductsIterator ProductsIt = new ProductsIterator();
        Products Product;
        ProductsIt.Reset();
        for (int i = 0; i < ProductsIt.ProductsArray.Length; i++ )
        {
            ProductsIt.MoveNext();
            Product = (Products)ProductsIt.Current;
            Console.WriteLine("ProductName:" + Product.ProductName.ToString());
            Console.WriteLine("UnitPrice:" + Product.UnitPrice.ToString());
            Console.WriteLine("UnitsInStock:" + Product.UnitsInStock.ToString());
            Console.WriteLine("UnitsOnOrder:" + Product.UnitsOnOrder.ToString());
        }
```

```
                    Console.ReadLine();
                }
            }
        }
    }
```

3.4.2　运算符重载

可以通过设计类来使用标准的运算符,例如＋,＞等,这称为重载,因为在使用特定的参数类型时,我们为这些运算符提供了自己的执行代码,其方式与重载方法相同,方法的重载是为同名的方法提供不同的参数。

运算符重载非常有用,因为可以在运算符重载中执行需要的任何操作,在类实例上不能总是只调用方法或属性,有时还需要做一些其他的工作,例如对数值进行相加、相乘或逻辑操作,如比较对象等。假定要定义一个类,表示一个数学矩阵,在数学中,矩阵可以相加和相乘,就像数字一样。这并不像"把这两个操作数相加"这么简单。

1. 运算符重载的基本语法

要重载运算符,可给类添加运算符类型成员(它们必须是 static)。一些运算符有多种用途,(例如一运算符就有一元和二元两种功能),因此还指定了要处理多少个操作数,以及这些操作数的类型。一般情况下,操作数的类型与定义运算符的类类型相同,但也可以定义处理混合类型的运算符,详见后面的内容。

例如,考虑一个简单的类 AddClass1,如下所示:

```
public class AddClass1
{
    public int val;
}
```

这仅是 int 值的一个包装器,对于这个类,下面的代码不能编译:

```
AddClass1 op1 = new AddClass1();
op1.val = 5;
AddClass1 op2 = new AddClass1();
op2.val = 5;
AddClass1 op3 = op1 + op2;
```

其错误是＋运算符不能应用于 AddClass1 类型的操作数,下面的代码则可执行,但得不到希望的结果:

```
AddClass1 op1 = new AddClass1();
op1.val = 5;
AddClass1 op2 = new AddClass1();
op2.val = 5;
bool op3 = op1 == op2;
```

其中,使用＝＝二元运算符来比较 op1 和 op2,看看是否引用的是同一个对象,而不是验证它们的值是否相等。在上述代码中,即使 op1. val 和 op2. val 相等,op3 也是 false。要重载＋运算符,可使用下述代码:

```
public class AddClass1
{
  public int val;
  public static AddClass1 operator + (AddClass1 op1, AddClass1 op2)
  {
    AddClass1 returnVal = new AddClass1();
    returnVal.val = op1.val + op2.val;
    return returnVal;
  }
}
```

可以看出,运算符重载看起来与标准静态方法声明类似,但它们使用关键字 operatoe 和运算符本身,而不是一个方法名。

现在可以成功地使用＋运算符和这个类,如上面的例子所示:

```
AddClass1 op3 = op1 + op2;
```

重载所有的二元运算符都是一样的,一元运算符看起来也是类似的,但只有一个参数:

```
public class AddClass1
{
  public int val;
  public static AddClass1 operator + (AddClass1 op1, AddClass1 op2)
  {
    AddClass1 returnVal = new AddClass1();
    returnVal.val = op1.val + op2.val;
    return returnVal;
  }
  public static AddClass1 operator - (AddClass1 op1)
  {
    AddClass1 returnVal = new AddClass1();
    returnVal.val = - op1.val;
    return returnVal;
  }
}
```

这两个运算符处理的操作数的类型与类相同,返回值也是该类型,但考虑下面的类定义:

```
public class AddClass2
{
  public int val;
  public static AddClass3 operator + (AddClass1 op1, AddClass2 op2)
  {
    AddClass3 returnVal = new AddClass3();
    returnVal.val = op1.val + op2.val;
    return returnVal;
  }
}
```

```
public class AddClass2
{
    public int val;
}
public class AddClass3
{
    public int val;
}
```

下面的代码就可以执行：

```
AddClass1 op1 = new AddClass1();
op1.val = 5;
AddClass2 op2 = new AddClass2();
op2.val = 5;
AddClass3 op3 = op1 + op2;
```

在合适时，可以用这种方式混合类型。但要注意，如果把相同的运算符添加到 AddClass2 中，上面的代码就会失败，因为它将不知道要使用哪个运算符。因此应注意不要把签名相同的运算符添加到多个类中。

还要注意，如果混合了类型，操作数的顺序必须与运算符重载的参数的顺序相同。用了重载的运算符和顺序错误的操作数，操作就会失败，所以不能像下面这样使用运算符：

```
AddClass3 op3 = op2 + op1;
```

当然，除非提供了另一个重载运算符和倒序的参数：

```
public static AddClass3 operator + (AddClass2 op1, AddClass1 op2)
{
    AddClass3 returnVal = new AddClass3();
    returnVal.val = op1.val + op2.val;
    return returnVal;
}
```

下述运算符可以重载：

- 一元运算符：＋，－，！，～，＋＋，－－，true，false。
- 二元运算符：＋，－，＊，/，％，&，|，^，≪，≫。
- 比较运算符：＝＝，！＝，＜，＞，＜＝，＞＝。

注意：如果重载 true 和 false 运算符，就可以在布尔表达式中使用类，例如 if(op1){}。

不能重载赋值运算符，例如＋＝，但这些运算符使用它们的对应运算符的重载形式，例如＋。也不能重载 && 和 ‖，但它们可以在计算中使用对应的运算符 & 和|。

一些运算符如＜和＞必须成对重载。这就是说，不能重载＜，除非也重载了＞。在许多情况下，可以在这些运算符中调用其他运算符，以减少需要的代码（和可能发生的错误），例如：

```
public class AddClass1
{
    public int val;
    public static bool operator >= (AddClass1 op1, AddClass1 op2)
```

```
    {
        return(op1.val >= op2.val);
    }
    public static bool operator <(AddClass1 op1, AddClass1 op2)
    {
        return !(op1 >= op2);
    }
    //Also need implementations for <= and > operators
}
```

在比较复杂的运算符定义中,这可以减少代码,且只要修改一个执行代码,其他运算符也会被修改。

这同样适用于==和!=,但对于这些运算符,常常需要重写 Object. Equals()和 Object. GetHashCode(),因为这两个函数也可以用于比较对象。重写这些方法,可以确保无论类的用户使用什么技术,都能得到相同的结果。这不太重要,但应增加进来,以保证其完整性。它需要下述非静态重写方法:

```
public class AddClass1
{
    public int val;
    public static bool operator ==(AddClass1 op1, AddClass1 op2)
    {
        return (op1.val == op2.val);
    }
    public static bool operator !=(AddClass1 op1, AddClass1 op2)
    {
        return !(op1 == op2);
    }
    public override bool Equals(object op1)
    {
        return val == ((AddClass1)op1).val;
    }
    public override int GetHashCode()
    {
        return val;
    }
}
```

注意 Equals()使用 Object 类型参数。需要使用这个签名,否则就将重载这个方法,而不是重写它。类的用户仍可以访问默认的执行代码。这样就必须使用数据类型转换得到需要的结果。GetHashCode()可根据其状态,获取对象实例的一个唯一的 int 值。这里使用 vaI 就可以了,因为它也是个 int 值。

2. 转换运算符

除了重载如上所述的数学运算符之外,还可以定义类型之间的隐式和显式转换。如果要在不相关的类型之间转换,这是必需的,例如,如果在类型之间没有继承关系,也没有共享接口,这就是必需的。

下面定义 convclassl 和 convclass2 之间的隐式转换，即编写下述代码：

```
ConvClass1 op1 = new ConvClass1();
ConvClass2 op2 = op1;
```

另外，还可以定义一个显式转换，在下面的代码中调用：

```
ConvClass1 op1 = new ConvClass1();
ConvClass2 op2 = (ConvClass2)op1;
```

例如，考虑下面的代码：

```
public class ConvClass1
{
    public int val;
    public static implicit operator ConvClass2(ConvClass1 op1)
    {
        ConvClass2 returnVal = new ConvClass2();
        returnVal.val = op1.val;
        return returnVal;
    }
}
public class ConvClass2
{
    public double val;
    public static explicit operator ConvClass1(ConvClass2 op1)
    {
        ConvClass1 returnVal = new ConvClass1();
        checked{returnVal.val = (int)op1.Val; };
        return returnVal;
    }
}
```

其中，ConvClass1 包含一个 int 值，ConvClass2 包含一个 double 值。因为 int 值可以隐式转换为 double 值，所以可以在 ConvClassl 和 ConvClass2 之间定义一个隐式转换。但反过来就不行了，应把 ConvClass1 和 ConvClass2 之间的转换定义为显式。在代码中，用关键字 implicit 和 explicit 来指定这些转换，如上所示。

对于这些类，下面的代码就很好：

```
ConvClass1 op1 = new ConvClass1();
op1.val = 3;
ConvClass2 op2 = op1;
```

但反方向的转换需要下述显式数据类型转换：

```
ConvClass2 op1 = new ConvClass2();
op1.val = 3.15
ConvClass1 op2 = (ConvClass1)op1;
```

3.4.3　高级转换

1. 封箱和拆箱

3.4.2 节中讨论了引用和值类型之间的区别，并通过比较结构（值类型）和类（引用类型)进行了说明。封箱(boxing)是把值类型转换为 System. Object 类型,或者转换为由值类型执行的接口类型。拆箱(unboxing)是相反的转换过程。

例如,下面的结构类型:

```
struct MyStruct
{
    public int Val;
}
```

可以把这种类型的结构放在 object 类型的变量中,以封箱它:

```
MyStruct valType1 = new MyStruct();
valType1. Val = 5;
object refType = valType1;
```

其中创建了一个类型为 MyStruct 的新变量(valType1),并把一个值赋予这个结构的 val 成员,然后把它封箱在 object 类型的变量(refType)中。

以这种方式封箱变量而创建的对象,包含值类型变量的一个副本的引用,而不过是含源值类型变量的引用。如果要进行验证,可以修改源结构的内容,把对象中包含的结构拆箱到新变量中,检查其内容:

```
valType1. Val = 6;
MyStruct valType2 = (MyStruct)refType;
Console.WriteLine("valType2. Val = {0}",valType2. Val);
```

这段代码将得到如下结果:

```
valType2. Val = 5
```

但在把一个引用类型赋予对象时,将执行不同的操作。通过把 MyStruct 转化为一个类(不考虑这个类名不再合适的情况):

```
class MyStruct
{
    public int Val;
}
```

如果不修改上面的客户代码,就会得到如下结果:

```
valType. Val = 6
```

也可以把值类型封箱到一个接口中,只要它们执行这个接口即可。例如,假设 MyStruct 类实现 IMyInterface 接口,如下所示:

```
interface IMyInterface
{
}
struct MyStruct: IMyInterface
{
    public int Val;
}
```

接着把结构封箱到一个 IMyInterface 类型中,如下所示:

```
MyStruct valType1 = new MyStruct();
IMyInterface refType = valType1;
```

然后使用一般的数据类型转换语法拆箱它：

```
MyStruct ValType2 = (MyStruct)refType;
```

从这些范例中可以看出，封箱是在没有用户干涉的情况下进行的（即不需要编写任何代码），但拆箱一个值需要进行显式转换，即需要进行数据类型转换（封箱是隐式的，所以不需要进行数据类型转换）。

封箱非常有用，有两个非常重要的原因。首先，它允许使用集合中的值类型（例如ArrayList），集合中项目的类型是 object。其次，有一个内部机制允许在值类型上调用 object，例如 int 和结构。最后要注意的是，在访问值类型的内容前，必须进行拆箱。

2. is 运算符

is 运算符可以检查未知的变量（该变量能用作对象参数，传送给一个方法）是否可为约定的类型，如果可以进行转换，该值就是 true。在对对象调用方法前，可以使用该运算符查看执行该方法的对象的类型。is 运算符不会检查两个类型是否相同，但可以检查它们是否兼容。

is 运算符的语法如下：

＜operand＞ is ＜type＞

这个表达式的结果如下：

- 如果＜type＞是一个类类型，而＜operand＞也是该类型，或者它继承了该类型，或者它封箱到该类型中，则结果为 true。
- 如果＜type＞是一个接口类型，而＜operand＞也是该类型，或者它是实现该接口的类型，则结果为 true。
- 如果＜type＞是一个值类型，而＜operand＞也是该类型，或者它被拆箱到该类型中，则结果为 true。

下面的例子用于说明该运算符的使用。

【例 3.5】

```
using System;
class Checker
{
    public void Check(object param1)
    {
        if(param1 is ClassA)
            Console.WriteLine("Variable can be converted to ClassA.");
        else
            Console.WriteLine("Variable can't be converted to ClassA.");
        if(param1 is IMyInterface)
            Console.WriteLine("Variable can be converted to IMyInterface.");
        else
            Console.WriteLine("Variable can't be converted to IMyInterface.");
```

```
            if(param1 is MyStruct)
                Console.WriteLine("Variable can be converted to MyStruct.");
            else
                Console.WriteLine("Variable can't be converted to MyStruct.");
    }
}
interface IMyInterface
{
}
class ClassA: IMyInterface
{
}
class ClassB: IMyInterface
{
}
class ClassC
{
}
class ClassD: ClassA
{
}
struct MyStruct: IMyInterface
{
}
class Class1
{
    static void Main(string[] args)
    {
        Checker check = new Checker();
        ClassA try1 = new ClassA();
        ClassB try2 = new ClassB();
        ClassC try3 = new ClassC();
        ClassD try4 = new ClassD();
        MyStruct try5 = new MyStruct();
        object try6 = try5;
        Console.WriteLine("Analyzing ClassA type variable: ");
        check.Check(try1);
        Console.WriteLine("\nAnalyzing ClassB type variable: ");
        check.Check(try2);
        Console.WriteLine("\nAnalyzing ClassC type variable: ");
        check.Check(try3);
        Console.WriteLine("\nAnalyzing ClassD type variable: ");
        check.Check(try4);
        Console.WriteLine("\nAnalyzing Mystruct type variable: ");
        check.Check(try5);
        Console.WriteLine("\nAnalyzing boxed MyStruct type variable: ");
        check.Check(try6);
    }
}
```

运行结果如下：

```
Analyzing ClassA type variable：
Variable can be converted to ClassA.
Variable can be converted to IMyInterface.
Variable can't be converted to MyStruct.

Analyzing ClassB type variable：
Variable can't be converted to ClassA.
Variable can be converted to IMyInterface.
Variable can't be converted to MyStruct.

Analyzing ClassC type variable：
Variable can't be converted to ClassA.
Variable can't be converted to IMyInterface.
Variable can't be converted to MyStruct.

Analyzing ClassD type variable：
Variable can be converted to ClassA.
Variable can be converted to IMyInterface.
Variable can't be converted to MyStruct.

Analyzing Mystruct type variable：
Variable can't be converted to ClassA.
Variable can't be converted to IMyInterface.
Variable can be converted to MyStruct.

Analyzing boxed MyStruct type variable：
Variable can't be converted to ClassA.
Variable can be converted to IMyInterface.
Variable can be converted to MyStruct.
```

这个例子说明了使用 is 运算符的各种可能的结果。其中定义了三个类、一个接口和一个结构，并把它们用作类的方法的参数，使用 is 运算符确定它们是否可以转换为 ClassA 类型、接口类型和结构类型。只有 ClassA 和 ClassD(继承于 ClassA)类型与 ClassA 兼容。如果类型没有继承一个类，就不会与该类兼容。ClassA、ClassB 和 MyStruct 类都实现 IMyInterface，所以它们都与 IMyInterface 类型兼容，ClassD 继承了 ClassA，所以它们两个也兼容。因此，只有 ClassC 是不兼容的。最后，只有 MyStuct 类型的变量本身和该类型的封箱变量与 MyStruct 兼容，因为不能把引用类型转换为值类型。

3. as 运算符

as 运算将使用下面的语法，把一种类型转换为指定的引用类型：

<operand> as <type>

这只适用于下列情况：

- <operand>的类型是<type>类型。
- <operand>可以隐式转换为<type>类型。

- <operand>可以封箱到类型<type>中。

如果不能从<operand>显式转换为<type>，则表达式的结果就是 null。从基类到派生类之间的转换可以显式进行，但这常常是无效的。考虑上面例子中的 ClassA 和 ClassD 两个类，其中 ClassD 派生于 ClassA。下面的代码使用 as 运算符把存储在 obj1 中的 ClassA 实例转换为 ClassD 类型：

```
ClassA obj1 = new ClassA();
ClassD obj2 = obj1 as ClassD();
```

这样，就使 obj2 的结果为 null。

但利用多态性可以把 ClassD 实例存储在 ClassA 类型的变量中。下面的代码就验证了这一点，使用 as 运算符把包含 ClassD 类型实例的 ClassA 类型变量转换为 ClassD 类型：

```
ClassD obj1 = new ClassD();
ClassA obj2 = obj1;
ClassD obj3 = obj2 as ClassD;
```

这次的结果是 obj3 包含与 obj1 相同的对象引用，而不是 null。

因此，as 运算符非常有用，因为下面使用简单数据类型转换的代码会抛出一个异常：

```
ClassA obj1 = new ClassA();
ClassD obj2 = (ClassD)obj1;
```

但上面的 as 表达式只会把 null 赋给 obj2，不会抛出一个异常。

3.4.4 深度复制

3.4.3 节介绍了如何使用受保护的方法 System. Object. MemberwiseClone()进行引用复制，使用一个方法 GetCopy()，如下所示：

```
public class Cloner
{
    public int Val;
    public Cloner(int newVal)
    {
        Val = newVal;
    }
    public object GetCopy()
    {
        return MemberwiseClone();
    }
}
```

假定有引用类型的字段，而不是值类型的字段，例如：

```
public class Content
{
    public int Val;
}
public class Cloner
```

```
{
  public Content MyContent = new Content();
  public Cloner(int newVal)
  {
   MyContent.Val = newVal;
  }
  public object GetCopy()
  {
    return MemberwiseClone();
  }
}
```

此时,通过 GetCopy()得到的引用复制有一个字段,它引用的对象与源对象相同。下面的代码使用这个类来说明这一点:

```
Cloner mySource = new Cloner(5);
Cloner myTafget = (Cloner) mySource.GetCopy();
Console.WriteLine("myTarget.MyContent.Val = {0}",myTarget.MyContent.Val);
mySource.MyContent.Val = 2;
Console.WriteLine("myTarget.MyContent.Val = {0}",myTarget.MyContent.Val);
```

第 4 行把一个值赋给 mySource.MyContent.Val,源对象中公共字段 MyContent 的公共字段 Val,也改变了 myTarget.MyContent.Val 的值。这是因为 mySource.MyContent 引用了与 myTarget.MyContent 相同的对象实例。上述代码的结果如下:

```
myTarget.MyContent.Val = 5
myTarget.MyContent.Val = 2
```

修改上面的 GetCopy()方法就可以进行深度复制,但最好使用.NET Framework 的标准方式。为此,实现 ICloneable 接口,该接口有一个方法 Clone(),这个方法不带参数,返回一个对象类型,其签名和上面使用的 GetCopy()方法相同。

修改上面使用的类,可以使用下面的深度复制代码:

```
public class Content
{
  public int Val;
}
public class Cloner: ICloneable
{
  public Content MyContent = new Content();
  public Cloner(int newVal)
  {
   MyContent.Val = newVal;
  }
  public object Clone()
  {
    Cloner clonerCloner = new Cloner(MyContent.Val);
    return clonerCloner;
  }
}
```

其中使用包含在源 Cloner 对象(MyContent)中的 Content 对象的 Val 字段,创建一个新 Cloner 对象(MyContent)。这个字段是一个值类型,所以不需要深度复制。

使用与上面类似的代码测试引用复制,但使用 Clone()而不是 GetCopy(),得到如下结果:

```
myTarget.MyContent.Val = 5
myTarget.MyContent.Val = 5
```

这次包含的对象是独立的。

有时在比较复杂的对象系统中,调用 Clone()应是一个递归过程。例如,如果 Cloner 类的 MyContent 字段也需要深度复制,就要使用下面的代码:

```
public class Cloner: Icloneable
{
  public Content MyContent = new Content();
    ⋮
  public object Clone()
  {
    Cloner clonedCloner = new Cloner();
    clonedCloner.MyContent = MyContent.Clone();
    return clonedCloner;
  }
}
```

这里调用了默认的构造函数,简化了创建一个新 Cloner()对象的语法。为了使这段代码能正常工作,还需要在 Content 类上执行 ICloneable 接口。

3.4.5　定制异常

检测错误并相应进行处理是正确设计软件的基本原则。理想情况下,编写代码时,每一行代码都按预想的运作,要用到的每种资源总是可以利用。但是,在现实世界中却远非如此顺利。其他程序员可能会犯错,网络连接可能会中断,数据库服务器可能会停止运行,磁盘文件不一定有应用程序想要的内容。总之,编写的代码必须能够检测出类的这些错误并采取相应的对策。

报告错误的机制与错误本身一样多种多样。有些方法设计为返回一个布尔值,用它来指示方法的成功或者失败。还有一些方法设计为将错误写入某个日志文件或者数据库中。丰富的错误报告模型意味着监控错误的代码必须相对健壮。使用的每种方法可能以不同的方式报告错误,这也就是说,应用程序可能会因为各种方法检测错误的方式不同而导致代码杂乱。

.NET 框架提供了一种用于报告错误的标准机制,称之为结构化异常处理(Structured Exception Handling,SEH)。这种机制依靠异常指明失败。异常是描述错误的类。.NET 框架使用异常来报告错误,并且在代码中也可以使用异常。编写代码来监视任何代码段生成的异常。不管它是来自 CLR 还是程序员自己的代码,并且相应处理生成的异常。使用 SEH,只需要在代码中创建一个错误处理设计模式即可。

这种统一的错误处理方法对于启用多语种.NET编程也是很重要的。当使用SEH设计所有代码时,能够安全并容易地混合以及匹配代码(例如C#,C++或者VB.NET)。作为对遵循SEH规则的回报,.NET框架确保通过各种语言正确地传播和处理所有错误。

在C#代码中检测并处理异常非常简单。在处理异常时需要标识三个代码块:使用异常处理的代码块;在处理第一个代码块时,如果找到某个异常,就执行代码块;在处理完异常之后执行选择的代码块。

在C#中,异常的生成称之为抛出(throwing)异常。被通知抛出了一个异常则称之为捕获(catching)异常。处理完异常之后执行的代码块是终结(finally)代码块。下面将介绍如何在C#中使用这些结构。还会介绍异常层次结构的成员。

与所有设计准则一样,盲目地针对每种错误使用异常是不必要的。当错误对于代码块来说是本地的时候,使用错误返回代码方法是比较合适的。在实现表单的有效性验证时,经常会看到这种方法。这是可以接受的作法,因为通常有效性验证错误对于收集输入的表单来说是本地的。换句话说,当有效性验证错误发生时,显示一条错误消息并请求用户正确地重新输入所需的信息。因为错误和处理代码都是本地的,所以处理资源泄漏很简单。另一个示例是在读取文件时处理一个文件结束条件。不用付出异常所需的开销,就可以很好地处理这个条件。当错误发生时,完全在这个代码块中处理该错误条件。当调用发生错误所在代码块之外的代码时,倾向于使用SEH处理错误。

1. 指定异常处理

C#的关键字try指定让某个代码块监视代码执行时抛出的任何异常。使用try关键字很简单。使用时,try关键字后面跟一对花括号,花括号中的语句用来监视代码执行时抛出的异常。

```
try
{
  //place satements here
}
```

在执行try代码块中的任何语句时,如果有异常抛出,就可以在代码中捕获该异常并相应进行处理。

2. 捕获异常

如果使用try关键字来指定希望被通知有关的异常抛出,就需要编写捕获异常的代码并在代码中处理报告的错误。

try代码块后面的C#关键字catch用于指定当捕获到异常时应该执行哪段代码。catch关键字的工作机理与try关键字类似。

(1) 使用try关键字

最简单形式的catch代码块捕获前面try代码块中代码抛出的任何异常。catch代码块的结构类似try代码块,以下面的代码为例:

```
try
{
```

```
    //place statements here
}
catch
{
    //place statements here
}
```

如果从 try 代码块中抛出一个异常,就执行 catch 代码块中的语句。如果 try 代码块中的语句没有抛出异常,就不执行 catch 代码块中的代码。

(2) 捕获特定类的异常

还可以编写 catch 代码块来处理由 try 代码块中一条语句抛出的特定类的异常。在本章后面的"由 .NET 框架定义的异常"内容中,将介绍类异常的更多内容。catch 代码块使用下列语法:

```
catch(要处理的异常所属的类 异常的变量标识符)
{
    当 try 代码块抛出指定类型的异常时,将执行的语句
}
```

以上面的代码为例:

```
try
{
    //place statements here
}
catch(Exception thrownException)
{
    //palce statements here
}
```

在上述示例中,catch 代码块捕获 try 代码块抛出的 Exception 类型的异常。其中定义了一个 Exception 类型的变量 ThrownException。在 catch 代码块中使用 ThrownException 变量来获得有关抛出的异常的更多信息。

try 代码块中的代码可能会抛出各种类的异常,此时就要处理每个不同的类。C♯允许指定多个 catch 代码块,每个代码块处理一种特定类的错误:

```
try
{
    //place statements here
}
catch(Exception ThrownException)
{
    //Catch Block 1
}
catch(Exception ThrownException2)
{
    //Catch Block2
}
```

在上述示例中,检测 try 代码块中的代码以便抛出异常。如果 CLR 发现 try 代码块中

的代码抛出了一个异常，那么就检查该异带所属的类并执行相应的 catch 代码块。如果抛出的异常是类 Exception2 的一个对象，则不执行任何 catch 代码块。

还可以在 catch 代码块列表中添加一个普通的 catch 代码块，以下面的代码为例：

```
try
{
  //place statements here
}
catch(Exception ThrownException)
{
  //Catch Block 1
}
catch
{
  //Catch Block 2
}
```

在上述示例中，检测 try 代码块中的代码以便抛出异常。如果抛出的异常是类 Exception 的一个对象，则执行 catch Block 1 中的代码。如果抛出的异常是其他类的对象，则执行普通 catch 代码块——catch Block 2 中的代码。

（3）出现异常之后进行消除

在 catch 代码块之后可能会有一代码块。在处理完异常之后以及没有异常发生时都将执行这个代码块。如果要执行这类代码，可以编写一个 finally 代码块。C# 的关键字 finally 指定在执行 try 代码块之后应该执行的代码块。finally 代码块的结构与 try 代码块的结构相同：

```
finally
{
  //place statements here
}
```

在 finally 代码块中释放先前在方法中分配的资源，例如，假设编写一个打开 3 个文件的方法。如果在 try 代码块中包含文件访问代码，那么将能够捕获与打开、读、写文件有关的异常。但是，在代码的最后，即使抛出一个异常，也要关闭这 3 个文件。最好将关闭文件语句放入 finally 代码块，代码如下所示：

```
try
{
  //open files
  //read files
}
catch
{
  //catch exceptions
}
finally
{
  //close files
}
```

如果没任何 catch 块,C♯编译器可以定义一个 finally 块。用户可以在 try 块后编写一个 finally 代码块。

3. 由 .NET 框架定义的异常

.NET Framework 定义了各种异常,在 C♯代码或者调用的方法中找到某些错误时均可抛出这些异常。所有这些异常都是标准的 .NET 异常并且可以使用 C♯的 catch 代码块捕获。每个 .NET 异常都定义在 .NET System 名字空间中。下面描述了其中一些公共的异常。这些异常只代表 .NET 框架的基类库中定义的一小部分异常。

(1) OutOfMemoryException 异常

当用完内存时,CLR 抛出 OutOfMemoryException 异常。如果试图使用 new 运算符创建一个对象,而 CLR 没有足够的内存满足这项请求,那么 CLR 就会抛出 OutOfMenoryException 异常,如下所示。

【例 3.6】

```
using System;
Class MainClass
{
  public static void Main()
  {
    int [] LargeArray;
    try
    {
      LargeArray = new int[2000000000];
    }
    catch (OutOfMemeoryException)
    {
     Console.WriteLine("The CLR is out of memory.");
    }
  }
}
```

程序中的代码试图给一个拥有 20 亿个整数的数组分配内存空间。因为一个整数要占用 4 字节内存空间,所以这么大的数组需要占用 80 亿字节的内存空间。而机器没有这么大的内存空间可以使用,所以分配内存的操作将以失败告终。try 代码块中包含内存分配代码,另外,还定义了一个 catch 代码块来处理 CLR 抛出的任何 OutOfMemoryException 异常。

(2) StackOverflowException 异常

当用完堆栈空间时,CLR 抛出 StackOverflowException 异常。CLR 管理称为堆栈(stack)的数据结构,堆栈用于跟踪调用的方法以及这些方法的调用次序。CLR 的堆栈空间有限,如果堆栈已满,就会抛出 StackOverflowException 异常,如下所示。

【例 3.7】

```
using System;
class MainClass
{
```

```
    public static void Main()
    {
      try
      {
        Recursive();
      }
      catch(StackOverflowException)
      {
        Console.WriteLine("The CLR is out of stack space.");
      }
    }
    public static void Recursive()
    {
      Recursive();
    }
  }
```

程序中的代码实现了方法 Recursive()，该方法在返回之前调用它本身。Main()方法调用
Recursive()方法，并且最终会导致 CLR 消耗完堆栈空间，因为 Recursive()方法从不真正地返
回。Main()方法调用 Recursive()方法，Recursive()方法反过来又调用 Recursive()方法，不停地
调用这种方法。最终，CLR 消耗完堆栈空间并抛出 StackOverflowException 异常。

（3）NullReferenceException 异常

在下面的例子中，编译器将捕获试图间接访问一个空对象的异常。

【例 3.8】

```
using System;
class MyClass
{
  public int value;
}
class MainClass
{
  public static void Main()
  {
    try
    {
      MyObject = new MyClass();
      MyObject = null;
      MyObject.value = 123;
    }
    catch(NullReferenceExcption)
    {
      Console.WriteLine("Cannot reference a null object.");
    }
  }
}
```

程序中的代码声明了一个 MyClass 类型的对象变量，并将该变量设置为 null（如果在语
句中没有使用 new 运算符，而只是声明了一个 MyClass 类型的对象变量，那么在编译时，编

译器将发出如下错误消息："使用了未赋值的局部变量 MyObject"）。然后,使用该对象的公共字段 value,因为不能引用 null 对象,所以这种做法是非法的。CLR 捕获这类错误并抛出 NullReferenceException 异常。

（4）TypeInitializationException 异常

当某个类定义了一个静态构造函数并且该构造函数抛出异常时,CLR 就抛出 TypeInitializationException 异常。如果该构造函数中没有 catch 代码块捕获这类异常,那么 CLR 就抛出 TypeInitializationException 异常。

（5）InvalidCastException 异常

如果显式类型转换失败,CLR 就抛出 InvalidCastException 异常。在接口环境下容易产生这类情况。下面的例子说明了 InvalidCastException 异常。

【例 3.9】

```
using System;
class MainClass
{
  public static void Main()
  {
    try
    {
      MainClass MyObject = new MainClass();
      IFormattable Formattable;
      Formattable = (IFormattable)MyObject;
    }
    catch(InvalidCastException)
    {
      Console.WriteLine("MyObject does not implement the IFormattable interface");
    }
  }
}
```

程序中的代码使用一个类型转换运算符试图获得对 .NET 的 IFormattable 接口的引用。因为 MainClass 类并没有实现 IFormattable 接口,所以类型转换操作会失败,而且 CLR 还会抛出 InvalidCastException 异常。

（6）ArrayTypeMismatchException 异常

当代码将某个元素存储到一个数组中时,如果元素类型与数组不匹配,CLR 就会抛出 ArrayTypeMismatchException 异常。

（7）IndexOutOfRangeException 异常

当代码使用元素索引号将元素存储到数组时,如果元素索引号超出了数组的范围,CLR 就会抛出 IndexOutOfRangeException 异常。下面的程序说明了 IndexOutOfRangeException 异常。

【例 3.10】

```
using System;
class MianClass
{
```

```
    public static void Main()
    {
      try
      {
        int [] IntegerArray = new int[5];
        IntegerArray[10] = 123;
      }
      catch(IndexOutOfRangeException)
      {
        Console.WriteLine("An invald element index access was attempted.");
      }
    }
  }
```

程序中的代码创建了一个拥有 5 个元素的数组，然后试图给数组中的第 10 个元素指定值。因为索引号 10 已经超出了整型数组的范围，所以 CLR 抛出 IndexOutOfRangeException 异常。

（8）DivideByZeroException 异常

当代码执行数学运算时，如果导致用零作为除数，则 CLR 抛出 DivideByZeroException 异常。

（9）OverflowException 异常

当在数学运算中使用了 C♯ 的 checked 运算符时，如果导致溢出，则 CLR 抛出 OverflowException 异常。下面的程序说明了 OverflowException 异常。

【例 3.11】

```
using System;
class MainClass
{
  public static void Main()
  {
    try
    {
      checked
      {
        int Integer1;
        int Integer2;
        int Sum;
        Integer1 = 2000000000;
        Integer2 = 2000000000;
        Sum = Integer1 + Integer2;
      }
    }
    catch(OverflowException)
    {
      Console.WriteLine("A mathematical operation caused an overflow.");
    }
  }
}
```

程序中的代码将两个整数相加,每个整数的位为 20 亿。结果即 40 亿赋给第二个整型变量。问题是加法的结果大于 C♯ 整型值所允许的最大值,因此抛出数学运算溢出异常。

4. 使用自定义的异常

可以自己定义异常,并在代码中使用它们,就像它们是由 . NET 框架定义的异常一样。这种设计一致性使得程序员能够编写 catch 代码块来处理从任何代码段抛出的任何异常,不管代码是 . NET 框架的,还是自定义类中的,或者是运行时执行的某个程序集中的。

(1) 自定义异常

. NET 框架声明了一个类 System. Exception,用它来作为 . NET 框架中的所有异常的基类。预先定义好的公共语言运行时类就从 System. System. Exception 类派生出来,而这个类是从 System. Exception 类派生出来的。按照这种规则,DivideByZeroException、NotFiniteNumberException 和 OverflowException 异常从 System. ArithmeticException 类派生出来,而这个类又是从 System. System. Exception 类派生而来。定义的任何异常类必须从 System. ArithmeticException 类派生而来,而这个类又派生自 System. Exception 基类。

System. Exception 类包含 4 个只读属性,在 catch 代码块中可以使用这些属性来获取有关抛出的异常的更多信息。

- Message 属性包含对异常原因的描述。
- InnerException 属性包含引起抛出当前异常的异常。该属性的值可以为 null,它表示没有可用的内异常。如果该属性的值不为 null,就会指向抛出的异常对象,而该对象导致当前异常抛出。对于 catch 代码块来说,捕获一种异常而抛出另一个异常也是可能的。在这种情况下,InnerException 属性将包含对 catch 代码块捕获的原异常对象的引用。
- StackTrace 属性包含一个字符串,用它来显示抛出异常时正在使用的方法调用的堆栈。

最后,堆栈服踪将跟踪所有返回 CLR 原始调用的路线至应用程序的 Main()方法、TargetSite 属性包含抛出异常的方法。

其中某些属性可以在 System. Exception 类的一个构造函数中指定:

```
public Exception(string message);
public Exception(string message, Exception innerException);
```

在构造函数中,自定义的异常可以调用基类的构造函数,以便设置属性,以下面的代码为例:

```
using System;
class MyException: ApplicationException
{
  public MyException(): base("This is my exception message.")
  {
  }
}
```

上述代码定义了类 MyException,该类从 ApplicationException 类派生出来。MyException

类的构造函数使用 base 关键字调用了这个基类的构造函数。将基类的 Message 属性设置
为"Thisis my exception message"。

（2）抛出自定义的异常

可以用 C# 的 throw 关键字抛出自定义的异常。throw 关键字后面必须跟一个表达
式，该表达式的值为类 System. Exception 或者其派生类的一个对象。例如下面的例子。

【例 3.12】

```
using System;
class MyException: ApplicationException
{
  public MyException(): base("This is my exception message.")
  {
  }
}
class MainClass
{
  public static void Main()
  {
    try
    {
      MainClass MyObject = new MainClass();
      MyObject.ThrowException();
    }
    catch(MyException CaughtException)
    {
      Console.WriteLine(CaughException.Message);
    }
  }
  public void ThrowException()
  {
  throw new MyException();
  }
}
```

　　程序中的代码声明了一个新类 MyException，该类派生自 .NET 框架定义的一个基类
ApplicationException。MainClass 类包括方法 ThrowException，该方法抛出一个类型为
MyException 的 new 对象。该方法由 Main()方法调用，调用代码位于 try 代码块中。Main()
方法还包含一个 catch 代码块，该代码块实现将异常的消息输出到控制台上。因为是在构造
MyException 类对象时设置的消息，所以现在可以用这条消息并将其打印出来。运行代码
后，将在控制台上打印出下列消息：

This is my exception message.

3.4.6　事件和委托

　　在典型的面向对象软件的一般流程中，代码段创建类的对象并在该对象上调用方法。

在这种情况下,调用程序是主动代码,因为它们是调用方法的代码。而对象是被动的,因为只有当某种方法被调用时才会用上对象并执行某种动作。

然而,也可能存在相反的情况。对象可以执行一些任务并在执行过程中发生某些事情时通知调用程序。称这类事情为事件(event),对象的事件发布称为引发事件。

事件驱动处理对于.NET来说并不是什么技术,在事件驱动处理中,当有事件发生时,某些代码段会通知其他对事件感兴趣的代码段。当用户使用鼠标、敲击键盘或者移动窗口时,Windows用户接口层一直使用事件的形式通知Windows应用程序。当用户采取影响ActiveX控件的动作时,ActiveX控件就会引发事件至ActiveX控件容器。

为了在C#代码中激发、发布和预约事件更容易,C#语言提供了一些特殊的关键字。使用这些关键字允许C#类毫不费力地激发和处理事件。

1. 定义委托

当设计C#类引发的事件时,需要决定其他代码段如何接收事件。其他代码段需要编写一种方法来接收和处理发布的事件。例如,假设类实现了一个Web服务器,并想在任何时间从Internet发来页面请求时激发一个事件。在类激发这个new request事件时,其他代码段执行某种动作,并且代码中应该包含一种方法,在激发事件时执行该方法。

类用户实现接受和处理事件的方法由C#中的概念——委托(delegate)定义。委托是一种"函数模板",它描述了用户的事件处理程序必须有的结构。委托也是一个类,其中包含一个签名以及对方法的引用。就像一个函数指针,但是它又能包含对静态和实例方法的引用。对于实例方法来说,委托存储了对函数入口点的引用以及对对象的引用。委托定义了用户事件处理程序内该返回的内容以及应该具备的参数表。

要在C#中定义一个委托,使用下列语法:

```
delegate 事件处理程序的返回类型 委托标识符(事件处理程序的参数表)
```

如果在激发事件的类中声明委托,可以在委托前加上前缀public,protected,internal或者private关键字,如下面的delegate定义示例所示:

```
public delegate void EvenNumberHandler(int Number);
```

在上述示例中,创建了一个称为EvenNumberHandler的公共委托(public delegate),它不返回任何值。该委托只定义了一个要传递给它的参数,该参数为int类型。委托标识符(这里是EvenNumberHandler)可以是任何名称,只要不与C#关键字的名称重复即可。

2. 定义事件

为了阐述清楚事件的概念,我们以一个示例开始讲述。假设正驱车在路上并且仪表板上显示燃料不足的灯亮了。在这个过程中,汽缸中的传感器给计算机发出燃料快要耗尽的信号。然后,计算机又激发一个事件来点亮仪表板上的灯,这样司机就知道要购买更多的油了。用最简单的话来说,事件是计算机警告你发生某种状况的一种方式。

使用C#的关键字event来定义类激发的事件。在C#中事件声明的最简单形式包含下列内容:

```
evet 事件类型 事件标识符 事件类型委托标识符匹配
```

以下面的 Web 服务器示例为例：

```
public delegate void NewRequestHandler(string URL);
public class WebServer
{
  public event NewRequestHandler NewRequestEvent;
  // :
}
```

上述示例声明了一个称为 NewRequestHandler 的委托。NewRequestHandler 定义了一个委托,作为处理 new request 事件的方法的方法模板。任何处理 new request 事件的方法都必须遵循委托的调用规则：必须不返回任何数据,必须用一个字符串作为参数表。事件处理程序的实现可以拥有任意的方法名称,只要返回值和参数表符合委托模板的要求即可。

WebServer 类定义了一个事件 NewRequestEvent。该事件的类型为 NewRequestHandle。这意味着,只有与该委托的调用规则相匹配的事件处理程序才可以用于处理 NewRequestEvent 事件。

3. 安装事件

编写完事件处理程序之后,必须用 new 运算符创建一个它的实例并将它安装到激发事件的类中。创建一个事件处理程序 new 实例时,要用 new 运算符创建一个属于这种委托类型的变量,并且作为参数传递事件处理程序方法的名称。以 Web 服务器的示例为例,对事件处理程序 new 实例的创建如下代码所示：

```
public void MyNewRequestHandler(string URL)
{
}
NewRequestHandler HandlerInstance;
HandlerInstance = new NewRequestHandler(MyNewRequestHandler);
```

在创建了事件处理程序的 new 实例之后,使用＋＝运算符将其添加到事件变量中：

```
NewRequestEvent += HandlerInstance;
```

上述语句连接了 HandleInstance 委托实例与 NewRequestEvent 事件,该委托支持 MyNewRequestMethod 方法。使用＋＝运算符,可以将任意多的委托实例与一个事件相连接。同理,可以使用－＝运算符从事件连接中删除委托实例：

```
NewRequestEvent -= HandlerInstance;
```

上述语句解除了 HandlerInstance 委托实例与 NewRequestEvent 事件的连接。

4. 激发事件

可以使用事件标识符(比如事件的名称)从类中激发事件,就像事件是一个方法一样。作为方法调用事件将激发该事件,在 Web 浏览器示例中,使用如下语句激发 new request 事件：

```
NewRequestEvent(strURLOfNewRequest);
```

事件激发调用中使用的参数必须与事件委托的参数表匹配。定义 NewRequestEvent 事件的委托接受一个字符串参数；因此，当从 Web 浏览器类中激发该事件时，必须提供一个字符串。

下面的例子说明了委托和事件的概念。其中实现了一个类，该类从 0 计数到 100，并在计数过程中找到偶数时激发一个事件。

【例 3.13】

```
using System;
public delegate void EvenNumberHandler(int Number);
class Counter
{
  public event EvenNumberHandler OnEvenNumber;
  public Counter()
  {
    OnEvenNumber = null;
  }
  public void CountTo100()
  {
    int CurrentNumber;
    for(CurrentNumber = 0; CurrentNumber <= 100; CurrentNumber++ )
    {
      if(CurrentNumber % 2 == 0)
      {
        if(OnEvenNumber != null)
        {
          OnEventNumber(CurrentNumber);
        }
      }
    }
  }
}
classEvenNumberHandlerClass
{
  public void EvenNumberFound(int EvenNumber)
  {
    Console.WriteLine(EvenNumber);
  }
}
class ClassMain
{
 public static void Main()
 {
   Counter MyCounter = new Counter();
   EvenNumberHandlerClass MyEvenNumberHandlerClass = new EvenNumberHandlerClass();
   MyCounter.OnEvenNUmber + = new
       EvenNumberHandler(MyEvenNumberHandlerClass.EvenNumberFound);
 }
}
```

程序实现了 3 个类。

- Counter 类执行计数功能。其中实现了一个公共方法 CountTo100()和一个公共事件 OnEvenNumber。OnEvenNumber 事件的委托类型为 EvenNumberHandler。
- EvenNumherHandlerClass 类包含一个公共方法 EvenNumberFound。该方法为 Counter 类的 OnEvenNumber 事件的事件处理程序。它将作为参数提供的整数打印到控制台上。
- MainClass 类包含应用程序的 Main()方法。Main()方法创建类 Counter 的一个对象并将该对象命名为 MyCounter。还创建了类 EvenNumberHandlerClass 的一个 new 对象,并调用了对象 MyEvenNumberHandlerClass。Main()方法调用 MyCounter 对象的 CountTo100()方法,但是不是在将委托实例安装到 Counter 类中之前调用的。其中的代码创建了一个 new 委托实例,用它来管理 MyEvenNumber。HandlerClass 对象的 EvenNumberFound 方法,并使用＋＝运算法将其添加到 MyCounter 对象的 OnEvenNumber 事件中。

CountTo100 方法的实现使用一个局部变量从 0 计数到 100。在每一次计数循环中,代码都会检测数字是否是偶数,方法是看数字被 2 除后是否有余数。如果数字确实是偶数,代码就激发 OnEvenNumber 事件,将偶数作为参数提供,以便与事件委托的参数表匹配。

因为 MyEvenNumherHandlerClass 的 EvenNumberFound 方法是作为事件处理程序安装的,而且该方法将提供的参数打印到控制台上,所以编译并运行代码后,0 到 100 之间的所有偶数都会打印到控制台上。

5. 标准化事件的设计

尽管 C♯可以接受它编译的任何委托设计,但是．NET 框架还是鼓励开发人员采用标准的委托设计方式。最好委托设计使用两个参数,例如 SystemEventHandler 委托:

- 对引发事件的对象的引用;
- 包含与事件有关的数据的对象。

第二个参数包含了所有事件数据,应该是某个类的一个对象。这个类由．NET 的 System.EventArgs 类派生出来。

对上面代码进行修改,其中使用了这种标准的设计方式。

【例 3.14】

```
using System;
public delegate void EvenNumberHandler(object Originator,
                    OnEvenNumberEventArgs EventNumberEventArgs);
class Counter
{
  public event EvenNumberHandler OnEvenNumber;
  public Counter()
  {
    OnEvenNumber = null;
  }
  public void CountTo100()
  {
```

```
        int CurrentNumber;
        for(CurrentNumber = 0; CurrentNumber <= 100; CurrentNumber++)
        {
          if(CurrentNumber % 2 == 0)
          {
            if(OnEvenNumber != null)
            {
              OnEvenNumberEventArgs EventArguments;
              EventArguments = new OnEvenNumberEvenArgs(CurrentNumber);
              OnEventNumber(this,EventArguments);
            }
          }
        }
      }
    }
    public class OnEvenNumberEventArgs: EventArgs
    {
      private int EventNumber;
      public OnEvenNumberEventArgs(int EvenNumber)
      {
        this.EvenNumber = EvenNumber;
      }
      public int Number
      {
        get
        {
          return EventNumber;
        }
      }
    }
    class EvenNumberHandlerClass
    {
      public void EvenNumberFound(object Originator,
              OnEvenNumberEventArgs EvenNumberEventArgs)
      {
        Console.WriteLine(EvenNumberEventArgs.Number);
      }
    }
    Class MainClass
    {
      public static void Main()
      {
        Counter MyCounter = new Counter();
        EvenNumberHandlerClass MyEvenNumberHandlerClass = new
                          EvenNumberHandlerClass();
        MyCounter.OnEvenNUmber += new
              EvenNumberHandler(MyEvenNumberHandlerClass.EvenNumberFound);
        MyCounter.CountTo100();
      }
    }
```

本 章 小 结

本章学习了面向对象编程的基本概念,包括什么是对象、类、属性和字段、方法、静态成员等,还说明了对象的生命周期。讨论了 OOP 中的一个技术,包括抽象与接口、继承、多态性、运算符重载等。

基本的类定义语法、用于确定类可访问性的关键字、指定继承的方式以及接口的定义也是在本章学习的。所有的.NET 类都派生于 System. Object。介绍了 object 中定义的方法。如何提供我们自己的构造函数和析构函数,以便初始化对象和清理对象。接口和抽象类的相似和不同之处,看看哪些情况应使用什么技术。还讲述了类和结构的区别。

本章学习了如何定义字段、属性和方法等类成员,隐藏基类成员、调用重写的基类成员,接口的实现。集合类一般用于处理对象列表,其功能比简单数组要多,这些功能是通过执行 System. Collections 命名空间中的接口而实现的。可以通过设计的类使用标准的运算符,例如+,>等,这称为重载。如何进行运算符重载。封箱(boxing)是把值类型转换为 System. Object 类型,或者转换为由值类型执行的接口类型。拆箱(unboxing)是相反的转换过程。is 和 as 运算符的使用方法,如何深度复制,如何定制异常,什么是事件和委托,如何使用。

第 4 章将学习如何用 Windows 组件设计可视化的应用程序。

习 题 3

1. "必须手动调用对象的析构函数,否则就会浪费资源"这句话对吗?
2. 需要创建一个对象以调用其类的静态方法吗?
3. 下面的代码有什么错误?

```
public sealed class MyClass
{
  // class members
}
public class myDerivedClass: MyClass
{
  // class members
}
```

4. 如何定义不能创建的类?
5. 为什么不能创建的类仍旧有用? 如何利用它们的功能?
6. 编写代码,用虚拟方法 GetString()定义一个基类 MyClsss。这个方法应返回存储在受保护的字段 myString 中的字符串,该字段可以通过只写公共属性 ContainedString 来访问。
7. 从类 MyClass 派生一个类 MyDerivdClass。重写 GetString()方法,使用该方法的基类执行代码从基类中返回一个字符串,但在返回的字符串中添加文本"(output from

derived class)"。

8. 编写一个类 MyCopyableClass,该类可以使用方法 GetCopy()返回它本身的一个副本。这个方法应使用派生于 System. Object 的 MemberwiseClone()方法。给该类添加一个简单的属性,并且编写使用该类检查任务是否成功执行的客户代码。

9. 创建一个集合类 People,它是下述 Person 类的集合,该集合中的项目可以通过一个字符串索引符来访问,该字符串索引符是人的姓名,与 Person. Name 属性相同:

```csharp
public class Person
{
    private string name;
    private int age;
    public string Name
    {
        get
        {
            return name;
        }
        set
        {
            name = value;
        }
    }
    public int Age
    {
        get
        {
            return age;
        }
        set
        {
            age = value;
        }
    }
}
```

10. 扩展上一题中的 Person 类,重载>,<,>=和<=运算符,比较 Person 实例的 Age 属性。

11. 给 People 类添加 GetOldest()方法,使用上面定义的重载运算符,返回其 Age 属性的值为最大的 Person 对象数组(一个或多个对象,因为对于这个属性而言,多个项目可以有相同的值)。

12. 在 People 类上执行 ICloneable 接口,提供深度复制功能。

Windows程序设计

4.1　可视化编程基础

本章讲解 Windows 界面编程的重要知识。在学习本章内容之前,请确认读者已经知道:项目文件下有哪些文件? 各自的作用是什么? 源代码存放在哪一个文件中? 项目中涉及的图像文件(资源文件)又是哪一个? 最后的可执行文件产生于哪里? 面向对象的基本概念。

在学习的过程中,应将注意到的有用的语句(代码)勾画出来,并时常翻阅,从现在开始要学会逐渐积累小知识点。仅仅拥有 C♯ 的语法知识是不够的。

由于 Windows 编程涉及的内容很多,本章仅仅讲授最常用的功能,并且配以实际例子帮助大家掌握。如果实际应用中发现需要更多的一些功能,我们会引导大家查阅 Visual Studio 的帮助文档。在本章的内容中,练习题也是理解正文很重要的一部分,包含了很多常用知识,引导大家学习。对于只读正文而不做练习的做法,是非常不可取的。

4.1.1　第一个例子

为了帮助大家掌握前面提出的要求,对 Windows 编程有一个直观认识,这里以一个例子开始。

【例 4.1】　图片框上的单击事件。

步骤如下。

(1) 确认新建工程之后,Visual Studio 的开发界面如图 4.1 所示。界面两侧的工具箱和解决方案资源管理器可通过视图菜单打开。

(2) 在工具箱中的"公共控件"中找到 PictureBox,双击。

(3) 在窗体中将 PictureBox 大小调整到合适的大小和位置,并且单击 PictureBox 右上角的三角形(如图 4.2 所示),设置缩放模式为 Zoom。

(4) 单击选择图像,导入一幅图像,请留意能够导入的图像类型。

(5) 在解决方案资源管理器(图 4.3)中双击 form1.resx,便可以查看项目中所拥有的资源,在这个例子中,选择图像资源,就可以看到导入的图像了,如图 4.4 所示。

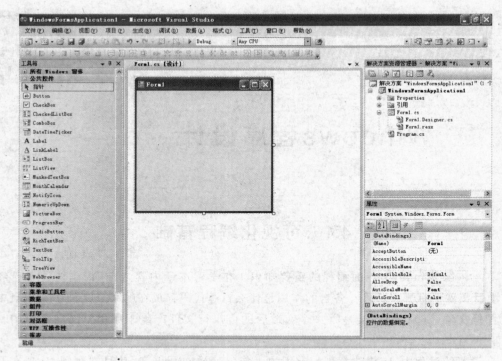

图 4.1　Visual Studio 的开发界面

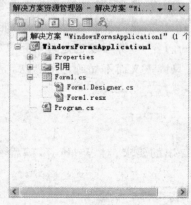

图 4.2　PictureBox 的快捷任务　　　图 4.3　解决方案资源管理器　　　图 4.4　选择图像资源

（6）回到窗体设计界面，双击 PictureBox，输入代码：

```
private void pictureBox1_Click(object sender, EventArgs e)
{
        MessageBox.Show("图像显示程序 1.0\n 张飞", "about");
}
```

请留意函数名称的构成：PictureBox1_Click，分别由 PictureBox 这个组件的实例名（pictureBox1）和事件的名称构成。在这里是 Click 事件，代表鼠标单击。函数名称 pictureBox1_Click 告诉我们，这段函数将由鼠标在 PictureBox 组件上单击之后执行。

回顾刚才输入代码的时候，在 MessageBox.Show 的位置，编辑器将有帮助信息弹出，总数 21 表示一共有 21 条帮助信息，其中第三条（如图 4.5）告诉我们，这个函数可以接收两个参数：第一个参数是消息框中显示的字符串；第二个参数是消息框的标题。

图 4.5　代码编辑器的提示

（7）在图像框上单击。运行的结果如图 4.6 所示。

（8）单击工具栏上的全部保存按钮。

现在可以查看一下项目目录下生成的所有文件了。从图 4.7 中可以看出一些典型的扩展名命名的文件，例如 .cs，.resx，.csproj 等。将其具体含义列举在表 4.1 和表 4.2 中。

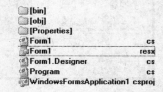

图 4.6　图像显示程序　　　　　　图 4.7　一个项目的所有文件

表 4.1　CSharp 项目相关文件扩展名

扩　展　名	解　　释
.cs	cs-csharp 的缩写，表明该文件是 csharp 的源文件
.csproj	csharp 项目文件，以后就双击这个文件打开整个项目进行修改
.resx	资源文件，其中 x 提示该资源是以 xml 形式存储的

表 4.2　CSharp 项目目录下的 bin 子目录

目　　录	作　　用
bin	生成的可执行文件就放在这个地方

练习 1

（1）请用文本阅读器（记事本）打开项目中的 .resx 文件，能不能找到导入的图片在什么地方？

（2）请用记事本打开项目文件浏览一下。

（3）PictureBox 能导入哪些类型的文件？

4.1.2　使用数据库保存数据

【例 4.2】　建立应用程序收集客户信息。

具体步骤如下。

（1）在项目中增加数据库

在解决方案资源管理器中,右击当前工程,在弹出的快捷菜单中选择"新建"→"项目"命令,打开新建项目对话框,如图 4.8 所示。

图 4.8　新建项目对话框

这里选择本地数据库。如果选择 service-based database 也是一样的,只是要注意将 SQL Server 服务启动。

单击 Add 按钮,然后在下一界面中取消。

（2）建立表格结构

在数据库浏览器（Database Explorer）中,双击 ContactDB.mdf,如图 4.9 所示选择"创建表"。

再如图 4.11 所示完成表结构的建立。并注意 ContactID 为主关键字。在 People 表 ContactID 的列属性中如图 4.10 所示进行设置。并且如图 4.11 所示,保留 Add null 为 No,意即不允许为空。

图 4.9　在数据库资源管理器中新建表　　　图 4.10　在 People 表的 ContactID 的列属性进行设置

图 4.11 是所有字段的信息。将表格命名为 people。

Column Name	Data Type	Length	Allow Nulls	Unique	Primary
Name	nvarchar	100	No	No	No
Email	nvarchar	100	Yes	No	No
Company	nvarchar	100	Yes	No	No
Client	bit	1	Yes	No	No
LastCall	datetime	8	Yes	No	No
ContactID	int	4	No	No	Yes
Telephone	nvarchar	100	Yes	No	No

图 4.11　People 表的所有字段的信息

（3）添加表数据

在服务器资源管理器中，在表 People 的右键菜单中选择显示 People 表的数据，输入几行内容，如图 4.12 所示。

Name	Email	Company	Client	LastCall	ContactID
刘备	liubei@sangu...	蜀	True	2004-3-21 0:...	1
关羽	guanyu@sangu...	蜀	True	2004-4-5 0:0...	2
张飞	zhangfei@san...	蜀	True	2004-5-6 0:0...	3
NULL	NULL	NULL	NULL	NULL	NULL

图 4.12　People 表的数据

（4）在界面上显示数据

回到窗体设计界面。选择"数据"→"添加新数据源"命令。在第一个界面中选择"数据库"图标。

在数据源面板中选择 People 表。完成这些之后，选择"数据"→"显示数据源"命令。并注意如图 4.13 所示选择 Details 菜单项。

从下拉菜单中选择详细信息（Details）之后，将 People 表拖放到窗体中，如图 4.14 所示。

图 4.13　选择详细信息

图 4.14　People 表的显示窗体

窗体上自动产生的导航条应该容易理解,这里不再赘述。

这样就完成了一个联系人应用程序,现在可以按下键盘上的 F5 键或者单击工具栏上的"运行"按钮运行该程序了。任何一个程序在交付使用之前,都应该多测试,如果需要将应用程序打包给用户,可以选择"生成"(build)→"发布"(Publish)命令,按照提示操作即可。这样,很容易就建立了一个安装程序。前面的操作步骤有些细节没有细述,大家可以自己思考,以后将会涉及这些内容的。完成这一个例子的主要目的是让大家熟悉整个应用程序建立的过程。

练习 2

(1) 图 4.13 中窗体标题是默认的 form1,这是通过设置窗体的 text 属性完成的,请自行尝试进行修改。

(2) 新建一个应用程序,在空白窗体上放置一个按钮(button)。在放置前查看 form1.desinger.cs 文件内容,在放置后再查看一次该文件内容,有何变化?

(3) 请查看一下 form1.cs 文件,然后再次回到窗体设计界面,双击 button1,请问现在 form1.cs 文件有何变化?产生的默认函数名是什么?

4.2 基本组件的学习

这一节采用几个例子帮助大家掌握相关的组件(Form,Button,Label,TextBox,CheckBox,ListBox,and ComboBox)。在这里还是以具体演练和操作为主,通过例子的方式掌握一些基本操作。我们相信,通过例子和动手是学习编程最有效的方法。关于常用组件的扩展话题,将在 4.3 节中讲解。

4.2.1 组件属性

【例 4.3】 改变 Label 的背景色。要求:在 CheckBox 被选中时才能生效。

步骤如下。

(1) 新建一个 Windows 窗体应用程序。

(2) 在窗体 Form1 中添置一个 Button,一个 Label,一个 CheckBox,如图 4.15 所示。

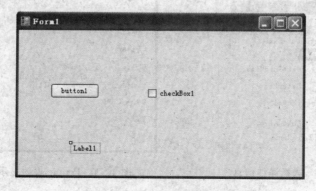

图 4.15 改变 Label 的背景色

（3）用鼠标单击 Label 控件，在属性面板中改变 text 属性为：“单击按钮来改变颜色”。

（4）用鼠标单击 Button 控件，在属性面板中改变 text 属性为：“改变颜色”。

（5）双击 Button，然后在默认位置输入代码：

```
if (checkBox1.Checked == true)
{
    label1.BackColor = Color.Red;
}
```

（6）按 F5 键运行程序。

练习 3

（1）如何改变 Label 上文本的字体大小？

（2）程序段

```
if (checkBox1.Checked == true)
{
    label1.BackColor = Color.Red;
}
```

能否改写为

```
if checkBox1.Checked
{
    label1.BackColor = Color.Red;
}
```

（3）请描述下面这段代码的行为，然后修改代码，使得每次单击按钮都呈现出不同的颜色。

提示：使用 Color.FromArgb 函数，以及随机数产生器 random。解答见本章末尾（建议查找帮助完成练习）。

```
private void button1_Click(object sender, EventArgs e)
{
    if (checkBox1.Checked)
    {
        if (label1.BackColor == Color.Red)
        {
            label1.BackColor = Color.Blue;
        }
        else
        {
            label1.BackColor = Color.Red;
        }
    }
    else
    {
        MessageBox.Show("你没有选中复选框");
    }
}
```

（4）代码阅读（建议课后完成）。

```
public partial class Form1 : Form
{
    public Form1()
    {
        InitializeComponent();
    }

    private void button1_Click(object sender, EventArgs e)
    {
        int i;
        while (Visible)
        {
            for (i = 0; i <= 255 && Visible; i++)
            {
                this.BackColor = Color.FromArgb(i, 255 - i, i);
                Application.DoEvents();
                System.Threading.Thread.Sleep(50);
            }
            i = 0;
        }

    }
}
```

（5）如果在 for 循环中没有 visible 的附加判定,会发生什么变化?

（6）visible 变量没有声明,怎么能够使用呢?

（7）请按照自己的理解说明 Application. DoEvents 和 System. Threading. Thread. Sleep 的作用。

4.2.2 面向对象

下面再来做一个练习,但是这次希望采用面向对象的结构和思路。

【例 4.4】 假设需要给班上同学打综合评定分。因此,每一个同学都是一个对象,含有的数据有姓名(name)和评定分(score)。为了给一个同学增加评定分(有可能是获得了什么奖励),给另外一个同学减少评定分,还需要两个方法：GiveScore 和 TakeOffScore。因此,一个对象的类图应该如图 4.16 所示。如果有两个学生：张飞(zhangfei)和刘备(liubei)。需要给张飞加分应该使用 zhangfei. GiveScore(5),给刘备减分使用 liubei. TakeOffScore(5)。

图 4.16　学生类图

步骤如下。

（1）新建一个 GUI(图形用户界面)项目。在解决方案资源管理器中单击右键,在该项目下新增一个类,命名为 Student。

（2）键入如下代码：

```
using System;
using System.Collections.Generic;
```

```
using System. Text;
namespace StudentScore
{
    public class Student
    {
        string Name;
        int Score;

        public int GiveScore(int amount)
        {
            if (amount > 0)
            {
                Score += amount;
                return amount;
            }
            else
            {
                MessageBox.Show("加分:" + amount + "不是一个合理值");
                return 0;
            }
        }

        public int TakeOffScore(int amount)
        {
            if (Score >= amount && amount > 0)
            {
                Score -= amount;
                return amount;
            }
            else
            {
                MessageBox.Show("减分:" + amount + "不是一个合理值");
                return 0;
            }
        }
    }
}
```

（3）然后，如图4.17所示建立界面。

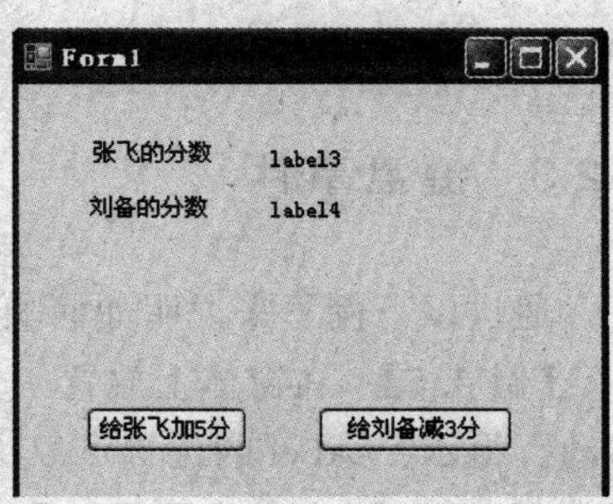

（4）在 Form1. cs 中 public partial class Form1：Form
后键入代码。

```
public partial class Form1：Form
{
Student zhangfei,liubei;

public void UpdateForm()
{
    label3. Text = zhangfei. Name + "有" + zhangfei. Score + "分";
    label4. Text = liubei. Name + "有" + liubei. Score + "分";
}
```

图 4.17　加减分程序界面

（5）由于 zhangfei 和 liubei 两个对象还没有初始化，在 public Form1 中建立 zhangfei 和 liubei 两个对象。

```
public Form1()
{
    InitializeComponent();

    zhangfei = new Student();
    liubei = new Student();
    zhangfei.Name = "zhangfei";
    zhangfei.Score = 100;
    liubei.Name = "liubei";
    liubei.Score = 100;
    UpdateForm();
}
```

（6）接下来，需要处理按钮单击时间，在给张飞加分的按钮上双击，输入代码：

```
private void button1_Click(object sender, EventArgs e)
{
    zhangfei.GiveScore(5);
    UpdateForm();
}
```

（7）给刘备减分的按钮上双击，输入代码：

```
private void button2_Click(object sender, EventArgs e)
{
    liubei.TakeOffScore(3);
    UpdateForm();
}
```

（8）现在，尝试运行整个项目。如果得到提示：当前上下文中不存在名称"MessageBox"，请双击错误信息，IDE（集成开发环境）将定位到 Student. cs 文件，在文件前端输入 using System. Windows. Forms；。

4.2.3 键盘事件

通过以下例子来说明如何响应键盘上的按键。

【例 4.5】 在窗体上放置一个 Label，当按下键盘上方向键的时候，Label 就往相应方向移动。提示：Label 的位置可以由 Label 的属性 Location 来决定；键盘上的按键可以通过事件 KeyDown 来完成处理。在事件 KeyDown 处使用键盘 F1 键可以获得详细帮助，并有完整示例。这个练习的目的是让大家学会查找帮助并探索性地解决问题。

该程序的代码示例如下。

```
private void Form1_KeyDown(object sender, KeyEventArgs e)
{
    if (e.KeyCode == Keys.Left)
    {
```

```
        label1.Left -= 3;
    }
}
```

从图 4.18 可以看到，除了 KeyDown 事件，还有一个事件为 KeyPress。那么，它们有什么区别呢？事实上，非字符按键不会引发 KeyPress，但是会引发 KeyDown 和 KeyUp 事件。

现在来学习一段代码，这段代码来自于帮助文档。请配合脚注进行阅读。

图 4.18　窗体的事件视图

```
// Boolean flag used to determine when a character other
   than a number is entered.
private bool nonNumberEntered = false;  ①

// Handle the KeyDown event to determine the type of character entered into the control.
private void textBox1_KeyDown②(object sender, System.Windows.Forms.KeyEventArgs e)
{
    // Initialize the flag to false.
    nonNumberEntered = false;

    // Determine whether the keystroke is a number from the top of the keyboard.
    if (e.KeyCode < Keys.D0 || e.KeyCode > Keys.D9)③
    {
        // Determine whether the keystroke is a number from the keypad.
        if (e.KeyCode < Keys.NumPad0 || e.KeyCode > Keys.NumPad9)④
        {
            // Determine whether the keystroke is a backspace.
            if(e.KeyCode != Keys.Back)⑤
            {
                // A non-numerical keystroke was pressed.
                // Set the flag to true and evaluate in KeyPress event.
                nonNumberEntered = true;
            }
        }
    }
    //If shift key was pressed, it's not a number.
    if (Control.ModifierKeys == Keys.Shift)⑥{
        nonNumberEntered = true;
    }
}
// This event occurs after the KeyDown event and can be used to prevent
```

---

① nonNumberEntered 变量用来记录输入是否为数字。

② KeyDown 事件发生在 KeyPress 事件之前。因此才有在 KeyPress 事件中检查 nonNumberEntered 变量值的代码。nonNumberEntered 的值在 KeyDown 事件中设置。

③ Keys. D0,…,Keys. D9 等代表的是键盘上部的数字键。

④ Keys. NumPad0,…,Keys. NumPad9 等代表的是小键盘上的数字键。

⑤ Keys. Back 代表 BackSpace 键。

⑥ 这一句告诉我们如何检测是否按下 Shift 键。

```
// characters from entering the control.
private void textBox1_KeyPress(object sender, System.Windows.Forms.KeyPressEventArgs e)
{
    // Check for the flag being set in the KeyDown event.
    if (nonNumberEntered == true)
    {
        // Stop the character from being entered into the control since it is non-numerical.
        e.Handled = true; ①
    }
}
```

练习 4

建议读者自行完成以下任务,以熟悉编程环境和相关知识。

(1) 改变窗体的左上角图标。

(2) 改变窗体的大小(使用属性面板进行窗体属性设置)。

(3) 改变窗体的背景色。

(4) 去掉窗体右上角的最大化按钮。

(5) 设置窗体不同的边框类型。

(6) 设置窗体的背景:使用一幅图片。

(7) 在窗体中放置一个按钮,一旦鼠标靠近该按钮时,按钮就突然消失,然后在另外一个地方出现。提示:先想想如何计算鼠标位置和按钮的距离。参考代码见本章末。

(8) 指出下面代码中的错误。

```
private void textBox1_TextChanged(object sender, EventArgs e)
    {
        textBox1.Text = textBox1.Text + 'a';
    }
```

4.2.4　图像显示

【例 4.6】　通过打开"文件"对话框选定图像文件,并显示在图像框(PictureBox)中。操作过程如下。

(1) 新建一个工程。

(2) 在窗体上放置一个 PictureBox,两个 Button,将 PictureBox. Name 改为 picShowPicture,从上到下两个 Button 的 Name 分别设置为 btnSelectPicture 和 btnQuit。

(3) 按照表 4.3 所示设置 PictureBox 的属性。

表 4.3　PictureBox 的属性设置

控　件	属　性	属　性　值
picShowPicture	Dock	Left
btnSelectPicture	Text	选择图片
btnQuit	Text	退出

---

① e. Handled=true 用来阻止按键被输送到控件中进行显示。

（4）在界面上再设置一个不可见控件。找到工具箱中 Dialogs（对话框）分栏，双击 OpenFileDialog。然后将其改名为 ofdSelectPicture。按表4.4设置 OpenFileDialog 控件的属性。

表 4.4　OpenFileDialog 控件的属性设置

属性	属 性 值
Name	ofdSelectPicture
Filter	Window Bitmaps｜＊.BMP｜JPEG Files｜＊.jpg
Title	Select Picture

（5）设置完成后，添加相应代码，完整代码如下。

```
using System;
using System.Collections.Generic;
using System.ComponentModel;
using System.Data;
using System.Drawing;
using System.Linq;
using System.Text;
using System.Windows.Forms;

namespace FormIcon
{
    public partial class Form1: Form
    {
        public Form1()
        {
            InitializeComponent();
        }




        private void btnSelectPicture_Click(object sender, EventArgs e)
        {
            if (ofdSelectPicture.ShowDialog() == DialogResult.OK)
            {
                picShowPicture.Image = Image.FromFile(ofdSelectPicture.FileName);
                this.Text = "图像查看器 (" + ofdSelectPicture.FileName + ")";
            }
        }

        private void btnQuit_Click(object sender, EventArgs e)
        {
            this.Close();
        }
    }
}
```

练习 5

（1）请将 btnSelectPicture_Click 函数名改为 abcd，然后重新编译，会出现什么情况？

（2）在完成上题的基础上，在 btnSelectPicture 控件的 click 事件中，直接将 abcd（现在是 abcd）改为 openpic，按下回车键，这时会发生什么情况？

（3）上题告诉我们如果想将某个事件处理代码更名，需要小心操作。那么您认为怎样的操作才是比较安全的呢？

（4）能在按钮上显示图像吗？

（5）修改刚才的程序，使之可以打开 gif 图像文件。

（6）使用一个颜色选取对话框，改变窗体背景色。

4.2.5 组件同时移动

【例 4.7】 让窗体上一组组件同时移动。程序界面如图 4.19 所示，单击按钮，窗体上的 4 个标签就会同时向右移动一点。

代码如下：

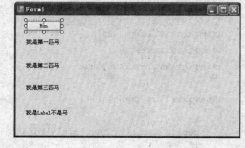

图 4.19 组件同时移动设计视图

```csharp
using System;
using System.Collections.Generic;
using System.ComponentModel;
using System.Data;
using System.Drawing;
using System.Linq;
using System.Text;
using System.Windows.Forms;

namespace BatchMove
{
    public partial class Form1 : Form
    {
        public Form1()
        {
            InitializeComponent();
        }

        private void button1_Click(object sender, EventArgs e)
        {
            for (int i = 0; i < this.Controls.Count; i++)
            {
                if (this.Controls[i] is Label)
                {
                    this.Controls[i].Left = (this.Controls[i].Left + 2) % 100;
                }
            }
        }
    }
}
```

注解：

(1) this. Controls 代表窗体上所含的所有控件（Collection）。

(2) if 语句用来判断 this. Controls[i] 是不是一个标签控件。注意 is 关键字的使用。

(3) 要留意 for 循环中 i 的取值范围：从 0 到 count−1。

练习 6

(1) 请利用刚才学到的知识，在窗体上随意放置一些组件（按钮），给这些按钮冠以不同的 Name 和 Text。再另外放置一个按钮，其 Name 为 btnCaptain，Text 属性为"点名"，按下按钮后，依次弹出对话框，其内容为"报到！我是 xxx 按钮"。要注意，对话框只能依次弹出。请查找帮助完成练习。这里再一次强调，能够自己找寻答案是很重要的，一个人不可能从课堂上准备好所有东西然后再开始编程。查找的过程也是练习的一部分。参考代码见本章末的"组件轮询"。

(2) 请将刚才的例子中的 Label 换成图片 PictureBox 组件，单击按钮之后，4 幅图片便开始"起跑"，直到到达某个终点，然后弹出对话框告诉我们哪幅图片赢了。提示：每幅图片的增幅不一样，应该利用随机数生成器产生 1~4 之间的增幅。

4.3　常用组件的其他知识

4.3.1　鼠标事件

在前面的练习中，已经知道如何获得当前光标的位置。

```
private void Form1_MouseDown(object sender, MouseEventArgs e)
{

}
```

上面一段代码中，光标相关的信息都放在参数 e 中。sender 总是一个对于事件引发源的引用，一般情况下，我们不需要关心。第二个参数 e，MouseEventArgs 常用的属性见表 4.5。

表 4.5　MouseEventArgs 的常用属性

属　　性	描　　述
Clicks	用户在鼠标上单击的次数
Button	返回用户单击的鼠标键（左键、中键、右键）
X	返回当鼠标单击的时候鼠标位置相对于其包容器（container）的横向方向的偏移量
Y	同上，只是改为纵向方向的偏移量

4.3.2　窗体相关

1. 窗体的初始化位置

在一个窗体刚被打开的时候，究竟显示在屏幕的什么地方，可以通过设置窗体的

startPosition 属性来决定,如表 4.6 所示。

表 4.6　窗体的 starPosition 属性允许的取值

值	描　述
Manual	设计时的 Location 属性决定了窗体初始的位置(相对于屏幕)
CenterScreen	窗体显示在屏幕中央
WindowsDefaultLocation	窗体显示在 Windows 默认显示窗体的位置
WindowsDefaultBounds	窗体显示在 Windows 默认的位置,大小由 Windows 决定
CenterPosition	窗体显示在其父窗体的中央

2. 最大化(最小化)窗体

可以使用以下代码使窗体最小化:

```
this.Windowstate = FormWindowstate.Minimized;
```

其中,对 Windowstate 的赋值可以决定窗体在出现时是最大化还是最小化的,或者保持普通状态。

3. 让窗体最小化时不在任务栏出现

设置窗体的 ShowInTaskbar 属性为 false。这时候,仍然可以通过单击 Alt＋Tab 将窗体应用程序显示出来。

4. 显示多个窗体

在工程中添加一个新的窗体,窗体默认将被命名为 Form2。

```
private void button2_Click(object sender, EventArgs e)
{
    Form2 newform = new Form2();
    newform.ShowDialog();
    // newform.Show();

}
```

上面代码将显示窗体 2,其中 ShowDialog()用于显示模式对话框,意味着窗体 2 总是出现在窗体 1 的上面,除非窗体 2 被关闭,否则没有办法回到窗体 1。而采用 Show 方法便不具备这种效果。

5. 关闭一个窗体

这里要说明,我们有两种方法关闭窗体。一种是采用 this.Close()方法,这种情况下,该窗体占用的资源将被释放;另一种是采用 this.Hide()方法,这种方法和采用 this.Visible＝false 差不多,只是将窗体隐藏起来了,仍然可以通过代码访问到窗体中的数据。

6. 窗体中控件相对窗体的布局方式

如果读者有印象一定会记得,当窗体大小改变的时候,原有的布局就很难看了。例如图 4.20 和图 4.21。

可以看出,一旦窗体大小发生变化,界面将是很难看的(当然,原来这个界面就不好看,但这是另外一件事情了)。为了解决这个问题,一般的做法是不允许改变窗体大小;或者当窗体大小改变时重新计算窗体上各种控件的相对位置,然后重新绘制。

还记得前面提到的图像显示的那个例子吗?在例4.6基础上,建议读者设置一下右侧两个按钮的 Anchor 属性为 Top,Right。为了方便,可以一次选择两个按钮,然后在属性面板中设置。接

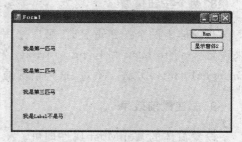

图 4.20　改变窗体大小之前的布局

下来,设置左侧的图片显示框,这一个的设置有所不同。将图片显示框的 Anchor 属性设置为 Top,Bottom,Left,Right 之后,现在可以按 F5 键运行试试了。注意改变一下窗体大小看看变化情况。

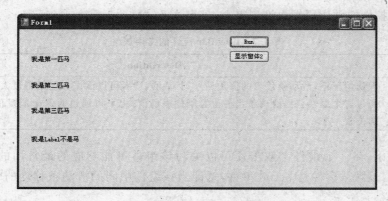

图 4.21　改变窗体大小之后的布局

好了,现在来解释一下刚才的过程。以按钮的 Top、Right 属性为例,这个意思是在窗体大小改变的时候,控件距离窗体的上端(top)和右端(right)的距离为一常数。当然,这个常数在设计界面时就已经被 IDE 自动设置好了。

7. 安排窗体中 Tab 键切换焦点按钮的顺序

Windows 编程一般有一个原则,也就是需要考虑到少数没有鼠标的情形下操作应用程序的需求。也许不是没有鼠标,而是鼠标临时坏了。简而言之,就是需要能用键盘完成一切操作。一个很有用的按键就是 Tab 键,它能帮助我们在不同的按钮间切换。如果窗体上按钮(或者别的控件)太多,就需要为它们安排一个合适的顺序。这个顺序与属性面板中的 TabIndex 属性有关,这个值从 0 开始,不用多解释大家也能猜到该怎么设置。这里要说的是一个简单的设置方法,工具栏中的最后一个图标能辅助我们方便地完成这种设置工作。接下来需要做的就是用鼠标按照我们希望的顺序依次单击这些按钮就即可,如图 4.22 所示。

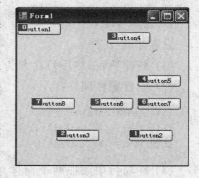

图 4.22　按钮的 Tab 顺序

8. 两个按钮重叠

当窗体上两个按钮重叠时,可以使用工具栏上的设置 Tab 顺序的按钮左侧的两个图标来设置 send to back 和 bring to front。代码中可以分别使用控件的 SendToBack()方法和 BringToFront()方法。不过,这种情况应该很少遇到。

9. 总在最前效果

设置窗体的 TopMost 属性即可。

10. 透明窗体

设置窗体的 opacity 属性即可,现在程序很多具有透明效果,不是吗?作为练习,请大家试试建立空白窗体,窗体上通过一个 trackBar 控件来控制窗体透明度。

trackBar 控件的常用属性也许用得上,见表 4.7。

表 4.7   trackBar 控件的常用属性

Property	Description
Maximum	默认情况下,滑动条代表的值是从 0 到 10 的,读者可以试试在这里将最大值改为 100
Value	通过这个属性获得滑动条当前位置所代表的值,也可以通过对这个值赋值改变滑动条的位置

一般情况下,在一个组件上双击便可以编写该组件可能响应的最常用的事件。对于 trackBar 组件,该默认事件是 Scroll 事件,意即当该组件中间的滑动条移动的时候,该事件即被触发。

11. 让窗体带有滚动条

如图 4.23 所示,为了做到这个事情,并不需要额外放置一个滚动条组件在窗体上。需要做的是设置如下属性: AutoScroll 属 性 和 AutoScrollMinSize 属性。对于 AutoScrollMinSize 属性,它的含义是,一旦窗体大小小于该属性指定的值,窗体相应的滚动条便会出现。

图 4.23   带有滚动条的窗体

12. 多文档界面(MDI Forms)

设置步骤如下。

(1) 新建项目,将项目命名为 MDI Example。

(2) 设置窗体属性如下:

```
this.IsMdiContainer = true;
this.Name = "MDIParent";
this.Text = "MDI Parent";
```

(3) 在项目中添加两个窗体,将窗体类文件命名为 Child1Form. cs 和 Child2Form. cs。 Child1Form 中设置如下属性:

```
this.Name = "Child1Form";
this.Text = "Child 1";
```

Child2Form 中设置如下属性:

```
this.Name = "Child2Form";
this.Text = "Child 2";
```

（4）在 MDIParent 窗体上双击,写入如下代码:

```
Form frmChild = new Child1Form();
frmChild.MdiParent = this;
frmChild.Show();
```

其中 frmChild.MdiParent=this 指明子窗体的父窗体是 MDIparent。

（5）现在可以运行试试了。接下来,在 Child1Form 上添置一个按钮,设置按钮的相关属性为 this.button1.Text="显示窗体 2";

（6）双击按钮,输入以下代码:

```
Form frmChild = new Child2Form();
frmChild.MdiParent = this.MdiParent;
frmChild.Show();
```

这里留意代码的第二行右侧的变化。

多文档界面的简单介绍就是这样的。我们可以在自己喜欢的任何一个子窗体上放置自己想要的控件,然后像往常一样进行相关处理。

4.3.3　文本框

单条罗列的形式很容易在阅读的时候忽略,因此请在阅读这里的时候放慢速度。

（1）设置文本对齐方式。TextAlign 属性。

（2）创建多行文本框。MultiLine 属性。

（3）增加滚动条。ScrollBars 属性。

（4）限制文本输入长度。MaxLength 属性。

（5）用作密码输入框。PasswordChar 属性,尽管用户看不见,但是使用 Text 属性总是获得用户输入的密码文本。

（6）几个常用事件:Click,MouseDown,MouseUp,MouseMove。

4.3.4　按钮

这里介绍 AcceptButton 属性和 CancelButton 两个属性,事实上,这两个属性是关于窗体的。

（1）AcceptButton 属性。设置窗体的 AcceptButton 属性为某个按钮使得在窗体上按下 Enter 键就相当于在该按钮上单击,即设置了窗体的默认确认按钮。

（2）CancelButton 属性。和上面正好相反,键盘上按下 Esc,该按钮的单击事件即被触发。再一次提醒,这两个属性是窗体的属性。

4.3.5　Panel 和 GroupBox

　　Panel 和 GroupBox 这两个组件都差不多。其主要目的是用在界面美化上,经常将逻辑相关的一组按钮或者单选按钮或者复选框组合在一起。

　　它们之间的区别是,如果想要一个边框或者一个标题,请使用 GroupBox,如果没有这样的需求,就使用 Panel。另外,Panel 能支持滚动条而 GroupBox 没有滚动条。

　　图 4.24 是 GroupBox 示例,取材于 Firefox 浏览器的选项对话框,具有标题"启动"、"下载"、"附加组件"的三部分区域就是三个 GroupBox。

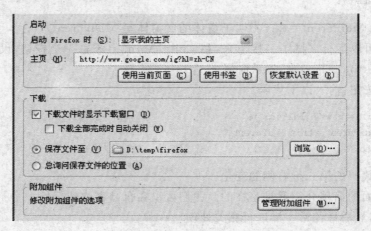

图 4.24　GroupBox 的作用

【例 4.8】　GroupBox 示例:通过单选按钮改变窗体颜色。

先设计 GroupBox 界面,如图 4.25 所示。

代码如下:

图 4.25　GroupBox 界面

```
private void radioButton1_CheckedChanged(object sender,
EventArgs e)
{
    if (radioButton1.Checked)
    {
        this.BackColor = Color.Gray;
    }
}

private void radioButton2_CheckedChanged(object sender,
EventArgs e)
{
    if ((sender as RadioButton).Checked)
    {
        this.BackColor = Color.Blue;
    }
}
```

注解：这里针对灰色单选按钮和蓝色单选按钮写了不同的代码,主要是想告诉大家一些 as 的用法。sender 是引发这个事件的控件,即如果不是 radioButton1,就是 radioButton2。通过 as 进行类型转换,才可以使用 Checked 属性来判定按钮的选中状态。这个地方是不能直接写 sender.Checked 的。这是因为 sender 是 object 类型的对象,并不存在 Checked 属性,即使 sender 这个时候是对 radioButton2 的引用。

练习7

作为练习,大家试试,如果在界面上有很多 radioButton,例如 10 个。我们希望每单击一个 radioButton 的时候,都能弹出对话框告诉我们单击的是哪一个。很显然,需要对每一个按钮单击,然后写入类似的代码,这是一个机械性重复的工作。追求效率的我们可能不太喜欢这种工作方式。因此,应该将类似的代码封装成为一个函数,然后在每个单击按钮中调用这个函数就方便多了。

参考代码：

```
private void rbnClick(object sender)
{
    if ((sender as RadioButton).Checked)
    {
        MessageBox.Show("你单击的是: " + (sender as RadioButton).Text);
    }
}

private void radioButton1_CheckedChanged(object sender, EventArgs e)
{
    rbnClick(sender);
}

private void radioButton2_CheckedChanged(object sender, EventArgs e)
{
    rbnClick(sender);
}
```

4.3.6　列表框

关于列表框,有一个很重要的属性叫 Items 属性。大部分的操作都是针对该属性的操作。表 4.8 中列举了列表框 Items 属性的子属性。

表 4.8　列表框 Items 属性的子属性

方法名	例　　子	描　　述
Add	int index=listBox1.Items.Add("hello")	在列表中增加一项,返回所在的位置序号(从 0 开始)
Insert	listBox1.Items.Insert(i, "hello")	将 hello 字符串插入到列表框中的第 i 项
Remove	listBox1.Items.Remove("hello")	删除列表中 hello 一项。如果列表中有多项,这里只删除从序号 0 开始的第一项匹配项
RemoveAt	listBox1.Items.RemoveAt(i)	删除列表总的第 i 项
Clear	listBox1.Items.Clear	清空列表内容

问题：

(1) 如何得知在界面上所选择的是列表框中的第几项？

ListBox1. SelectedItem 返回所选择的文本，如果没有文本被选择，则返回空字符串。

ListBox1. SelectedIndex 返回选择项的序号，别忘了序号是从 0 开始的，因此，ListBox1. Items[ListBox1. SelectedIndex]和 ListBox1. SelectedItem 同义。如果没有选择内容，返回值为－1。

注意上面两个属性是 ListBox1 的属性，不仅仅用来返回所选择项的内容，也可以用来给选择项赋值。例如：ListBox1. SelectedItem＝"Hello again"；。

(2) 保持列表框中的内容有序。

使用 Sorted 属性即可。即 ListBox1. Sorted＝true；

如果使用了 Sorted 属性，则下面的代码结果为多少？

```
int index = ListBox1.Items.Add("hello");
if ( ListBox1.Items[index] == "hello"){
        MessageBox.Show("A");
} else {
        MessageBox.Show("B");
}
```

分析：在没有使用 Sorted 属性（Sorted＝false）前，上面的代码应该总是返回消息 A。然而，现在的情况是，一旦插入 hello，列表框便会自动排序，因此不能保证代码中的 if 语句总是成立的。

列表框还有一些内容没有讲述，例如，如何查找某个文本是否存在，如果存在，位于列表中的第几项。这些都是很重要的问题。希望大家能学会查找帮助解决这些疑问。下面就以这两个问题为例，示范如何查找帮助文件。微软的开发工具有一个好处是帮助文档非常详尽，要逐渐学会使用这些资源。

由于要学习的是列表框，需要在帮助中找到列表框一项，最简单的办法是在界面中单击列表框，然后按下 F1 键。结果如图 4.26 所示。

Collapse All Code: C#
Windows Forms Programming
ListBox Control (Windows Forms)
Send Feedback

A Windows Forms **ListBox** control displays a list of items from which the user can select one or more.

In This Section

ListBox Control Overview (Windows Forms)
Explains what this control is and its key features and properties.

Reference

ListBox class
Describes this class and has links to all its members.

Related Sections

Windows Forms Controls Used to List Options
Provides a list of things you can do with list boxes, combo boxes, and checked list boxes.

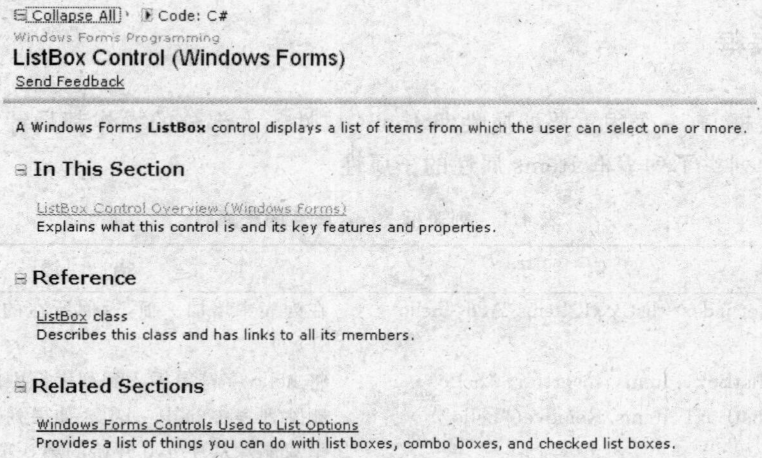

图 4.26 ListBox 的帮助文档 1

图 4.26 中分为三栏,第一栏是列表框概述,其中告诉了我们列表框是什么,有哪些关键的特性和属性,如果需要掌握一个陌生的控件,这部分是很好的介绍性材料。第二栏是我们查阅的重点。第三栏是与此相关的其他阅读材料。我们打开第二栏,如图 4.27 所示。

在这幅图中,重要的是前三项,尤其是 Remarks 和 Examples 两项,如果缺少阅读的耐心,可以直接跳到 Examples 进行阅读,代码往往能直接告诉我们很多东西。事实上,通过阅读 Remarks 项,我们已经知道所需要的方法是 FindString。

The FindString and FindStringExact methods enable you to search for an item in the list that contains a specific search string.

通过一系列单击,能找到有关 FindString 函数的说明以及参考例程:

```csharp
private void FindMyString(string searchString)
{
    // Ensure we have a proper string to search for.
    if (searchString != string.Empty)
    {
        // Find the item in the list and store the index to the item.
        int index = listBox1.FindString(searchString);
        // Determine if a valid index is returned. Select the item if it is valid.
        if (index != -1)
            listBox1.SetSelected(index,true);
        else
            MessageBox.Show("The search string did not match any items in the ListBox");
    }
}
```

事实上,图 4.27 中顶端还有一个链接项 Members,非常有用。打开之后结果如图 4.28 所示。

图 4.27 ListBox 类的帮助文档 2   图 4.28 ListBox 的成员

由我们的编程经验,大家知道一个组件对于它的属性、方法、事件是相当关心的。因此可以到这里来探索是否能找到自己想要的信息。既然要查找的内容是 Items 中的一项,可能会认为应该看看 Items 属性是否包含了想要的东西,这是很正常的想法。因此,找到属性中 Items 一项,打开链接,如图 4.29 所示。

Syntax

C#

public ListBox.ObjectCollection Items { get; }

图 4.29   ListBox 的 Items 属性的类型

想要探索 Items 中有哪些属性和方法,从图 4.29 知道,Items 是 ListBox.ObjectCollection 类型的,Items 有哪些属性和方法,实际上是该类型有哪些方法。应该预见该类型可能会提供某种查找方法,怀着这样的预期,再次打开 ListBox.ObjectCollection。在 Remarks 项中,见到这样一段:

> There are a number of ways to add items to the collection. The **Add** method provides the ability to add a single object to the collection. To add a number of objects to the collection, you create an array of items and assign it to the **AddRange** method. If you want to insert an object at a specific location within the collection, you can use the **Insert** method. To remove items, you can use either the **Remove** method or the **RemoveAt** method if you know where the item is located within the collection. The **Clear** method enables you to remove all items from the collection instead of using the **Remove** method to remove a single item at a time.

其中黑体部分都是我们前面解释过的。Remarks 一节中还有一段:

> In addition to methods and properties for adding and removing items, the ListBox. ObjectCollection also provides methods to find items within the collection. The Contains method enables you to determine whether an object is a member of the collection. Once you know that the item is located within the collection, you can use the IndexOf method to determine where the item is located within the collection.

这里很明确地告诉我们,可以使用 Contains 来判断某个元素是否存在于列表中,IndexOf 方法来计算某个元素存在于列表中的什么位置。后者即是我们想要的方法。可以进一步单击 IndexOf 来获取相关的帮助(例如,它的返回值是什么含义)。

通过刚才的过程,已经知道至少有两种方法可以采用,一种是 ListBox1.FindString 方法,一种是 ListBox1.Items.IndexOf 方法。大家在学习的过程中遇到有用的代码段,可以进行有意的收集,并加以自己的评注。评注的目的有二:一是加深自己的印象和理解;二是为了方便以后再次看到时能够尽快入题。还有,保存收集的工具一定要有良好的查找功能。

练习 8

(1) 列表框还具有多选功能,请通过查找帮助编写一节有关多选功能的笔记。要有示例和讲解。

(2) 有一对兔子,从出生后第 3 个月起每个月都生一对兔子,小兔子长到第三个月后每个月又生一对兔子,假如兔子都不死,问每个月的兔子总数为多少? 输入结果在列表框中显示如下:

```
1 月 = 2 只
2 月 = 2 只
3 月 = 4 只
4 月 = 6 只
```

(3) 同样是上题,请使用 DataGridView 组件完成。

4.3.7　组合框

组合框和列表框的使用方法都差不多,因此不在这里多着笔墨。组合框有 3 种式样,与属性 DropDownStyle 有关。分别是 Simple,DropDown(默认),DropDownList。后面两种从图 4.30 中看不出区别。读者试一下就清楚了。

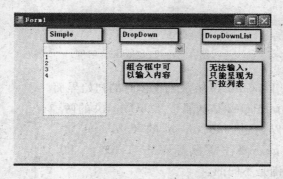

图 4.30　组合框的 DropDownStyle 的 3 种风格

另外要提到的一点是 ComboBox 有 Text 属性,而 ListBox 没有。

4.3.8　定时器

【例 4.9】　显示当前的时间。

步骤如下。

(1) 新建工程。

(2) 在窗体上放置一个 Label 控件,命名为 lblClock。并设置以下属性:

```
this.lblClock.BorderStyle = System.Windows.Forms.BorderStyle.FixedSingle;
this.lblClock.Name = "lblClock";
this.lblClock.TextAlign = System.Drawing.ContentAlignment.MiddleCenter;
this.lblClock.AutoSize = false;
```

(3) 在窗体上放置一个 Timer 控件,该控件可以在 Component 组件页中找到,并设定以下属性:

```
this.timer1.Enabled = true;
this.timer1.Interval = 1000;
```

(4) 双击 Timer 控件,编写 timer1_Tick 事件:

```
private void timer1_Tick(object sender, EventArgs e)
{
    lblClock.Text = DateTime.Now.ToLongTimeString();
}
```

程序解释:Timer 控件的 Interval 属性是指时间间隔。每隔一个 Interval 长度的时间,Timer 控件的 Tick 事件就触发一次。要注意,Timer 控件只有唯一的一个事件 Tick。

4.3.9　TabControl

　　TabControl 是从 Windows 95 之后微软引入的。从那以后，TabControl 就被广泛采用，已经成为构造界面的基本要素之一。使用 TabControl 的好处是显而易见的，一来可以节省屏幕空间，二来可以进行功能分类。图 4.31 是取材于 Firefox 浏览器的选项对话框。

常规　网络　更新　加密

图 4.31　TabControl 示例

　　图 4.32 是当一个 TabControl 被放到窗体时的初始界面。

　　其中 tabPage1 和 tabPage2 是从属于 TabControl 的两个 TabPage 组件。可以通过 TabControl 的 TabPages 属性查看和添加 TabPage。要注意鼠标单击 TabPage 和 TabControl，其边框范围是不同的。

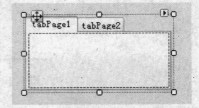

　　问题一：如何知道当前位于最前的是哪一个 TabPage？

　　答：通过 TabControl 的 SelectedIndex 属性。

　　问题二：怎么知道用户切换了不同的标签页（TabPage）？

图 4.32　TabControl 的初始界面

　　答：TabControl 有一个事件叫做 SelectedIndexChange。

4.3.10　ImageList 和 ListView

1. ImageList

　　从名字可以看出 ImageList 主要是用来存储一系列图像。ImageList 可以和许多控件建立关联，使得需要图像的这些控件可以从 ImageList 中挑选一个图像。后面会看到这样的介绍。

　　资源管理器左侧是一个 TreeView 视图，每个目录都采用了一个图标。图标是文件夹形状，这些图形便可以存放在 ImageList 中。

　　关于 ImageList，这里只提醒大家有两个属性是我们常用到的。

　　（1）Images 属性。从设计界面的属性面板中可以选择打开哪些图形文件保存在 ImageList 中。

　　（2）TransparentColor 属性。这里需要解释一下。如果你使用的是 Icon 文件（图标文件）或者一些图形格式，这些图形格式本身拥有透明信息，因而叠放在另一幅图片上的时候，透明的区域会显示底下图片的内容，这种情况下，该属性不需要做任何改动，默认的是 Transparent。但是一些图形格式，例如 *.bmp，就需要人为指定一种透明色，否则两幅图片叠加的时候，在重叠区域无法显示底层图像的信息。例如，有一幅图，是白色背景上绘制的太阳，将这幅图放在另外一幅图（窗体的某部位）的上面，就需要将 Transparent 属性设置为白色。否则，太阳周围就会有白色的小框而不会透现出底下窗体的本来色彩（或图像）了。

2. ListView

ListView 也是常用组件之一。和 GridView 组件类似，都能够构成"网格"的效果。在有这样的需求的时候，可以根据个人喜欢选用 ListView 或者 GridView。ListView 示例如图 4.33 所示。

（1）SmallImageList 属性。可以和一个 ImageList 组件建立关联。在 ListView 的有关视图（除了 LargeIcon 视图，紧接着将介绍）中显示小图标。

（2）LargeImageList 属性。同上，存储在 View 属性值为 LargeIcon 时显示的图标。这里并不要求和 SmallImageList 采用同一个 ImageList 组件。

（3）Columns 属性。建立列表的列名，见图 4.34。

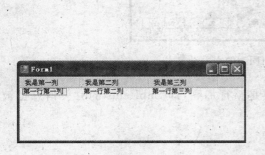

图 4.33　ListView 示例　　　　　　图 4.34　ListView 的列表的列名设置

（4）Items 属性。即图中的每一行。要注意的是这一行的信息是由第一列和其 SubItems 属性构成的后续列组成的。也就是说 ListView 的行由 ListView. Items 构成的，而每一行的非第一列又是由 ListView. Items[i]. SubItems[j]构成的。例如，我们可以这样访问 ListView 的第一行第一列显示的文本：ListView1. Items[0]. SubItems[0]. Text。动手操作一下或者仔细看看图 4.35～图 4.37 就清楚了。另外要提醒读者注意的是，在 ListViewItem Collection Editor 中，可以指定相应的 ImageIndex，表明这一行的图标和 ImageList 中的第几个图相关联。如果希望获得图 4.33 的效果，需要设置 ListView1. View 为 Details。

图 4.35　ListViewItem 的属性设置　　　图 4.36　ListViewItem 的 SubItems 属性

（5）View 属性。正如在资源管理器的右侧栏一样，显示文件有几种方式：大图标、小图标、列表、详细资料等。这里有几种选择：LargeIcon、SmallIcon、List、Detail、Title。图 4.37 中采用的是 Detail 方式，否则没有办法显示出第二列和第三列来，因为这是详细资料视图才有的功能。

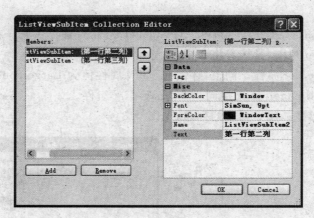

图 4.37　每一行的不同列的文本设置

（6）FullRowSelect 属性。选择一行的时候是整行加亮（即 SubItems 的有关信息也被选中）。否则，只选中第一列。

下面介绍 ListView 的代码处理方式。

```
//增加一项
MyListView.Items.Add("Monty Sothmann");

//下面增加一项，并且设定该项和 ImageList 中图标的关联，即与 ImageList 中的序号为 0 的图标建
//立关联
MyListView.Items.Add("Mike Cook",0);

//如果有 SubItems 属性，情况会复杂一些。Add 方法会返回对新增 Item 的引用，因此，可以利用该引
//用（即代码段的 objListItem）来访问 SubItems 属性
ListViewItem objListItem;
objListItem = MyListView.Items.Add("Mike Saklar", 0);
objListItem.SubItems.Add("Nebraska");

//用户选择的列表项中（有可能有多个，通过 Ctrl、Shift 等按键配合，即允许多选）第一项的值。默
//认情况下，MultiSelect 属性是设置为 True 的，即允许多选
MyListView.SelectedItems[0].Text;
//当然，第二项（第二行）的内容，就应该写作
MyListView.SelectedItems[1].Text;

//用户选择了多少个，可以通过 Count 获知
MyListView.SelectedItems.Count
//因此，常规的用法是：先判断是否选择有内容，再做某些事情
if (MyListView.SelectedItems.Count＞0) { … }

//删除选择项的第一项
```

```
MyListView.Items.Remove(MyListView.SelectedItems[0]);

//删除所有的项
MyListView.Items.Clear();
```

4.4 菜单、工具栏和状态栏

4.4.1 菜单

先从工具栏中找到 MenuStrip,双击放入窗体。菜单的制作非常简单,完全是直观化地制作界面。这里只需要将特别的地方讲一下。

(1) & 符号的使用。如果菜单命名为 &File,则 F 字母的下面将有一下划线出现。如图 4.38 所示。这意味着通过键盘 Alt 配合,按下 Alt+F 便可以直接调用该菜单。& 并不需要出现在单词的第一个字母前面,F&ile 也是可以的,此时字母 i 下将有下划线。只需要注意在同一级菜单下不要有重复的快捷按键的设定。

(2) 分割线的使用。菜单中输入"一"即可。或者右键快捷菜单选择分割线。注意图 4.39 中 File 菜单下的分割线。

图 4.38 菜单中 & 符号的使用

图 4.39 菜单中的分割线

4.4.2 快捷菜单

快捷菜单即通常的右键菜单。放入控件 ContextMenuStrip 即可。使用方法和 MenuStrip 是一样的。但是要注意建立关联。什么意思呢?你需要在什么控件上产生快捷菜单,就需要在该控件的 ContextMenuStrip 属性中指定为某一个 ContextMenuStrip 控件。

关于菜单项,还有所谓的快捷键的设定。在具体的菜单项中 ShortcutKeys 属性设定就好。这里的快捷键的含义是指,使用诸如 Ctrl+O 打开文件,效果与选择 File→Open 命令是一样的。当然,需要在 Open 菜单项的属性中设定 ShortcutKeys 属性。

4.4.3 工具栏和状态栏

工具栏大家都熟悉了。要注意工具栏上的每一个图标(功能)都应该有提示信息,以告诉用户该图标的用途。工具栏的每一项都应该是菜单项中已有的功能,只是为了更方便用户使用,将一些功能通过工具栏的形式提供。

该控件是 ToolStrip 控件。如果发现放置 ToolStrip 控件的时候位于菜单的上面,这违背了通常的习惯,可以通过 ToolStrip 控件的右键菜单 Bring to Front 将其放置于菜单之下。该控件的主要属性是 Items 属性,通过它可以在工具栏上增加图标、下拉框、标签等常用工具。建议大家动手试试。

StatusStrip 控件这里不再赘述,因为这是很容易掌握的控件。

本 章 小 结

本章介绍了使用 Visual Stduio 2005/2008 进行 Windows 程序设计的基本知识。根据我们的经验,将常用的控件进行了详细的介绍,这些介绍大多是通过例子的形式完成的,因为我们相信通过实践是掌握这些概念的最好方法。此外,我们还针对每一种控件,讲解了一些在实际开发中可能涉及的重要知识。我们对读者的期望是,希望通过本章的学习和演练,掌握初步的 Windows 编程知识,理解开发 Windows 程序的过程并在实际开发过程中能熟练地查找帮助以寻求解答。

第 5 章将开始学习关系数据库查询语法,为开发数据库应用程序打下基础。

习 题 4

一、填空题

1. PictureBox 能够导入的图像类型有_____。

2. 文本框的双击事件,默认的处理函数名称为_____。

3. .resx 扩展名命名的文件其含义是_____。

4. 对于 OpenFileDialog 组件,当选择一个文件并打开时,该文件所在的驱动器名、路径名、文件名和文件扩展名将被复制给 OpenFileDialog 组件的_____属性。

5. PictureBox 组件有一个属性_____;当该属性的值被设置为_____时,加载的图片将自动改变大小以填满整个图片框。

6. 将滚动条组件 trackBar 的当前值在编辑框 textBox1 中显示出来,使用的语句是_____。

7. 把 Label1 中显示文字的字体设置为隶书,使用的语句是_____。

8. Timer 组件有一个事件,该事件每隔一定的时间间隔周期性地发生,该事件是_____。

二、程序设计题

1. 编写记事本程序。要求实现以下功能: 打开文本文件和保存文本文件功能;字符数和字数统计功能。

2. 如果一个文本框用于输入数值,但是程序运行时有可能接受任何输入,例如非数字字符,问结果会怎么样? 有什么办法可以解决这个问题?

3. TicTacToe 游戏设计。请参照网页 http://delphi. about. com/od/beginners/l/aa021803a. htm 的过程,使用 CSharp 重新实现该过程。

4. 图像文件格式转换。如图 4.40 所示,读取 bmp 图片并显示,然后作为 jpeg 文件保存在磁盘上面。

图 4.40　图像文件格式转换

5. ListView 有几种显示数据的方式？各有何特点。请采用字符串随机填充 ListView 的第一列，采用数字随机填充 ListView 的第二列。然后实现单击列标题，按照选中列排序，顺序和反序交替的功能。

第5章

Transact-SQL 语言基础

5.1 概　　述

Transact-SQL 语言是 1974 年由 Boyce 和 Chamberlin 提出的。1975 年至 1979 年,IBM 公司 San Jose Research Laboratory 研制的关系数据库管理系统原形系统 System R 实现了这种语言。由于它功能丰富,语言简洁,使用方法灵活,备受用户和计算机业界的青睐,被众多的计算机公司和软件公司采用。经过多年的发展,SQL 语言已成为关系数据库的标准语言。SQL 语言是一种介于关系代数与关系演算之间的语言,其功能包括查询、操纵、定义和控制 4 个方面,是一个通用的、功能极强的关系数据库语言。

本章将介绍 SQL 语句的结构、SQL 语言的组成和常用的 SQL 语句。

5.2 SQL 语言教程

SQL 语言教程包括 SQL 指令和 SQL 表格处理,SQL 指令是用来存储、读取以及处理数据库中的资料。SQL 函数用来进行对数据库中的数字数据做一些运算。SQL 表格处理用来处理数据库中的表格,表格是一个数据库内的结构,它的目的是存储资料。在表格处理部分中,会讲述如何使用 SQL 来设定表格。以下的数据库来源均是微软提供的 Northwind 数据库。

5.2.1 SQL 指令

(1) SQL SELECT

SELECT 是最常用的将资料从数据库中的表格内选出的方式。这里介绍两个关键字:从(FROM)数据库中的表格内选出(SELECT)。由这里可以看到最基本的 SQL 架构:

SELECT "栏目名" FROM "表格名"

若要选出所有的雇员信息(Employees),新建查询:

```
Use Northwind
Select ProductID,ProductName from Products
```

执行结果如图 5.1 所示。

(2) DISTINCT

SELECT 指令让我们能够读取表格中一个或数个栏目的所有资料。在 SELECT 后加上一个 DISTINCT 就可以得到这个表格/栏目内有哪些不同的值,而每个值出现的次数并不重要。

DISTINCT 的语法如下:

```
SELECT DISTINCT "栏目名" FROM "表格名"
```

若要在 Northwind 的 Produts 表里找出所有不同的商品名时,建立如下查询:

```
Use Northwind
Select distinct ProductName from Products
```

其结果如图 5.2 所示。

ProductID	ProductName	ProductName
1	Chai	Chai
2	Chang	Chang
3	Aniseed Syrup	Aniseed Syrup

图 5.1 SELECT 语句执行结果   图 5.2 DISTINCT 语句执行结果

(3) WHERE

用 WHERE 这个指令可以选择性地读取信息,这个指令的语法如下:

```
SELECT "栏目名" FROM "表格名" WHERE "条件"
```

若要由 Order Details 的表格查出质量超过120 的数据,建立如下查询:

```
Use Northwind
Select OrderID,ProductID,UnitPrice,Quantity,Discount from [Order Details] where Quantity>= 120
```

其结果如图 5.3 所示。

OrderID	ProductID	UnitPrice	Quantity	Discount
10398	55	19.2	120	0.1
10451	55	19.2	120	0.1
10515	27	43.9	120	0
10595	61	28.5	120	0.25
10678	41	9.65	120	0
10711	53	32.8	120	0
10764	39	18	130	0.1
10776	51	53	120	0.05
10894	75	7.75	120	0.05
11072	64	33.25	130	0

图 5.3 WHERE 语句的执行结果

(4) AND/OR

复杂条件是由两个或多个简单条件用 AND 或是 OR 连接而成的。一个 SQL 语句中可以有无限多个简单条件的存在。复杂条件的语法如下:

SELECT "栏目名" FROM "表格名" WHERE "简单条件" {[AND|OR] "简单条件"}+

{}+ 代表{}之内的情况会发生一或多次。另外,可以用()来代表条件的先后次序。

若要由 Order Details 的表格查出质量在 100 和 110 之间的数据,建立如下查询:

```
Use Northwind
Select OrderID,ProductID,UnitPrice,Quantity,Discount from [Order Details] where Quantity>=
100 and Quantity<= 110
```

其结果如图 5.4 所示。

OrderID	ProductID	UnitPrice	Quantity	Discount
10286	35	14.4	100	0
10452	44	15.5	100	0.05
10549	45	9.5	100	0.15
10588	42	14	100	0.2
10607	17	39	100	0
10678	12	38	100	0
10713	45	9.5	110	0
10854	10	31	100	0.15
10895	24	4.5	110	0
10895	60	34	100	0
11017	59	55	110	0
11030	2	19	100	0.25
11030	59	55	100	0.25

图 5.4　AND 语句的执行结果

(5) IN

IN 指令的语法为下:

SELECT "栏目名" FROM "表格名" WHERE "栏目名" IN('值一','值二',…)

在括号内可以有一或多个值,而不同值之间由逗点分开。值可以是数目或是文字。若在括号内只有一个值,那这个子句就等于 WHERE "栏目名"='值一'。

举例来说,若要在 Region 表格中找出所有涵盖 Eastern 或 Southern 的数据,建立如下查询:

```
Use Northwind
Select * from Region where RegionDescription in('Eastern','Southern')
```

其结果如图 5.5 所示。

(6) BETWEEN

IN 这个指令可以依照一或数个不连续(discrete)的值的限制之内抓出数据库中的值,而 BETWEEN 则是让我们可以运用一个范围(range)内抓出数据库中的值,这将选出栏目值包含在值一及值二之间的全部资料。BETWEEN 这个子句的语法如下:

SELECT "栏目名" FROM " 表格名" WHERE "栏目名" BETWEEN '值 1' AND '值 2'

举例来说,若要由 Orders 表格中找出所有介于 1997-3-20 0:00:00 及 1998-2-2 0:00:00

中的资料,建立如下查询:

```
Use Northwind
Select OrderID,ShipName,Freight from Orders
where OrderDate Between '1997-3-20 0:00:00' AND '1998-2-2 0:00:00'
```

其结果如图 5.6 所示。

OrderID	ShipName	Freight
10480	Folies gourmandes	1.35
10481	Ricardo Adocicados	64.33
10482	Lazy K Kountry Store	7.48
10483	White Clover Markets	15.28
10484	B's Beverages	6.88

RegionID	RegionDescription
1	Eastern
4	Southern

图 5.5　IN 语句执行结果　　　　　图 5.6　BETWEEN 语句执行结果

(7) LIKE

LIKE 能依据一个样式来找出需要的资料。相对来说,在运用 IN 的时候,完全知道需要的条件;在运用 BETWEEN 的时候,则是列出一个范围。LIKE 的语法如下:

```
SELECT "栏目名" FROM "表格名" WHERE "栏目名" LIKE ｛样式｝
```

样式经常包括以下几个例子:

'A_Z':所有以 'A' 起头,另一个任何值的字母,且以 'Z' 为结尾的字串。'ABZ' 和 'A2Z' 都符合这一个样式,而 'AKKZ' 并不符合(因为在 A 和 Z 之间有两个字母,而不是一个字母)。

'ABC%':所有以 'ABC' 起头的字串。举例来说,'ABCD'和'ABCABC' 都符合这个套式。

'%XYZ':所有以 'XYZ' 结尾的字串。举例来说,'WXYZ' 和 'ZZXYZ' 都符合这个套式。

'%an%':所有含有 'AN' 这个套式的字串。举例来说,'New Orleans','Manchester' 和 'Zaandam' 都符合这个套式。

将以上最后一个例子用在 Suppliers 表格上,建立如下查询:

```
Use Northwind
Select SupplierID,CompanyName,Address from Suppliers
where City Like '%an%'
```

其结果如图 5.7 所示。

SupplierID	CompanyName	Address
2	New Orleans Cajun Delights	P.O. Box 78934
3	Grandma Kelly's Homestead	707 Oxford Rd.
8	Specialty Biscuits, Ltd.	29 King's Way
12	Plutzer Lebensmittelgroβmärkte AG	Bogenallee 51
15	Norske Meierier	Hatlevegen 5
22	Zaanse Snoepfabriek	Verkoop Rijnweg 22
23	Karkki Oy	Valtakatu 12
28	Gai pâturage	Bat. B 3, rue des Alpes

图 5.7　LIKE 语句执行结果

(8) ORDER BY

数据资料如何排列是一个很重要的问题。经常需要能够将查询出的资料做一个有系统的显示。这可能是由小往大(ascending)或是由大往小(descending)。在这种情况下,就可以运用 ORDER BY 这个指令来实现。

ORDER BY 的语法如下:

```
SELECT "栏目名" FROM "表格名" [WHERE "条件"]
ORDER BY "栏目名" [ASC, DESC]
```

[]代表 WHERE 的存在是可选的。不过,如果 WHERE 子句存在的话,它是在 ORDER BY 子句之前。ASC 代表结果会以由小往大的顺序列出,而 DESC 代表结果会以由大往小的顺序列出。如果两者皆没有被写出的话,默认是 ASC。

如果要按照几个不同的栏目来排顺序。在这个情况下,ORDER BY 子句的语法如下(假设有两个栏目):

```
ORDER BY "栏目一" [ASC, DESC], "栏目二" [ASC, DESC]
```

若对这两个栏目都选择由小往大的话,那这个子句就会造成结果是依据"栏目一"由小往大排。若有几条数据的"栏目一"值相等,那这几条数据就依据"栏目二"由小往大排。

举例来说,若要依照 Products 的 UnitPrice 栏目的由大往小列出数据,建立如下查询:

```
Use Northwind
Select ProductID,ProductName,QuantityPerUnit,UnitPrice from Products
Order by UnitPrice DESC
```

其结果如图 5.8 所示。

ProductID	ProductName	QuantityPerUnit	UnitPrice
38	Côte de Blaye	12-75 cl bottles	263.5
29	Thüringer Rostbratwurst	50 bags x 30 sausgs.	123.79
9	Mishi Kobe Niku	18-500 g pkgs.	97
20	Sir Rodney's Marmalade	30 gift boxes	81
18	Carnarvon Tigers	16 kg pkg.	62.5
59	Raclette Courdavault	5 kg pkg.	55
51	Manjimup Dried Apples	50-300 g pkgs.	53

图 5.8　ORDER BY 语句执行结果 1

举例来说,若要依照 Products 的 UnitPrice 由大到小而 UnitInStock 栏目的由小到大列出数据,建立如下查询:

```
Use Northwind
Select ProductID,ProductName,UnitPrice,UnitsInStock from Products
Order by UnitPrice DESC,UnitsInStock ASC
```

其结果如图 5.9 所示。

在以上的例子中,用栏目名来指定排列顺序的依据。除了栏目名外,也可以用栏目的顺序(依据 SQL 句中的顺序)。在 SELECT 后的第一个栏目为 1,第二个栏目为 2,以

此类推。在上面这个例子中,以下这一句 SQL 语句可以达到完全一样的效果,建立如下查询:

ProductID	ProductName	UnitPrice	UnitsInStock
38	Côte de Blaye	263.5	17
29	Thüringer Rostbratwurst	123.79	0
9	Mishi Kobe Niku	97	29
20	Sir Rodney's Marmalade	81	40
18	Carnarvon Tigers	62.5	42
59	Raclette Courdavault	55	79
51	Manjimup Dried Apples	53	20

图 5.9　ORDER BY 语句执行结果 2

```
Use Northwind
Select
ProductID,ProductName,SupplierID,CategoryID from Products
Order by 3 DESC,4 ASC
```

其结果如图 5.10 所示。

ProductID	ProductName	SupplierID	CategoryID
61	Sirop d'érable	29	2
62	Tarte au sucre	29	3
59	Raclette Courdavault	28	4
60	Camembert Pierrot	28	4
58	Escargots de Bourgogne	27	8
56	Gnocchi di nonna Alice	26	5

图 5.10　ORDER BY 语句执行结果

（9）SUM

既然数据库中有许多数据都是以数字的形态存在,一个很重要的用途就是要能够对这些数字做一些运算,例如将它们总和起来,SQL 提供了 SUM 函数。

运用 SUM 函数的语法是:

SELECT SUM("栏目名") FROM "表格名"

举例来说,若要由 Products 表格中求出 UnitPrice 栏目的总和,建立如下查询:

```
Use Northwind
Select Sum(UnitPrice) From Products
```

其结果如下所示:

2222.71

（10）COUNT

COUNT 能够数出在表格中有多少条数据被选出来。它的语法是:

SELECT COUNT("栏目名") FROM "表格名"

举例来说,若要找出 Suppliers 表格中有几条 Region 栏不是空白的数据时,建立如下查询:

```
Use Northwind
Select Count( * ) From Suppliers Where Region is not NULL
```

其结果如下所示:

9

COUNT 和 DISTINCT 经常被合起来使用,目的是找出表格中有多少条不同的资料(至于这些资料实际上是什么并不重要)。举例来说,如果要找出 Suppliers 表格中有多少个不同的 CompanyName,建立如下查询:

```
Use Northwind
Select Count(Distinct CompanyName) From Suppliers Where Region is not NULL
```

其结果如下所示:

9

(11) GROUP BY

用 SUM 这个指令可以算出所有的 UnitPrice (价格总额),如果要算出每一种产品的(ProductName)的价格总额,要做到两件事: 第一,对于 ProductName 及 UnitPrice 这两个栏目都要选出。第二,需要确认所有的 UnitPrice 都要依照各个 ProductName 来分开算。这个语法为:

```
SELECT "栏目 1", SUM("栏目 2") FROM "表格名" GROUP BY "栏目 1"
```

当选择不止一个栏目,且其中至少一个栏目有包含函数的运用时,就需要用到 GROUP BY 这个指令,建立如下查询:

```
Use Northwind
Select ProductName, SUM(UnitPrice) UnitPriceSum From Products Group By ProductName
```

其结果如图 5.11 所示。

(12) HAVING

SQL 有提供一个 HAVING 的指令,可以对函数产生的值来设定条件。一个含有 HAVING 子句的 SQL 并不一定要包含 GROUP BY 子句。HAVING 的语法如下:

```
SELECT "栏目 1", SUM("栏目 2") FROM "表格名"
[GROUP BY "栏目 1" ] HAVING (函数条件)
```

在 Products 表格这个例子中,需要知道哪些产品的价格总额超过 30,建立如下查询:

```
Use Northwind
Select ProductName, SUM(UnitPrice) UnitPriceSum From Products Group By ProductName Having SUM
(UnitPrice) > 30
```

其结果如图 5.12 所示。

ProductName	UnitPriceSum		ProductName	UnitPriceSum
Alice Mutton	39		Alice Mutton	39
Aniseed Syrup	10		Camembert Pierrot	34
Boston Crab Meat	18.4		Carnarvon Tigers	62.5
Camembert Pierrot	34		Côte de Blaye	263.5
Carnarvon Tigers	62.5		Gnocchi di nonna Alice	38

图 5.11　GROUP BY 语句执行结果　　　　图 5.12　HAVING 语句执行结果

5.2.2　SQL 表格处理

（1）CREATE TABLE

表格是数据库中存储资料的基本架构。使用 CREATE TABLE 可以创建一个表，CREATE TABLE 的语法是：

```
CREATE TABLE "表格名"
(
    "栏目 1" "栏目 1 资料种类",
    "栏目 2" "栏目 2 资料种类",
)
```

若要建立 Northwind 数据库的顾客 Customer 表格，就输入以下的 SQL 语句，其结果如下所示：

```
CREATE TABLE [dbo].[Customers](
    [CustomerID] [nchar](5) NOT NULL,
    [CompanyName] [nvarchar](40) NOT NULL,
    [ContactName] [nvarchar](30) NULL,
    [ContactTitle] [nvarchar](30) NULL,
    [Address] [nvarchar](60) NULL,
    [City] [nvarchar](15) NULL,
    [Region] [nvarchar](15) NULL,
    [PostalCode] [nvarchar](10) NULL,
    [Country] [nvarchar](15) NULL,
    [Phone] [nvarchar](24) NULL,
    [Fax] [nvarchar](24) NULL,
 CONSTRAINT [PK_Customers] PRIMARY KEY CLUSTERED
(
    [CustomerID] ASC
)WITH (PAD_INDEX = OFF, STATISTICS_NORECOMPUTE = OFF, IGNORE_DUP_KEY = OFF, ALLOW_ROW_LOCKS =
ON, ALLOW_PAGE_LOCKS = ON) ON [PRIMARY]
    ) ON [PRIMARY]
```

（2）CREATE VIEW

视表（Views）可以被当作是虚拟表格。它跟表格的不同是，表格中有实际存储资料，而视表是建立在表格之上的一个架构，它本身并不实际存储资料。建立一个视表的语法如下：

```
CREATE VIEW "VIEW_NAME" AS "SQL 语句"
```

"SQL 语句"可以是任何一个在这个教材中提到的 SQL。

现已有 Employees 的表格，若要在这个表格上建立一个包括 First_Name，Last_Name 和 Country 这三个栏目的视表 v_Employees，就输入以下内容，就有一个 v_Employees 的视表：

```
Use Northwind
Go
CREATE VIEW [dbo].[v_Employees]
AS
SELECT FirstName, LastName, Country FROM Employees
```

也可以用视表来连接两个表格。在这种情况下，使用者就可以直接由一个视表中找出需要的全部信息，而不需要由两个不同的表格中去做一次连接的动作。假设有以下的两个表格：Order 和 Customer，就可以用以下的指令来建一个包括每位顾客订购的商品的重量的视表 v_Freight：

```
CREATE VIEW [dbo].[v_Freight]
AS
SELECT A1.OrderID,SUM(A1.freight) FREIGHT
FROM Orders A1, Customers A2
WHERE A1.CustomerID = A2.CustomerID
GROUP BY A1.OrderID
```

这就有一个名为 v_Freight 的视表。这个视表包含不同顾客的订购数量。如果要从这个视表中获取信息，就输入：

```
Use Northwind
Go
Select * from v_Freight
```

（3）DROP TABLE

有时候会决定从数据库中清除一个表格。事实上，如果不能这样做的话，那将会是一个很大的问题，SQL 提供一个 DROP TABLE 的语法来清除表格。DROP TABLE 的语法是：

```
DROP TABLE "表格名"
```

如果要清除顾客表格 Customer，就输入：

```
DROP TABLE Customers.
```

（4）TRUNCATE TABLE

DROP TABLE 指令会使得整个表格消失而无法再被用了。有时候仅仅只需要清除一个表格中的所有信息。另一种方式就是运用 TRUNCATE TABLE 指令。在这个指令之下，表格中的信息会完全消失，可是表格本身会继续存在。TRUNCATE TABLE 的语法如下：

```
TRUNCATE TABLE "表格名"
```

如果要清除顾客表格 Customer 之内的信息，就输入：

```
TRUNCATE TABLE customer.
```

（5）INSERT INTO

有两种作法可以将资料输入表格内。一种是一次输入一条，另一种是一次输入好几条。先来看一次输入一条的方式。一次输入一条资料的语法如下：

```
INSERT INTO "表格名" ("栏目 1", "栏目 2", …)VALUES ("值 1", "值 2", …)
```

假设有 Shippers 表格，如图 5.13 所示。

而要加以下的这一条信息进入这个表格：在 1，Wish Fast Express，(503) 555-4524，就输入以下的 SQL 语句：

```
    Use Northwind
    Go
Insert into Shippers(ShipperID,CompanyName,Phone)
Values(1, 'Wish Express', '(503) 555-4524')
```

第二种 INSERT INTO 能够一次输入多条信息。跟上面的例子不同的是，现在要用 SELECT 指令来指明要输入表格的信息。一次输入多条资料的语法是：

```
INSERT INTO "表格 1" ("栏目 1", "栏目 2", …)
SELECT "栏目 3", "栏目 4", …FROM "表格 2"
```

以上的语法是最基本的。整句 SQL 也可以含有 WHERE、GROUP BY 及 HAVING 等子句，以及表格连接和别名等。

（6）UPDATE

需要修改表格中的信息时，就需要用到 UPDATE 指令。这个指令的语法是：

```
UPDATE "表格名" SET "栏目 1" = [新值] WHERE {条件}
```

假设有 Shippers 表格，发现 Speedy Express 实际上是 Eastern Express，因此用以下的 SQL 来修改那一条资料：

```
Use Northwind
Go
Update Shippers Set CompanyName = 'Eastern Express'
Where ShipperID = 1
```

现在表格的内容变成如图 5.14 所示。

```
1   Western Express  (503) 555-9831        1   Eestern Express   (503) 555-9831
2   United Package   (503) 555-3199        2   United Package    (503) 555-3199
3   Federal Shipping (503) 555-9931        3   Federal Shipping  (503) 555-9931
```

　　图 5.13　INSERT INTO 语句执行结果　　　　　图 5.14　UPDATE 句执行结果

在这个例子中，只有一条资料符合 WHERE 子句中的条件。如果有多条信息符合条件的话，每一条符合条件的信息都会被修改的。我们也可以同时修改好几个栏目。这语法如下：

```
UPDATE "表格" SET "栏目 1" = [值 1], "栏目 2" = [值 2]
WHERE {条件}
```

（7）DELETE FROM

在某些情况下，需要直接由数据库中去除一些资料。这可以由 DELETE FROM 指令来完成。它的语法是：

```
DELETE FROM "表格名" WHERE {条件}
```

以下用一个实例说明。假设有 Shippers 这个表格，而需要将有关 Eastern Express 的信息全部去除。在这里可以用以下的 SQL 语句来达到这个目的：

```
Use Northwind
Go
Delete From Shippers
Where CompanyName = 'Eastern Express'
```

5.3 联机分析处理（OLAP）简介

5.3.1 OLAP 的发展背景

随着数据库技术的广泛应用，企业信息系统产生了大量的数据，如何从这些海量数据中提取对企业决策分析有用的信息成为企业决策管理人员所面临的重要难题。传统的企业数据库系统（管理信息系统）即联机事务处理系统（On-LineTransactionProcessing，OLTP）作为数据管理手段，主要用于事务处理，但它对分析处理的支持一直不能令人满意。因此，人们逐渐尝试对 OLTP 数据库中的数据进行再加工，形成一个综合的、面向分析的、更好的支持决策制定的决策支持系统（DecisionSupportSystem，DSS）。企业目前的信息系统的数据一般由 DBMS 管理，但决策数据库和运行操作数据库在数据来源、数据内容、数据模式、服务对象、访问方式、事务管理乃至物理存储等方面都有不同的特点和要求，因此直接在运行操作的数据库上建立 DSS 是不合适的。数据仓库（DataWarehouse）技术就是在这样的背景下发展起来的。数据仓库的概念提出于 20 世纪 80 年代中期。20 世纪 90 年代，数据仓库已从早起的探索阶段走向实用阶段。业界公认的数据仓库概念创始人 W. H. Inmon 在 *Building the Data Warehouse* 一书中对数据仓库的定义是："数据仓库是支持管理决策过程的、面向主题的、集成的、随时间变化的持久的数据集合。"构建数据仓库的过程就是根据预先设计好的逻辑模式从分布在企业内部各处的 OLTP 数据库中提取数据并对经过必要的变换最终形成全企业统一模式数据的过程。当前数据仓库的核心仍是 RDBMS 管理下的一个数据库系统。数据仓库中数据量巨大，为了提高性能，RDBMS 一般也采取一些提高效率的措施：采用并行处理结构、新的数据组织、查询策略、索引技术等。

包括联机分析处理（On-LineAnalyticalProcessing，OLAP）在内的诸多应用牵引驱动了数据仓库技术的出现和发展；而数据仓库技术反过来又促进了 OLAP 技术的发展。联机分析处理的概念最早由关系数据库之父 E. F. Codd 于 1993 年提出的。Codd 认为联机事务处理（OLTP）已不能满足终端用户对数据库查询分析的要求，SQL 对大数据库的简单查询也不能满足用户分析的需求。用户的决策分析需要对关系数据库进行大量计算才能得到结果，而查询的结果并不能满足决策者提出的需求。因此，Codd 提出了多维数据库和多维分析的概念，即 OLAP。OLAP 委员会对联机分析处理的定义为：使分析人员、管理人员或执行人员能够从多种角度对从原始数据中转化出来的、能够真正为用户所理解的，并真实反映企业维持性的信息进行快速、一致、交互地存取，从而获得对数据的更深入了解的一类软件技术。OLAP 的目标是满足决策支持或多维环境特定的查询和报表需求，它的技术核心是"维"这个概念，因此 OLAP 也可以说是多维数据分析工具的集合。

5.3.2　OLAP 逻辑概念和典型操作

OLAP 展现在用户面前的是一幅幅多维视图。

（1）维（Dimension）。是人们观察数据的特定角度，是考虑问题时的一类属性，属性集合构成一个维（时间维、地理维等）。

（2）维的层次（Level）。人们观察数据的某个特定角度（即某个维）还可以存在细节程度不同的各个描述方面（时间维：日期、月份、季度、年）。

（3）维的成员（Member）。维的一个取值，是数据项在某维中位置的描述（"某年某月某日"是在时间维上位置的描述）。

（4）度量（Measure）。多维数组的取值（2000 年 1 月，上海，笔记本电脑，＄100000）。

OLAP 的基本多维分析操作有钻取（Drill-up 和 Drill-down）、切片（Slice）和切块（Dice）以及旋转（Pivot）等。

（1）钻取。是改变维的层次，变换分析的粒度。它包括向下钻取（Drill-down）和向上钻取（Drill-up）/上卷（Roll-up）。Drill-up 是在某一维上将低层次的细节数据概括到高层次的汇总数据，或者减少维数；而 Drill-down 则相反，它从汇总数据深入到细节数据进行观察或增加新维。

（2）切片和切块。是在一部分维上选定值后，关心度量数据在剩余维上的分布。如果剩余的维只有两个，则是切片；如果有 3 个或以上，则是切块。

（3）旋转。是变换维的方向，即在表格中重新安排维的放置（例如行列互换）。

5.4　OLAP 的 SQL 实践

5.4.1　COMPUTE 与 COMPUTE BY 子句

COMPUTE BY 子句可以在结果集内生成控制中断和小计，得到更详细的或总的记录。它把数据分成较小的组，然后为每组建立详细记录结果数据集（如 SELECT），也可为每组产生总的记录（如 GROUP BY）。在 COMPUT BY 中，定义 BY 子句不是必要的。如果没有定义 BY 子句，则认为整个表为一个组，并且只有两个结果数据集产生，一个拥有所有的详细记录，另一个只有一行，即拥有总记录。

COMPUTE 语法：

```
[ COMPUTE
{ { AVG | COUNT | MAX | MIN | STDEV | STDEVP | VAR | VARP | SUM }
( EXPRESSION ) } [ ,…n ]
```

```
[BY EXPRESSION [ ,…n ] ]
]
```

其中 AVG |COUNT|MAX| MIN|STDEV|STDEVP| VAR | VARP |SUM 表示可以使用的聚合函数。EXPRESSION 表示计算的列名。EXPRESSION 必须出现在选择列表中,并且必须被指定为与选择列表中的某个表达式相同。BY EXPRESSION 表示在结果集中生成控制中断和小计。

【例 5.1】 查询 Northwind 数据库 Orders 表中书名中运输国家包含 USA 的运输公司名、运输数量以及总数量,命令如下:

```
Use Northwind
Go
Select ShipName,Freight from Orders where ShipCountry = 'USA'
Order by ShipName,Freight Compute Sum(Freight)
```

其结果如图 5.15 所示。

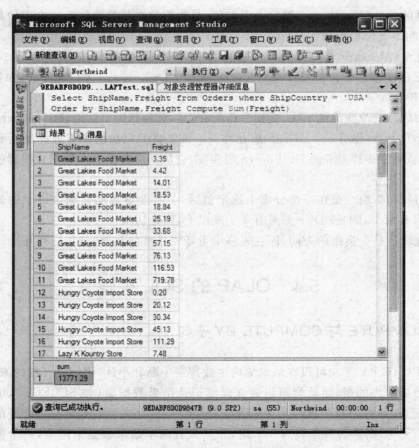

图 5.15　执行 COMPUTE 语句的结果

【例 5.2】 查询 Northwind 数据库 Orders 表中书名中运输国家包含 USA 的运输公司名、运输数量以及总数量,命令如下:

```
Use Northwind
```

Go
Select ShipName,Freight from Orders Where ShipCountry = 'USA'
Order by ShipName, Freight Compute Sum(Freight) by ShipName

其结果如图 5.16 所示。

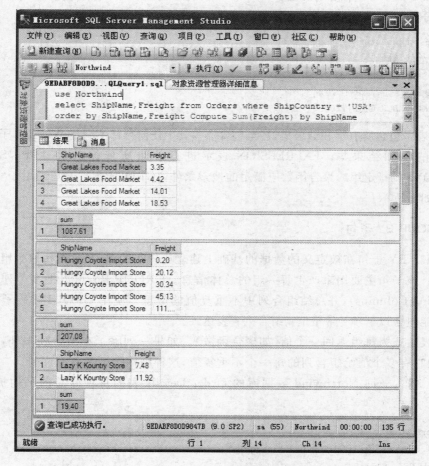

图 5.16 执行 COMPUTE BY 语句的结果

提示：

（1）当在 COMPUTE 中使用 BY 时，要求在所有组合字段中必须包含 ORDER BY 语句。

（2）在 COMPUTE 子句指定的行聚合函数中，不允许使用 DISTINCT 关键字。

（3）由于包含 COMPUTE 的语句生成表并且这些表的汇总结果不存储在数据库中，因此在 SELECT INTO 语句中不能使用 COMPUTE。因而，任何由 COMPUTE 生成的计算结果都不会出现在用 SELECT INTO 语句创建的新表内。

（4）COMPUTE BY 语句后出现的字段必须是 ORDER BY 语句后出现的字段的子集，并且 COMPUTE BY 语句后出现的字段必须和 ORDER BY 语句后面的字段具有相同的出现顺序，并以相同的表达式开头，中间不能遗漏任何表达式。

5.4.2　GROUP 语句

在 Transact-SQL 中使用关键字 GROUP 实现分组查询,即将数据表中的数据按照一定的条件分类组合,再根据需要得到统计信息。其语法如下所示。

```
SELECT COLUMN_NAME[,COLUMN_NAME]
FROM TABLE_NAME
WHERE SEARCH_CONDITION
[GROUP BY [ALL] EXPREESION[ ,…n ]]
[HAVING SEARCH_CONDITIONS]
```

其中 ALL 表示包含所有组和结果集,甚至包含那些其中任何行都不满足 WHERE 子句指定的搜索条件的组和结果集。EXPREESION 表示进行分组所依据的表达式。SEARCH_CONDITIONS 则指定组或聚合函数应满足的搜索条件。GROUP BY 子句则用于实现分组,具体用法如下所示。

1. GROUP BY 子句

GROUP BY 子句在被定义的数据的基础上建立比较小的组,并且对每一个组进行聚合函数计算。该子句主要用来产生每一组的总体信息。GROUP BY 可以把多个列当成组合列(Grouping Columns),并总结组合列中不重复值的信息。使用 GROUP BY 子句的选择列表中只能包含以下项:常量值;组合列;表达式。

每个表达式为每组返回一个值(如聚合函数)。如果一列除了在组合列中外,还在选择列表中,则它有多个值给组合列的每一个不重复值,这种结构类型是不允许的。

【例 5.3】　查询 Northwind 数据库的 Order Details 表的每种商品的平均折扣,命令如下:

```
Use Northwind
Select ProductID,AVG(Discount) 平均折扣
From [Order Details]
Group by ProductID
```

执行结果如图 5.17 所示。

在上面的语句中,先以 ProdcutID 字段将查询结果分为多组,这就是 GROUP BY 的含义,然后用聚合函数 SUM 对每组中的不同字段(一或多条记录)作运算。

2. GROUP BY 和 HAVING 子句联合使用

HAVING 子句用来向使用 GROUP BY 子句的查询增加数据过滤准则。HAVING 的用法和 SELECT 中的 WHERE 子句一样。在一个包含 GROUP BY 子句的查询中也可以使用 WHERE 子句。HAVING 和 WHERE 有相同的语法。

HAVING 和 WHERE 的不同之处有:在 WHERE 子句中,在分组进行以前,去除不满足条件的行,在 HAVING 子句中,在分组之后条件被应用。也就是说,WHERE 子句检查每条记录是否满足条件,而 HAVING 子句则检查分组后的各组是否满足条件。HAVING

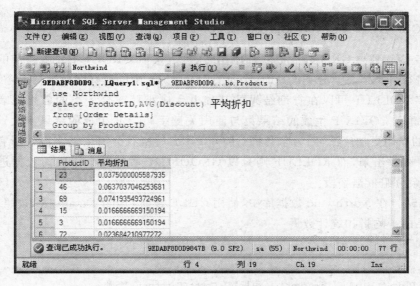

图 5.17　执行 GROUP BY 语句的结果

子句可在条件中包含聚合函数,但 WHERE 子句不能。

【例 5.4】　查询 Order Details 表的每种商品的平均折扣高于 10% 的商品编号,命令如下:

```
Use Northwind
Select ProductID,AVG(Discount) 平均折扣
From [Order Details]
Group by ProductID
Having AVG(Discount)>0.1
```

执行结果如图 5.18 所示。

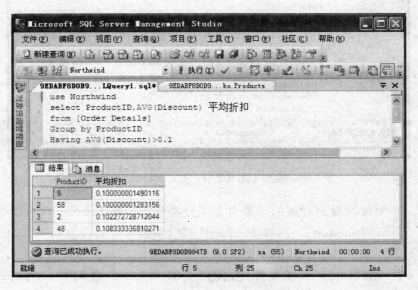

图 5.18　执行 GROUP BY 和 HAVING 语句的结果

3. GROUP BY 和关键字 CUBE 及 ROLLUP 联合使用

关键字 CUBE 与 GROUP BY 联合使用时，可以按照 GROUP BY 中指定的字段对整个数据表进行分类汇总。分类汇总时，会对 GROUP BY 中的所有字段进行组合统计。

关键字 ROLLUP 可以在查询结果的基础上生成小计或合计类的数据报表。总体上看，使用关键字 ROLLUP 生成的结果集与使用关键字 CUBE 生成的结果集大致相同。不过 CUBE 的作用更加广泛，因为它会将 GROUP BY 后所有分组依据字段的所有可能组合的聚合结果列举出来，而 ROLLUP 则只以 GROUP BY 后的首个字段为依据进行分类汇总，忽略其余分组依据字段。

【例 5.5】　在 Northwind 数据库中，使用 CUBE 查询 Order Details 表，按照 ProductID 和每种商品的平均折扣统计数量。

命令如下：

```
Use Northwind
Select ProductID, AVG(Discount) 平均折扣, Count(Discount) 个数
From [Order Details]
Group by ProductID
With Cube
```

执行结果如图 5.19 所示。

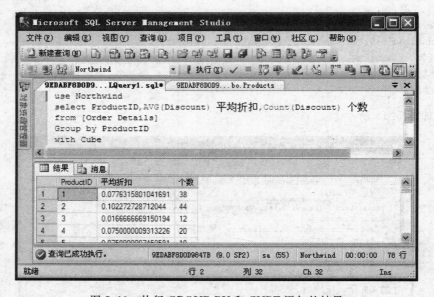

图 5.19　执行 GROUP BY 和 CUBE 语句的结果

从图 5.19 中可以看出查询的结果包含了分类信息。按 ProductID 分组，查询 AVG(Discount)，Count(Discount)。例如，ProductID 为 1 并且平均折扣为 0.0776315801041691 的商品有 38 个。

【例 5.6】　在 Northwind 数据库中，使用关键 ROLLUP 查询 Order Details 表，按照 ProductID 和每种商品的平均折扣统计数量。

命令如下：

```
Use Northwind
Selct ProductID, AVG(Discount) 平均折扣, Count(Discount) 个数
From [Order Details]
Group by ProductID
With Rollup
```

执行结果如图 5.20 所示。

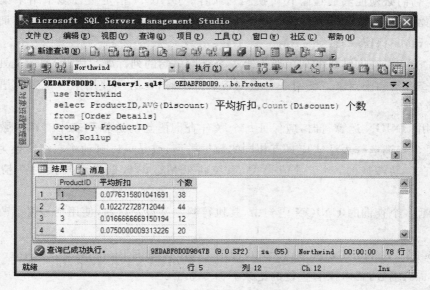

图 5.20　执行 GROUP BY 和 ROLLUP 语句的结果

提示：

（1）指定 GROUP BY 时，选择列表中任意非聚合表达式内的所有列都应当包含在 GROUP BY 列表中，或者 GROUP BY 表达式必须与选择列表表达式完全匹配。

（2）如果指定了 ALL，将对组中不满足搜索条件的汇总列返回空值。

（3）如果未指定 ORDER BY 子句，则使用 GROUP BY 子句返回的组没有任何特定的顺序。若要指定特定的数据排序，建议根据需要使用 ORDER BY 子句。

（4）当 HAVING 与 GROUP BY ALL 一起使用时，HAVING 子句优于 ALL。

（5）GROUP BY 和 HAVING 子句不能使用文本或图像数据类型。

（6）在 CUBE 或 ROLLUP 查询结果中返回的 NULL 是一种特殊的用法。它在结果集内作为列的占位符，表示全体。

5.4.3　UNION

UNION 运算符可以将两个或更多的 SELECT 语句的查询结果合并成一个集合显示，即执行联合查询。UNION 的语法格式为：

```
SELECT <COLUMN_NAME>
FROM <TABLE_NAME>
```

```
WHERE < CONDITION>
UNION [ALL]
SELECT < COLUMN_NAME >
FROM < TABLE_NAME >
WHERE < CONDITION >
[, …n ]
```

其中 COLUMN_NAME 为查询字段的名称。字段的定义(UNION 运算的一部分)不必完全相同,但它们必须能够通过隐式转换相互兼容。UNION 指定组合多个结果集并返回为单个结果集。ALL 表示将所有行合并到结果集合中。不指定该项时,被联合查询结果集合中的重复行将只保留一行。

联合查询时,查询结果的列标题为第一个查询语句的列标题。因此,要定义列标题必须在第一个查询语句中定义。要对联合查询结果排序时,也必须使用第一个查询语句中的字段名、字段序号。

在使用 UNION 运算符时,应保证每个联合查询语句的选择列表中有相同数量的表达式,并且每个查询选择表达式应具有相同的数据类型,或是可以自动将它们转换为相同的数据类型。在自动转换时,对于数值类型,系统将低精度的数据类型转换为高精度的数据类型。

在包括多个查询的 UNION 语句中,其执行顺序是自左至右,使用括号可以改变这一执行顺序。

【例 5.7】 在 Northwind 数据库中,使用 UNION 查询 Products 表和 Order Details 表中所有商品的编号,要求没有重复的记录。命令如下:

```
Use Northwind
Selct ProductID From Products
Union
Selct ProductID from [Order Details]
```

执行结果如图 5.21 所示。

【例 5.8】 在 Northwind 数据库中,使用 UNION 查询 Products 表和 Order Details 表中所有商品的编号,可以有重复的记录。命令如下:

```
Use Northwind
Selct ProductID From Products
Union All
Selct ProductID from [Order Details]
```

执行结果如图 5.22 所示。

提示:

(1) UNION 中的所有选择列表必须具有相同列数、相似数据类型和相同的顺序出现。

(2) 列名来自第一个 SELECT 语句。

(3) 若 UNION 中包含 ORDER BY 子句,则将对整个结果集排序。

(4) 在合并结果时,将从结果集中删除重复行。若使用 ALL,结果集中包含所有的行。

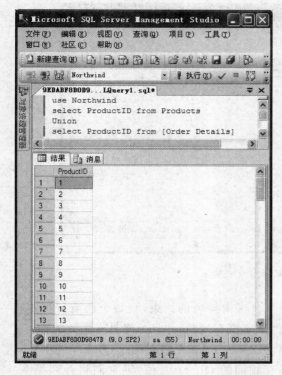

图 5.21 执行 UNION 语句的结果

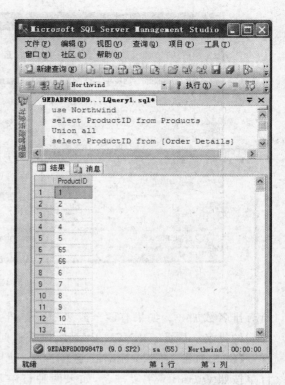

图 5.22 执行 UNION ALL 语句的结果

5.4.4 排名函数

SQL 提供了 4 个排名函数: RANK(),DENSE_RANK(),ROW_NUMBER(),NTILE()。

1. RANK()

返回结果集的分区内每行的排名。行的排名是相关行之前的排名数加一。如果两个或多个行与一个排名关联,则每个关联行将得到相同的排名,因此,RANK 函数并不总返回连续整数。

【例 5.9】 在 Northwind 数据库中,使用 RANK 将 Order Details 表中所有订单按照 Quantity 字段排名,如果两种订单具有相同的 Quantity 值,则它们将并列第一。由于已有两行排名在前,所以具有下一个最大 Quantity 的订单将排名第三。命令如下:

```
Use Northwind
Selct RANK() Over(Order by Quantity) As [rank], *
From [Order Details]
```

执行结果如图 5.23 所示。

2. DENSE_RANK()

返回结果集分区中行的排名,在排名中没有任何间断。行的排名等于所讨论行之前的

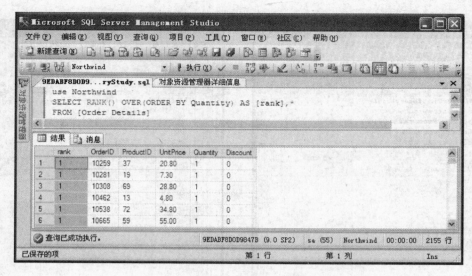

图 5.23　执行 RANK 语句的结果

所有排名数加一。如果有两个或多个行受同一个分区中排名的约束,则每个约束行将接收相同的排名。因此,DENSE_RANK 函数返回的数字没有间断,并且始终具有连续的排名。

【例 5.10】　在 Northwind 数据库中,使用 DENSE_RANK 将 Order Details 表中所有订单按照 Quantity 字段排名,如果两种订单具有相同的 Quantity 值,则它们将并列第一。由于已有两行排名在前,所以具有下一个最大 Quantity 的订单将排名第二,该排名等于该行之前的所有行数加一。命令如下:

```
Use Northwind
Selct DENSE_RANK() Over(Order by Quantity) As denserank,*
From [Order Details]
```

执行结果如图 5.24 所示。

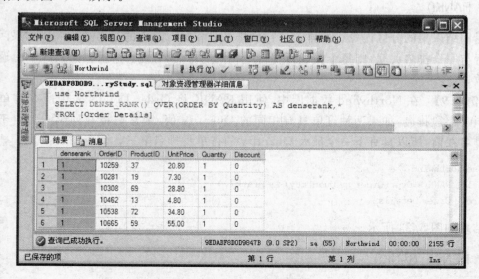

图 5.24　执行 DENSE_RANK 语句的结果

3. ROW_NUMBER()

返回结果集分区内行的序列号,每个分区的第一行从 1 开始。ORDER BY 子句可确定在特定分区中为行分配唯一 ROW_NUMBER 的顺序。

【例 5.11】 在 Northwind 数据库中,使用 ROW_NUMBER 将 Order Details 表中所有订单按照 Quantity 字段由小到大逐一排名,既不并列,排名也不连续。命令如下:

```
Use Northwind
Selct ROW_NUMBER() Over(Order by Quantity) As rownumber, *
From [Order Details]
```

执行结果如图 5.25 所示。

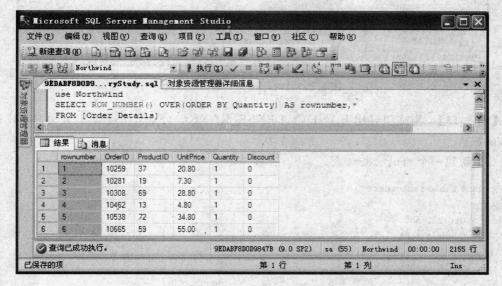

图 5.25 执行 ROW_NUMBER 语句的结果

4. NTILE()

将有序分区中的行分发到指定数目的组中。各个组有编号,编号从 1 开始。对于每一个行,NTILE 将返回此行所属的组的编号。如果分区的行数不能被 integer_expression 整除,则将导致一个成员有两种大小不同的组。按照 OVER 子句指定的顺序,较大的组排在较小的组前面。

【例 5.12】 在 Northwind 数据库中,使用 NTILE 将 Order Details 表中所有订单按照 Quantity 字段由小到大逐一排名,不仅并列,排名也连续。命令如下:

```
Use Northwind
Selct NTILE(3) Over(Order by Quantity, UnitPrice) As [NTILE], *
From [Order Details]
```

执行结果如图 5.26 所示。

为了对上述 4 种排名函数进行对比,引用如下实例对这几个函数进行对比说明。

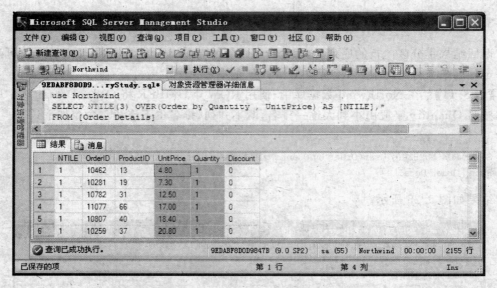

图 5.26   执行 NTILE 语句的结果

【例 5.13】   测试和对比 RANK(),DENSE_RANK(),ROW_NUMBER(),NTILE() 排名函数。

（1）新建一个 rankorders 表。

```
create table rankorders
(
    OrderID int,
    Quantity int
)
go
```

（2）将数据插入到 rankorders 表中。

```
insert rankorders values(30,10)
insert rankorders values(10,10)
insert rankorders values(80,10)
insert rankorders values(40,10)
insert rankorders values(30,15)
insert rankorders values(30,20)
insert rankorders values(22,20)
insert rankorders values(21,20)
insert rankorders values(10,30)
insert rankorders values(30,30)
insert rankorders values(40,40)
go
```

（3）查询出各种排名。

```
SELECT orderid,qty,
    ROW_NUMBER() OVER(ORDER BY qty) AS rownumber,
    RANK()      OVER(ORDER BY qty) AS [rank],
```

```
    DENSE_RANK() OVER(ORDER BY qty) AS denserank ,
    NTILE(3) OVER(ORDER BY qty) AS [NTILE]
FROM rankorders
ORDER BY qty
```

（4）输出各自排名结果，如图 5.27 所示。

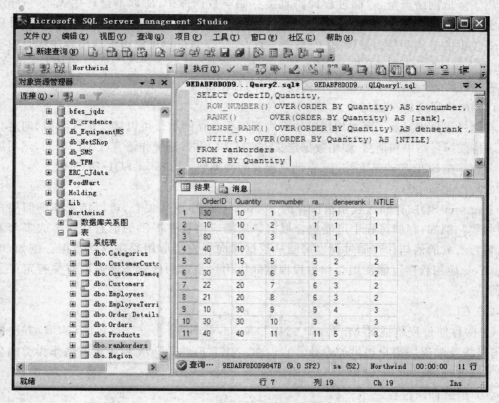

图 5.27　执行排名函数语句的结果

（5）解释

ROW_NUMBER()是按 qty 由小到大逐一排名，不并列，排名连续。

RANK()是按 qty 由小到大逐一排名，并列，排名不连续。

DENSE_RANK()是按 qty 由小到大逐一排名，并列，排名连续。

NTILE()是按 qty 由小到大分成 3 组逐一排名，并列，排名连续。

5.5　存储过程、用户自定义函数与触发器

5.5.1　存储过程

先来了解一下什么是存储过程，它将常用的或很复杂的工作，预先用 SQL 语句写好并用一个指定的名称存储起来，以后如果让数据库提供与已定义好的存储过程的功能相同的服务时，只需调用 execute 即可自动完成命令。

存储过程的优点：(1)由于应用程序随着时间推移会不断更改，增删功能，Transact-SQL 过程代码会变得更复杂，Stored Procedure 为封装此代码提供了一个替换位置。(2)执行计划，存储过程在首次运行时将被编译，这将产生一个执行计划，实际上是 SQL Server 为在存储过程中获取由 Transact-SQL 指定的结果而必须采取的步骤的记录。(3)存储过程可以用于降低网络流量，存储过程代码直接存储于数据库中，所以不会产生大量 Transact-SQL 语句的代码流量。(4)可维护性高，更新存储过程通常比更改、测试以及重新部署程序集需要较少的时间和精力。(5)代码精简一致，一个存储过程可以用于应用程序代码的不同位置。

在 Microsoft SQL Server 中有多种可用的存储过程。

(1) 用户定义的存储过程

存储过程是指封装了可重用代码的模块或例程。存储过程可以接受输入参数、向客户端返回表格或标量结果和消息、调用数据定义语言(DDL)和数据操作语言(DML)语句，然后返回输出参数。在 SQL Server 2008 中，存储过程有两种类型：Transact-SQL 和 CLR。

(2) Transact-SQL

Transact-SQL 存储过程是指保存的 Transact-SQL 语句集合，可以接受和返回用户提供的参数。例如，存储过程中可能包含根据客户端应用程序提供的信息在一个或多个表中插入新行所需的语句。存储过程也可能从数据库向客户端应用程序返回数据。例如，电子商务 Web 应用程序可能使用存储过程根据联机用户指定的搜索条件返回有关特定产品的信息。

(3) CLR

CLR 存储过程是指对 Microsoft .NET Framework 公共语言运行时(CLR)方法的引用，可以接受和返回用户提供的参数。它们在 .NET Framework 程序集中是作为类的公共静态方法实现的。

(4) 扩展存储过程

扩展存储过程允许用户使用编程语言(例如 C)创建自己的外部例程。扩展存储过程是指 Microsoft SQL Server 的实例可以动态加载和运行的 DLL。扩展存储过程直接在 SQL Server 的实例的地址空间中运行，可以使用 SQL Server 扩展存储过程 API 完成编程。

(5) 系统存储过程

SQL Server 中的许多管理活动都是通过一种特殊的存储过程执行的，这种存储过程被称为系统存储过程。例如 sys.sp_changedbowner 就是一个系统存储过程。从物理意义上讲，系统存储过程存储在源数据库中，并且带有 sp_ 前缀。从逻辑意义上讲，系统存储过程出现在每个系统定义数据库和用户定义数据库的 sys 构架中。在 SQL Server 2008 中，可将 GRANT、DENY 和 REVOKE 权限应用于系统存储过程。有关系统存储过程的完整列表，请参阅系统存储过程(Transact-SQL)。

存储过程是保存起来的可以接受和返回用户提供的参数的 Transact-SQL 语句的集合。可以创建一个过程供永久使用，或在一个会话中临时使用(局部临时过程)，或在所有会话中临时使用(全局临时过程)。也可以创建在 Microsoft® SQL Server™ 启动时自动运行的存储过程。

语法如下：

```
Create PROC [ EDURE ] procedure_name [; number ]
[ { @parameter data_type }
[ VARYING ] [ = default ] [ OUTPUT ]
] [ ,…n ]
[ WITH
{ RECOMPILE | ENCRYPTION | RECOMPILE , ENCRYPTION } ]
[ FOR REPLICATION ]
AS sql_statement [ …n ]
```

参数说明：

（1）procedure_name。新存储过程的名称。过程名必须符合标识符规则，且对于数据库及其所有者必须唯一。有关更多信息，请参见使用标识符。

要创建局部临时过程，可以在 procedure_name 前面加一个编号符（# procedure_name），要创建全局临时过程，可以在 procedure_name 前面加两个编号符（# # procedure_name）。完整的名称（包括 # 或 # #）不能超过 128 个字符。指定过程所有者的名称是可选的。

（2）number。是可选的整数，用来对同名的过程分组，以便用一条 Drop PROCEDURE 语句即可将同组的过程一起除去。例如，名为 orders 的应用程序使用的过程可以命名为 orderproc；1、orderproc；2 等。Drop PROCEDURE orderproc 语句将除去整个组。如果名称中包含定界标识符，则数字不应包含在标识符中，只应在 procedure_name 前后使用适当的定界符。

（3）@parameter。过程中的参数。在 Create PROCEDURE 语句中可以声明一个或多个参数。用户必须在执行过程时提供每个所声明参数的值（除非定义了该参数的默认值）。存储过程最多可以有 2100 个参数。

使用 @ 符号作为第一个字符来指定参数名称。参数名称必须符合标识符的规则。每个过程的参数仅用于该过程本身；相同的参数名称可以用在其他过程中。默认情况下，参数只能代替常量，而不能用于代替表名、列名或其他数据库对象的名称。有关更多信息，请参见 EXECUTE。

（4）data_type。参数的数据类型。所有数据类型（包括 text、ntext 和 image）均可以用作存储过程的参数。不过，cursor 数据类型只能用于 OUTPUT 参数。如果指定的数据类型为 cursor，也必须同时指定 VARYING 和 OUTPUT 关键字。有关 SQL Server 提供的数据类型及其语法的更多信息，请参见数据类型。对于可以是 cursor 数据类型的输出参数，没有最大数目的限制。

（5）VARYING。指定作为输出参数支持的结果集（由存储过程动态构造，内容可以变化）。仅适用于游标参数。

（6）default。参数的默认值。如果定义了默认值，不必指定该参数的值即可执行过程。默认值必须是常量或 NULL。如果过程将对该参数使用 LIKE 关键字，那么默认值中可以包含通配符（%、_、[] 和 [^]）。

（7）OUTPUT。表明参数是返回参数。该选项的值可以返回给 EXEC[UTE]。使用 OUTPUT 参数可将信息返回给调用过程。Text、ntext 和 image 参数可用作 OUTPUT 参数。使用 OUTPUT 关键字的输出参数可以是游标占位符。

（8）n。表示最多可以指定 2100 个参数的占位符。

{RECOMPILE | ENCRYPTION | RECOMPILE, ENCRYPTION}

RECOMPILE 表明 SQL Server 不会缓存该过程的计划，该过程将在运行时重新编译。在使用非典型值或临时值而不希望覆盖缓存在内存中的执行计划时，应使用 RECOMPILE 选项。

ENCRYPTION 表示 SQL Server 加密 syscomments 表中包含 Create PROCEDURE 语句文本的条目。使用 ENCRYPTION 可防止将过程作为 SQL Server 复制的一部分发布。

（9）FOR REPLICATION。指定不能在订阅服务器上执行为复制创建的存储过程。使用 FOR REPLICATION 选项创建的存储过程可用作存储过程筛选，且只能在复制过程中执行。本选项不能和 WITH RECOMPILE 选项一起使用。

（10）AS。指定过程要执行的操作。

（11）sql_statement。过程中要包含的任意数目和类型的 Transact-SQL 语句。但有一些限制。n 是表示此过程可以包含多条 Transact-SQL 语句的占位符。

下面使用带有复杂 SELECT 语句的简单过程演练一下存储过程定义。

【例 5.14】　下面的存储过程从两个表的连接中返回所有顾客公司名、联系人名、联系人职务、订货日期及运输公司。该存储过程不使用任何参数。创建存储过程的语句如下：

```
CREATE PROCEDURE [dbo].[Proc_Find_Customer]
AS
Select CompanyName, ContactName, ContactTitle, OrderDate, ShipName
FROM Customers c INNER JOIN Orders o
ON c.CustomerID = o.CustomerID
Proc_Find_Customer 存储过程可以通过以下方法执行：
USE Northwind
Go
EXECUTE Proc_Find_Customer
```

执行结果如图 5.28 所示。

图 5.28　执行 Proc_Find_Customer 存储过程语句的结果

5.5.2　自定义函数

自定义函数不能执行一系列改变数据库状态的操作,可以像系统函数在查询或存储过程等的程序中使用,也可以像使用过程一样通过 execute 命令来执行。自定义函数中存储了一个 Transact-SQL 例程可以返回一定的值。根据函数返回值形式的不同,将用户自定义函数分为以下 3 种类型。

(1) 标量型函数。标量型函数返回一个确定类型的标量值,其返回值类型为除了 text、ntext、image、cursor、timestampt 和 table 类型外的其他数据类型。函数体语句定义在 begin-end 语句内,其中包含了可以返回值的 Transact-SQL 命令。

语法:

```
create function [ owner_name ] function_name
( [ {@parameter_name [as ] scalar_parameter_data_type [ = default ] } [ ,n ] ])
returns scalar_return_data_type
[ with <function_option> [,n ] ]
[ as ]
begin
function_body
return [ scalar_expression ]
end
```

参数说明:

① function_option 有两个可选值:{encryption | schemabinding}。

encryption:加密选项,让 SQL Server 对系统表中有关 create function 的声明加密,以防止用户自定义函数作为 SQL Server 复制的一部分被发布。

schemabinding:计划绑定选项。将用户自定义函数绑定到它所引用的数据库对象,则函数所涉及的数据库对象从此将不能被删除或修改,除非函数被删除或去掉此选项。应注意的是要绑定的数据库对象必须与函数在同一数据库中。

② owner_name。指定用户自定义函数的所有者。

③ function_name。指定用户自定义函数的名称。

④ database_name. owner_name. function_name 应是唯一的。

⑤ @parameter_name。定义一个或多个参数的名称,一个函数最多可以定义 1024 个参数,每个参数前用@符号标明,参数的作用范围是整个函数,参数只能替代常量,不能替代表名、列名或其他数据库对象名称,用户自定义函数不支持输出参数。

⑥ scalar_parameter_data_type。指定标量参数的数据类型,除了 text、ntext、image、cursor、timestampt 和 table 类型外的其他数据类型。

⑦ scalar_return_data_type。指定标量返回值的数据类型,除了 text、ntext、image、cursor、timestampt 和 table 类型外的其他数据类型。

⑧ scalar_expression。指定标量型用户自定义函数返回的标量值表达式。

⑨ function_body。指定一系列的 Transact-SQL 语句,它们决定了函数的返回值。

【例 5.15】　创建根据运输到达日期计算总运输重量函数。创建自定义函数的语句如下：

```
--创建函数
CREATE function [dbo].[SumFreight]( @ShipDate datetime )
  returns float
  as
  begin
  declare @AllFreight float
  set @AllFreight = ( select Sum(Freight) from Orders where ShippedDate = @ShipDate )
  return @AllFreight
  end
--结束函数定义
```

调用自定义函数语句如下：

```
USE Northwind
GO
Select dbo.SUMFreight('1996-5-15 0：00：00')
```

自定义函数执行结果如图 5.29 所示。

图 5.29　执行 SumFreight 自定义函数语句的结果

　　(2) 内嵌表值函数。以表的形式返回一个返回值，即它返回的是一个表。内嵌表值型函数没有由 begin-end 语句括起来的函数体，其返回的表由一个位于 return 子句中的 select 命令段从数据库中筛选出来。内嵌表值型函数功能相当于一个参数化的视图。

　　创建函数语法：

```
create function [ owner_name ] function_name
( [ {@parameter_name[as ] scalar_parameter_data_type [ = default ] } [ ,n ] ])
returns table
[ with <function_option> [,n ] ]
[ as ]
return ( select-stmt)
```

参数：

① table：确定返回值为一个表。

② select-stmt：单个 select 语句，确定返回的表的数据。

【例 5.16】　创建根据顾客编号返回所有订单信息函数。创建自定义函数的语句如下：

```
ALTER   function  [dbo].[FindAllOrders]( @cid  varchar(30))
--cid表示顾客代号
returns  table
as
    return ( select * from Orders where  CustomerID = @cid )
```

（3）多语句表值型函数。可以看作标量型和内嵌表值型函数的结合体，它的返回值是一个表，但它和标量型函数一样有一个用 begin-end 语句括起来的函数体。返回值表中的数据是由函数体中的语句插入的。

语法：

```
create   function  [ owner_name ] function_name
( [ {@parameter_name  [ as ]  scalar_parameter_data_type [ = default ] } [ ,n ] ])
returns  @return_variable  table  < table_type_definition >
[ with <function_option> [,n ] ]
[ as ]
begin
function_body
return end
```

其中，

① <table_type_definition>：({column_definition | table_constraint} [,n])。

② @return_variable：一个 table 类型的变量，用于存储和累积返回的表中的数据行。

如果要修改用户自定义函数，可以用如下代码：

```
alter   function：
```

这条命令语法与创建自定义函数 create function 相同，相当于重建用户自定义函数。

如果要删除用户自定义函数，可以使用如下代码：

```
drop   function { [ owner_name ] function_name} [ ,n ]
```

5.5.3　触发器

触发器是一种特殊的存储过程，类似于事件函数，SQL Server 允许为 INSERT、UPDATE、DELETE 创建触发器，即当在表中插入、更新、删除记录时，触发一个或一系列 T-SQL 语句。

触发器可以在查询分析器里创建，也可以在表名上右击→"所有任务"→"管理触发器"来创建，不过都是要写 T-SQL 语句的，只是在查询分析器里要先确定当前操作的数据库。

语法：

```
CREATE TRIGGER trigger_name
ON { table | view }
```

```
[ WITH ENCRYPTION ]
{
    { { FOR | AFTER | INSTEAD OF } { [ INSERT ] [ , ] [ UPDATE ] }
        [ WITH APPEND ]
        [ NOT FOR REPLICATION ]
            AS
        [ { IF UPDATE ( column )
            [ { AND | OR } UPDATE ( column ) ]
                [ n ]
        | IF ( COLUMNS_UPDATED ( ) { bitwise_operator } updated_bitmask )
                { comparison_operator } column_bitmask [ n ]
        } ]
        sql_statement [ n ]
    }
}
```

参数：

(1) trigger_name。是触发器的名称。触发器名称必须符合标识符规则，并且在数据库中必须唯一。可以选择是否指定触发器所有者名称。

(2) Table | view。是在其上执行触发器的表或视图，有时称为触发器表或触发器视图。可以选择是否指定表或视图的所有者名称。

(3) WITH ENCRYPTION。加密 syscomments 表中包含 CREATE TRIGGER 语句文本的条目。使用 WITH ENCRYPTION 可防止将触发器作为 SQL Server 复制的一部分发布。

(4) AFTER。指定触发器只有在触发 SQL 语句中指定的所有操作都已成功执行后才激发。所有的引用级联操作和约束检查也必须成功完成后，才能执行此触发器。如果仅指定 FOR 关键字，则 AFTER 是默认设置。不能在视图上定义 AFTER 触发器。

(5) INSTEAD OF。指定执行触发器而不是执行触发 SQL 语句，从而替代触发语句的操作。在表或视图上，每个 INSERT、UPDATE 或 DELETE 语句最多可以定义一个 INSTEAD OF 触发器。然而，可以在每个具有 INSTEAD OF 触发器的视图上定义视图。

INSTEAD OF 触发器不能在 WITH CHECK OPTION 的可更新视图上定义。如果向指定了 WITH CHECK OPTION 选项的可更新视图添加 INSTEAD OF 触发器，SQL Server 将产生一个错误。用户必须用 ALTER VIEW 删除该选项后才能定义 INSTEAD OF 触发器。

(6) { [DELETE] [,] [INSERT] [,] [UPDATE] }。是指定在表或视图上执行哪些数据修改语句时将激活触发器的关键字。必须至少指定一个选项。在触发器定义中允许使用以任意顺序组合的这些关键字。如果指定的选项多于一个，需用逗号分隔这些选项。

对于 INSTEAD OF 触发器，不允许在具有 ON DELETE 级联操作引用关系的表上使用 DELETE 选项。同样，也不允许在具有 ON UPDATE 级联操作引用关系的表上使用 UPDATE 选项。

(7) WITH APPEND。指定应该添加现有类型的其他触发器。只有当兼容级别是 65 或更低时，才需要使用该可选子句。如果兼容级别是 70 或更高，则不必使用 WITH APPEND 子句添加现有类型的其他触发器(这是兼容级别设置为70或更高的CREATE TRIGGER的默认行为)。有关更多信息,请参见sp_dbcmptlevel。

WITH APPEND不能与INSTEAD OF触发器一起使用,或者,如果显式声明AFTER触发器,也不能使用该子句。只有当出于向后兼容而指定FOR时(没有INSTEAD OF或AFTER),才能使用WITH APPEND。以后的版本将不支持WITH APPEND和FOR(将被解释为AFTER)。

(8) NOT FOR REPLICATION。表示当复制进程更改触发器所涉及的表时,不应执行该触发器。

(9) AS。是触发器要执行的操作。

(10) sql_statement。是触发器的条件和操作。触发器条件指定其他准则,以确定DELETE、INSERT或UPDATE语句是否导致执行触发器操作。当尝试DELETE、INSERT或UPDATE操作时,Transact-SQL语句中指定的触发器操作将生效。触发器可以包含任意数量和种类的Transact-SQL语句。触发器旨在根据数据修改语句检查或更改数据,它不应将数据返回给用户。触发器中的Transact-SQL语句常常包含控制流语言。CREATE TRIGGER语句中使用几个特殊的表:deleted和inserted是逻辑(概念)表。这些表在结构上类似于定义触发器的表(也就是在其中尝试用户操作的表);这些表用于保存用户操作可能更改的行的旧值或新值。

(11) n。是表示触发器中可以包含多条Transact-SQL语句的占位符。对于IF UPDATE (column)语句,可以通过重复UPDATE(column)子句包含多列。下面就使用带有提醒消息的触发器来说明一下触发器的创建方法。

【例5.17】 当试图在Northwind数据库的Employees表中添加或更改数据时,本例将向客户端显示一条消息。消息50009是sysmessages中的用户定义消息。定义触发器的语句如下:

```
CREATE TRIGGER [dbo].[PrintMessage]
ON [dbo].[Employees]
FOR INSERT, UPDATE
AS RAISERROR (50009, 16, 10)
```

随后对象资源管理的Northwind数据库下的Employees表中会出现PrintMessage触发器,其结果如图5.30所示。

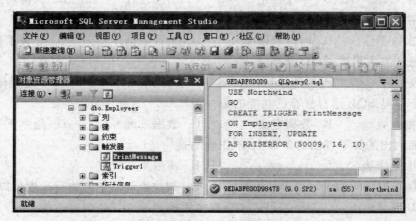

图5.30 创建触发器结果

本 章 小 结

本章主要讲解了用来访问和处理数据库系统的标准计算机语言。我们已经学习了如何使用 SQL 在数据库中执行查询、获取数据、插入新的记录、删除记录以及更新记录。这些查询和更新语句都来自 SQL 的 DML 部分：

SELECT——从数据库表中获取数据。

UPDATE——更新数据库表中的数据。

DELETE——从数据库表中删除数据。

INSERT INTO——向数据库表中插入数据。

SQL 数据定义语言（DDL）。SQL 的数据定义语言部分使我们有能力创建或删除表格。也可以定义索引（键），规定表之间的链接，以及施加表间的约束。SQL 中最重要的 DDL 语句：

CREATE TABLE——创建新表。

ALTER TABLE——变更（改变）数据库表。

DROP TABLE——删除表。

CREATE INDEX——创建索引（搜索键）。

DROP INDEX——删除索引。

最后，本章还讲述了存储过程、自定义函数和触发器等比较复杂的 SQL 编程结构语句，使用这些语句可以使得应用程序更加高效。

接下来将学习如何在 Windows 环境下设计数据库应用程序。

习 题 5

一、选择题

1. 从结构方面来看，SQL 语言是_____的语言。

A. 抽象化　　　　B. 非过程化　　　　C. 面向过程　　　　D. 面向对象

2. 从用途方面来看，SQL 语言是_____的语言。

A. 层次数据库　　B. 网络数据库　　　C. 关系数据库　　　D. 非关系数据库

3. 从语法方面来看，SQL 语言是_____。

A. 高级语言　　　B. 机器语言　　　　C. 汇编语言　　　　D. 非过程化语言

4. 以下不是 SQL 语言具有的功能的是_____。

A. 数据操纵　　　B. 数据定义　　　　C. 数据查询　　　　D. 绘制 E-R 图

5. 下面列出的关于视图的条目中，不正确的是_____。

A. 视图是虚表　　　　　　　　　　　B. 视图是外模式

C. 简化查询语句的编写可以使用视图　D. 加快查询语句的执行速度可以使用视图

6. SQL 语言中_____语句可以实现数据库检索。

A. UPDATE　　　B. DELETE　　　　C. SELECT　　　　D. INSERT

7. 如果表中存在空值(null),下列_____聚合函数不忽略空值(null)。

A. AVG(列名)   B. COUNT(*)   C. SUN(列名)   D. MAX(列名)

8. CREATE、DROP、ALTER 语句是实现数据_____功能。

A. 查询   B. 操纵   C. 定义   D. 控制

9. SQL 语句 INSERT、DELETE、UPDATE 实现下列哪类功能?_____

A. 数据定义   B. 数据控制   C. 数据查询   D. 数据操纵

10. 若用如下的 SQL 语句创建一个 Employee 表,则可插入至表中的是_____。

```
CREATE TABLE Employee
(
    NO int(4) NOT NULL,
    NAME Char(8) NOT NULL,
    SEX Char(8),
    AGE int(4)
);
```

A. (1045,'Zhen Gang',Male,21)   B. (1045,'Zhen Gang',NULL,NULL)

C. (NULL,'Zhen Gang','Male','21')   D. (1045,NULL,'Male',20)

11. 下列语句中修改表结构的是_____。

A. INSERT   B. UPDATE   C. CREATE   D. ALTER

12. 若要撤销数据库中已经存在的表 T,可用_____。

A. DELETE TABLE T   B. DELETE T

C. DROP TABLE T   D. DROP T

13. 若要在用户表 T 中增加一列 Addr(地址),可用_____。

A. ADD TABLE T(Addr CHAR(8))

B. ADD TABLE T ALTER(Addr CHAR(8))

C. ALTER TABLE T(ADD Addr CHAR(8))

D. ALTER TABLE T ADD(Addr CHAR(8))

14. 雇员关系模式 T(Sname,Sex,Age),T 的属性分别表示学生的工号、姓名、性别、年龄。要在表 T 中删除一个属性"年龄",可选用的 SQL 语句是_____。

A. ALTER TABLE S 'Age'   B. UPDATE S Age

C. ALTER TABLE S DROP Age   D. DELETE Age from S

15. 设关系数据库中一个表 T 的结构为 T(EN,Addr,Salary),其中 EN 为员工名,Addr 为住址,二者均为字符型;Salary 为工资,数值型,取值范围为 1000～3000。若要把"住在西大街的张三工资 2680 元"插入表 T 中,则可用_____。

A. ADD INTO T VALUES('张三',' 西大街',2680)

B. INSERT INTO T VALUES('张三',' 西大街',2680)

C. ADD INTO T VALUES('张三','西大街','2680')

D. INSERT INTO T VALUES('张三','西大街','2680')

16. 设关系数据库中一个表 T 的结构为 T(EN,Addr,Salary),其中 EN 为员工名,Addr 为住址,二者均为字符型;Salary 为工资,数值型,取值范围为 1000～3000。要更正住在西大街的张三的工资为 2985 元,则可用_____。

A. UPDATE T SET Salary＝2985 WHERE EN＝'张三' AND Addr＝'西大街'

B. UPDATE T SET Salary＝'2985' WHERE EN＝'张三' AND Addr＝'西大街'

C. UPDATE Salary＝2985 WHERE EN＝'张三' AND Addr＝'西大街'

D. UPDATE Salary＝'2985' WHERE EN＝'张三' AND Addr＝'西大街'

17. 在视图上不能完成的操作是_____。

A. 更新视图   B. 在视图上定义新的表

C. 条件查询   D. 在视图上定义新的视图

18. SQL 语言中,_____命令可以让用户删除一个视图。

A. DROP   B. CLEAR   C. DELETE   D. REMOVE

19. 下列的 SQL 语句中,_____不是数据定义语句。

A. ALTER TABLE   B. DELETE * FROM TABLE

C. CREATE VIEW   D. DROP VIEW

20. 在关系数据库系统中,为了简化用户的查询操作,而又不增加数据的存储空间,常用的方法是创建_____。

A. 另一个表   B. 游标   C. 视图   D. 索引

二、填空题

1. SQL 的中文全称是_____。

2. SQL 语言除了具有数据查询和数据操纵功能之外,还具有_____和_____的功能,它是一个综合性的功能强大的语言。

3. 在关系数据库标准语言 SQL 中,实现数据检索的语句命令是_____。

4. 视图是一个虚表,它是从_____中导出的表。在数据库中,只存放视图的_____,不存放_____。

5. 在 SQL 语言的结构中,_____有对应的物理存储,而_____没有对应的物理存储。

6. 视图是从_____中导出的表,数据库中实际存放的是视图的_____。

三、简答题

1. 试述 SQL 的定义功能。

2. 试述 SQL 语言的特点。

3. 什么是基本表?什么是视图?两者的区别和联系是什么?

4. 试述视图的优点。

5. 设有如下所示的三个关系:

```
D(DID DNAME WQTY CITY),
G(GID GNAME PRICE),
DG(DID GID QTY)
```

其中各属性含义如下:DID(商店代号)、DNAMR(商店名)、WQTY(店员人数)、CITY(所在城市)、GID(商品号)、GNAME(商品名称)、PRICE(价格)、QTY(商品数量)。试用 SQL 语言写出下列查询。

(1) 查询店员为人数不超过 100 人或者在该城市的所有商店的代号和商店名。

(2) 查询供应可口可乐的商店名。

6. 有三个表即学生表 S、课程表 C 和学生选课表 SC,它们的结构如下:

```
S(SID,SNAME,SEX,AGE,MAJOR)
C(CID,CNAME)
SC(SID,CID,SCORE)
```

其中,SID 为学号,SNAME 为姓名,SEX 为性别,AGE 为年龄,MAJOR 为专业,CID 为课程号,CNAME 为课程名,SCORE 为成绩。

(1) 查询所有比"李华"年龄大的学生姓名、年龄和性别。

(2) 查询选修课程 Software Engineering 的学生中成绩最高的学生的学号。

(3) 查询学生姓名及其所选修课程的课程号和成绩。

(4) 查询选修三门以上课程的学生总成绩(不统计不及格的课程),并要求按总成绩的升序排列出来。

第6章

数据库开发技术

6.1 概　　述

对于熟悉面向对象编程思想或者曾经有面向对象设计经验的读者来说,如果一个数据库就是一个对象,所有的操作、信息都通过方法(Method)、属性(Attribure)、事件(Event)提供出来,供开发者使用,那就比较方便了。C♯正是基于这种思想设计了数据库访问技术ADO.NET,并提供了一系列方便实用的类。应用这些数据库访问类,读者就可以轻松、准确而且是面向对象地操纵数据库中的各种数据了。

如图 6.1 所示就是 C♯ 中提供的数据库访问 ADO.NET 的结构图。

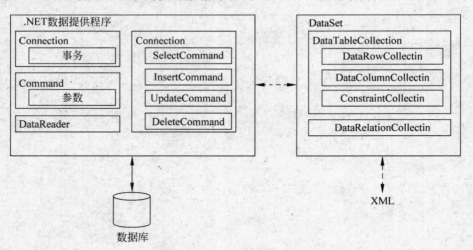

图 6.1　ADO.NET 框架结构

从图 6.1 中我们可以清楚地了解到 ADO.NET 的数据访问技术的架构。ADO.NET支持 SQL Server 数据访问和 OLE DB 数据访问。两者相比,前者是针对 SQL Server 的数据库访问引擎,所以访问 SQL Server 数据库效率会高许多,但只支持 SQL Server。后者是比较通用的数据库访问引擎,可以支持广泛的数据库,但效率不如前者。对开发者来说,如果不用到某种数据库的特性,其大体使用方法是一致的。

上述内容指数据库的连接部分,也就是图 6.1 中的 Connetion 对象。Connection 对象提供了与具体数据库的连接方式,具体读者是用 SQLConnection 对象还是 OleDbConnection 对象,根据读者的数据库类型由读者选择而定,下面的叙述中,为了不占用过多的篇幅,在无特殊内容的地方,不再分开叙述。

6.1.1 数据访问方式的历史

下面简单回顾一下微软的数据访问方式所走过的几个阶段。

(1) ODBC(Open Database Connectivity)是第一个使用 SQL 访问不同关系数据库的数据访问技术。使用 ODBC 应用程序能够通过单一的命令操纵不同的数据库,而开发人员需要做的仅仅只是针对不同的应用加入相应的 ODBC 驱动。

(2) DAO(Data Access Objects)不像 ODBC 那样是面向 C/C++程序员的,它是微软提供给 Visual Basic 开发人员的一种简单的数据访问方法,用于操纵 Access 数据库。

(3) RDO 在使用 DAO 访问不同的关系型数据库的时候,Jet 引擎不得不在 DAO 和 ODBC 之间进行命令的转化,导致了性能的下降,而 RDO(Remote Data Objects)的出现就顺理成章了。

(4) OLE DB 随着越来越多的数据以非关系型格式存储,需要一种新的架构来提供这种应用和数据源之间的无缝连接,基于 COM(Component Object Model)的 OLE DB 应运而生了。

(5) ADO 基于 OLE DB 之上的 ADO 更简单、更高级、更适合程序员,同时消除了 OLE DB 的多种弊端,取而代之的是微软技术发展的趋势。

6.1.2 ADO 与 ADO.NET 的比较

ADO 与 ADO.NET 既有相似也有区别,它们都能够编写对数据库服务器中的数据进行访问和操作的应用程序,并且易于使用、高速度、低内存支出和占用磁盘空间较少,支持用于建立基于客户端/服务器和 Web 的应用程序的主要功能。

在开始设计.NET 体系架构时,微软就决定重新设计数据访问模型,以便能够完全地基于 XML 和离线计算模型。两者的区别主要如下。

(1) ADO 以 Recordset 存储,而 ADO.NET 则以 DataSet 表示。Recordset 看起来更像单表,如果让 Recordset 以多表的方式表示就必须在 SQL 中进行多表连接。反之,DataSet 可以是多个表的集合。ADO 的运作是一种在线方式,这意味着不论是浏览或更新数据都必须是实时的。ADO.NET 则使用离线方式,在访问数据的时候 ADO.NET 会利用 XML 制作数据的一份副本,ADO.NET 的数据库连接也只有在这段时间需要在线。

(2) ADO 使用 OLE DB 接口并基于微软的 COM 技术,由于 ADO 使用 COM 技术,这就要求所使用的数据类型必须符合 COM 规范。ADO.NET 拥有自己的 ADO.NET 接口并且基于微软的.NET 体系架构,因而 ADO.NET 是基于 XML 格式的,数据类型更为丰富并且不需要再做 COM 编排导致的数据类型转换,从而提高了整体性能,众所周知.NET 体系不同于 COM 体系,ADO.NET 接口也就完全不同于 ADO 和 OLE DB 接口,这也就是说 ADO.NET 和 ADO 是两种数据访问方式。

6.2　ADO.NET 对象模型的结构

图 6.2 展示了 ADO.NET 对象模型中的主要对象。当然,实际的 ADO.NET 类库是很复杂的,但现在需要了解的是 ADO.NET 对象模型中有哪些主要对象,以及它们之间是如何交互的。

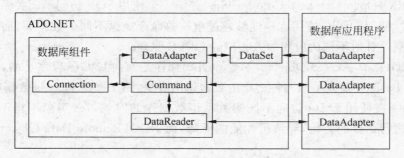

图 6.2　ADO.NET 对象模型结构

ADO.NET 的对象模型由两个部分组成:数据提供程序(Data Provider,有时也叫托管提供程序)和数据集(DataSet)。数据提供程序负责与物理数据源的连接,数据集代表实际的数据。这两个部分都可以和数据使用程序通信,如 Web Form 窗体和 Win Form 窗体。

6.2.1　数据提供程序

数据提供程序组件属于数据源(Data Source)。在 .NET 框架下的数据提供程序具有功能相同的对象,但这些对象的名称、部分属性或方法可能不同。

在数据提供程序当中,DataAdapter(数据适配器)是功能最复杂的对象,它是 Connection 对象和数据集之间的桥梁。DataAdapter 对象管理了 4 个 Command 对象来处理后端数据集和数据源的通信。Command 对象支持 SQL 语句和存储过程,存储过程可返回单个值,一组或多组值,也可以不返回值。数据适配器的 4 个命令对象是 SelectCommand、UpdateCommand、InsertCommand 和 DeleteCommand。数据适配器用 SelectCommand 对象来填充数据集,其他 3 个对象在需要时用来插入、删除或改变数据源中的数据。

ADO.NET 的 Connection 对象和 Command 对象与它们在 ADO 中的功能大致相同(主要的区别在于缺少对服务器端游标的支持),而 DataReader 在 ADO 中的对应功能像一个单向流水游标。在 ADO 中没有与数据适配器和数据集对应的功能。

6.2.2　数据集

数据集(DataSet)是记录在内存中的数据,它的结构如图 6.3 所示。

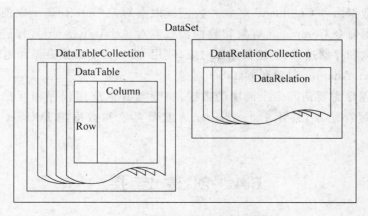

图 6.3 数据集(DataSet)结构图

6.3 ADO.NET 数据库开发方式

6.3.1 了解 ADO.NET 数据库开发

ADO. NET 在 Windows 平台下主要有 4 种数据库访问方式: OLE DB 模式、ODBC 模式、SQL Client 模式和 Oracle 数据库模式,每一种模式都有前述 ADO. NET 对象模型的一种实现。

* OLE DB 模式

OLE DB 模式主要用于访问 OLE DB 所支持的数据库。

在使用 OLE DB 模式时需要引入的命名空间有 System. Data 和 System. Data. OleDb,对应于 ADO. NET 对象模型中的对象,OLE DB 模式的对象名称分别为 OleDbConnection 对象、OleDbCommand 对象、OleDbDataAdapter 对象和 OleDbDataReader 对象。

* ODBC 模式

ODBC 模式主要用于连接 ODBC 所支持的数据库。

在使用 ODBC 模式时需要引入的命名空间有 System. Data 和 System. Data. Odbc,对应于 ADO. NET 对象模型中的对象,ODBC 模式的对象名称分别为 OdbcConnection 对象、OdbcCommand 对象、OdbcDataAdapter 对象和 OdbcDataReader 对象。

* SQL Client 模式

SQL Client 模式只用于访问 MS SQL Server 数据库,是 ADO. NET 中比较特殊的组件。

在使用 SQL Client 模式时需要引入的命名空间有 System. Data 和 System. Data. SqlClient,对应于 ADO. NET 对象模型中的对象分别是 SqlConnection 对象、SqlCommand 对象、SqlDataAdapter 对象和 SqlDataReader 对象。

6.3.2 ADO.NET 中两种基本的数据库开发方式

* 利用 Command 对象和 DataReader 对象直接操作和显示数据。

可以使用数据命令 Command 对象和数据读取器对象 DataReader 以便与数据源直接通信。使用数据命令 Command 对象和数据读取器对象 DataReader 直接进行的数据库操作包括运行查询和存储过程、创建数据库对象、使用 DDL 命令直接更新和删除。

• 使用 DataAdapter 对象和 DataSet 对象。

如果应用程序需要访问多个源中的数据,需要与其他应用程序相互操作或者可受益于保持和传输缓存结果,使用 DataAdapter 适配器对象和数据集 DataSet 是一个极好的选择。

6.4 创 建 连 接

要开发数据库应用程序,首先需要建立与数据库的连接。在 ADO. NET 中数据库连接是通过 Connection 对象来管理的,此外事务的管理也通过 Connection 对象进行。不同的数据库连接模式,其连接对象的成员大致相同,但是也有一些小的差别。

6.4.1 Connection 连接字符串

连接 SQL Server 7.0 或更新版本数据库用 SqlConnection,连接 OLE DB 数据源使用 OledbConnection。在开始使用之前必须为不同的数据源声明命名空间:

(1) using System. Data. SqlClient; //SqlClient 数据提供器

(2) using System. Data. OleDb; //OleDb 数据提供器

Connection 对象最重要的属性是连接字符串 ConnectionString,这也是 Connection 对象唯一的非只读属性。ConnectionString 是一个字符串,用于提供登录数据库和指向特定数据库所需的信息。下面以 MS SQL Server 和 MS Access 数据库为例介绍连接字符串的写法。

• 与 SQL Server 数据库的连接

下面的连接字符串示例中的连接参数在读者的开发环境中可能是不同的,按照要求换过来就可以了。假设 SQL Server 数据库服务器为 local(本机),要访问的数据库名为 Northwind,采用 Windows 集成安全性认证方式。在 SQL Client 方式下的字符串如下:

```
data source = (local); persist security info = False; initial catalog = Northwind; integrated
security = SSPI;
```

• 与 Access 数据库的连接

这里也约定该 Access 数据库是 Access 2000 创建的,而数据库文件的路径为 C:\MyData. mdb。在 OLE DB 方式下的字符串如下:

```
Provider = Microsoft. Jet. OLE DB. 4.0; User ID = Admin; Data Source = C:\MyData.mdb;
```

设定连接字符串时,Connection 对象应该在非连接状态,首先应该断开已有的连接,然后在运行时通过代码来更改数据库的连接。

6.4.2 在设计时创建 Connection 对象

建立 Connection 对象连接数据库可以通过代码方式，也可以通过 VisualStudio. NET 的 IDE 环境来完成。在 Visual Studio. NET 的 IDE 环境中可以很方便地建立 Connection 对象并设置连接字符串。假设要通过 SQL Client 模式连接到一个 SQL Server 2005 数据库 Northwind，在设计时建立连接的过程如下。

（1）创建 Connection 对象

如果工具箱里没有 Connection 对象，则将光标移到工具箱的"所有 Windows 窗体"上，单击鼠标右键，在弹出框中单击"选择项"，如图 6.4 所示。

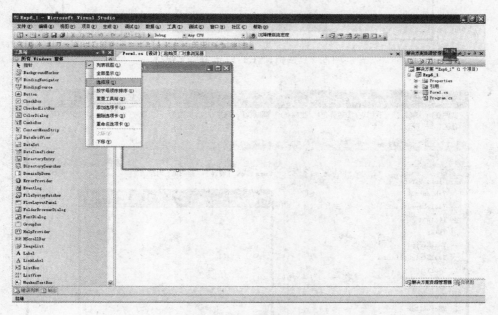

图 6.4 打开"选择项"

在选择工具项的 . NET Framework 组件里选中 sqlCommand，sqlConnection，sqlDataAdpater 这 3 个 SQL Server 数据库组件，如图 6.5 所示。

在设计时创建连接对象实例的方法是从"工具箱"的"数据"面板中将对应的 Connection 对象拖动到窗体上，然后再从属性面板中的连接字符串属性中选择已定义好的数据连接，如图 6.6 所示。

（2）连接数据库

打开 sqlConnection1 的属性页，通过连接向设置连接字符串 ConnectionString，如图 6.7 所示。

单击新建连接，就会出现"添加连接"的对话框，如图 6.8 所示。

IDE 环境默认连接的是 MS SQL Server 数据库，所以"添加连接"对话框打开时就处在等待设置 SQL Server 的连接参数的页面，我们需要连接的是本机的 Northwind 数据库，因此需要在服务器名处输入（local）或者 127.0.0.1，使用 SQL Server 身份登录的用户名是

图 6.5　选择 .NET Framework 组件

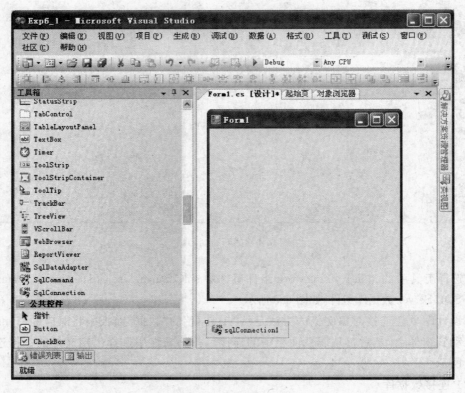

图 6.6　选择 SqlConnection 组件

sa,密码是 password(这个由读者自己设定),或者使用 Windows 身份验证登录,这里为了一般化,选择 Windows 身份登录,然后选择 Northwind 数据库,如图 6.9 所示。

最后测试连接是否成功,如图 6.10 所示。

这时,在 sqlConnection1 的属性 ConnectionString 中就自动产生了连接字符串,如图 6.11 所示。

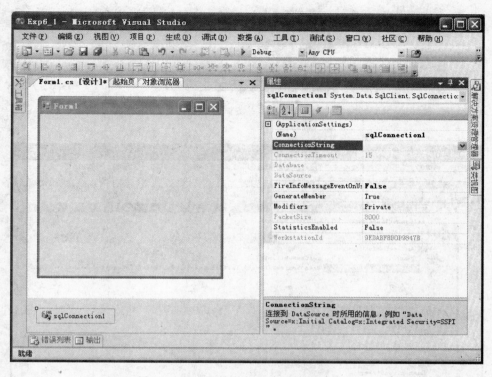

图 6.7 设置连接字符串 ConnectionString

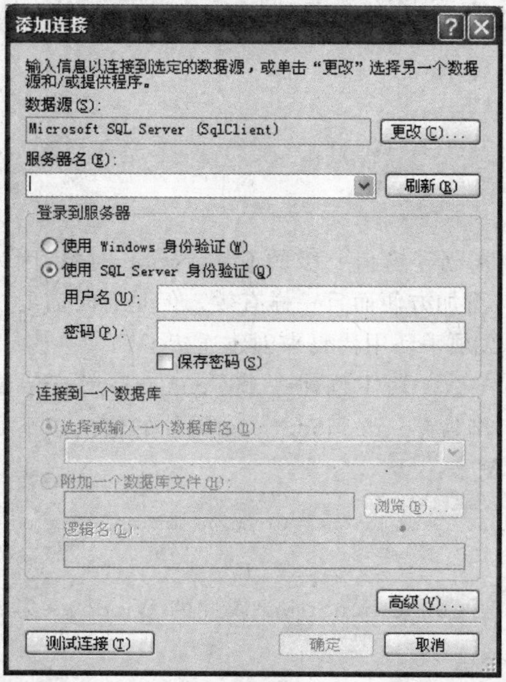

图 6.8 "添加连接"对话框

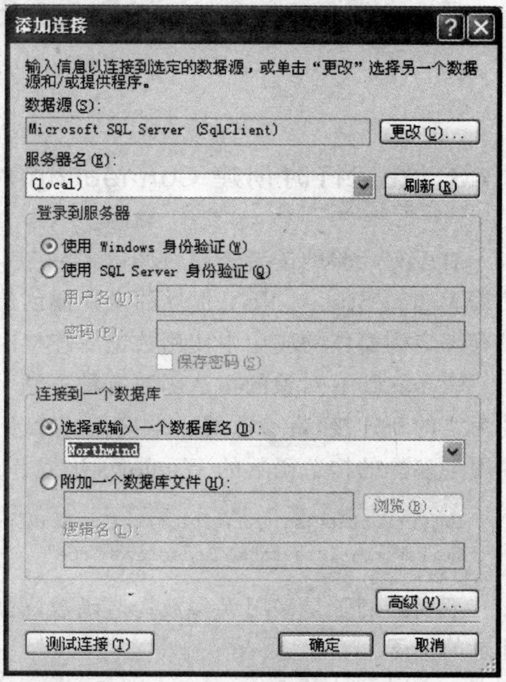

图 6.9 添加数据库连接

图 6.10 测试连接

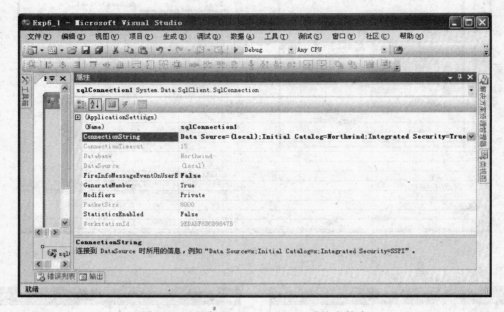

图 6.11 生成 ConnectionString 连接字符串

6.4.3 在运行时创建 Connection 对象

对于有经验的读者来说,没有必要在代码中来创建窗口一级的 Connection 对象,因为使用 Visual Studio. NET 提供的设计器创建连接更加方便而且一样有效。但是有时需要在没有绑定到窗体的应用中使用数据库连接时,就必须手动用代码来创建连接了。

Connection 对象的构造函数有种方法,没有参数的版本创建一个 ConnectionString 属性为空的新连接,带参数的版本接受一个字符串作为 ConnectionString 属性的值。以下是使用带参数的构造函数的 Windows 集成登录的例子:

```
SqlConnection sqlConnection1 = new SqlConnection("Data Source = (local); Initial Catalog =
Northwind; Integrated Security = True");
```

下面的例子是采用无参数构造函数,然后修改 ConnectionString 属性的 Windows 集成登录的例子:

```
SqlConnection sqlConnection1 = new SqlConnection();
sqlConnection1. ConnectionString = " Data Source = (local); Initial Catalog = Northwind;
Integrated Security = True";
```

6.4.4 打开和关闭 Connection

及时关闭连接是必要的,因为大多数数据源只支持有限数目的同发连接,过多的连接会消耗服务器资源。数据连接的两个主要方法是 Open 和 Close。Open 方法使用 ConnectionString 属性中的信息联系数据源并建立一个打开的连接;而 Close 方法关闭已打开的连接。为了有效地使用数据库连接,在实用的数据库应用程序中打开和关闭数据连接时一般都会使用如下技术。

(1) 使用异常捕获语句块

try 语句块中放置需要进行的数据操作语句,catch 语句块中放置异常处理语句,在 C♯ 中使用 finally 语句可以确保其中的语句得到执行,因此将关闭数据连接对象的 Close 方法放在 finally 语句块中。

例如:

```
SqlConnection sqlConnection1 = new SqlConnection();
sqlConnection1. ConnectionString = " Data Source = ( local); Initial Catalog = Northwind;
Integrated Security = True";
try
{
    sqlConnection1.Open(); // 打开数据连接
    // 执行数据操作
}
catch( Exception ex )
{
        MessageBox.Show(ex.ToString()); // 错误处理
}
finally
{
    sqlConnection1.Close(); // 关闭数据连接
}
```

在出现多个数据库连接时,try…catch…finally 语句块的层次可能会不太容易阅读。因此还可以采用另一种技术,即 using 语句块。

(2) 使用 using 语句块

using 语句块保证在退出语句块时实现 IDisposable 接口的对象能立即释放,在 Connection 对象的 Dispose 方法中会检查对象的状态,如果在打开状态则调用 Close 方法,这就保证了资源被及时释放。

由于上面介绍的两种方法都没有好的异常处理方法来替代,有时可以结合起来使用,结合了 try…catch…finally 和 using 技术确保数据连接及时关闭。try…catch…finally 与 using 的内外嵌套关系可以根据需要决定。

利用 using 语句来处理数据库对象可以减少了 try/catch/finally 的开销。下面摘录的代码显示了如何对于数据库连接使用 using 函数:

```
string connStr = string. Empty;
SqlConnection conn = null;
```

```
//using 语句示例
using (SqlConnection conn = new SqlConnection(connStr))
{
    conn.Open();
}
try
{
    conn = new SqlConnection(connStr);
    conn.Open();
}
finally
{
    conn.Dispose();
}
```

6.5   Command 对象与 DataReader 对象

建立数据连接后,应用程序与数据源之间要进行信息交换,完成这种交换是通过数据命令对象 DataCommand 来实现的。

6.5.1   Command 与 DataReader 对象

最直接操作数据库的方法是 Command 与 DataReader 对象。根据程序员所设置的 SQL 语句 Command 对象可以对数据库进行操作。Command 对象的 ExecuteReader 方法生成的 DataReader 对象可以返回结果集,DataReader 对象提供了一个只读、单向的游标,从而可以获取结果集中每一行的数据。

6.5.2   在设计时创建 Command 对象

由于数据命令 Command 对象可存在于窗体中,因此该对象可在设计时或运行时进行创建和配置。而 DataReader 对象不能存在于窗体中,它只能在运行时通过数据命令的 ExecuteReader 方法来创建,而不能直接创建其实例。

在 Visual Studio. NET 中创建 Command 对象就像其他控件一样,只需将“工具箱”的 SqlCommand 选项卡中的控件拖放到窗体上,如图 6.12 所示。右边会出现 SqlCommand1 对象的属性。这些属性也是 Command 对象较为重要的几个属性。

（1）CommandText 是字符串属性,包含要执行的 SQL 语句或者数据源中存储过程的名字；单击该属性,系统会提醒“添加表”,如图 6.13 所示。

假如添加 Customers 表后,在 SQL 语句里面输入：Select * from Cutomers,然后单击“执行查询”,那么系统查询结果,如图 6.14 所示。这样 Command 对象的 CommandText 属性就有了 SQL 查询语句了,如图 6.15 所示。

（2）Connection 属性指定要执行数据命令的连接对象,即指定要执行数据操作的数据

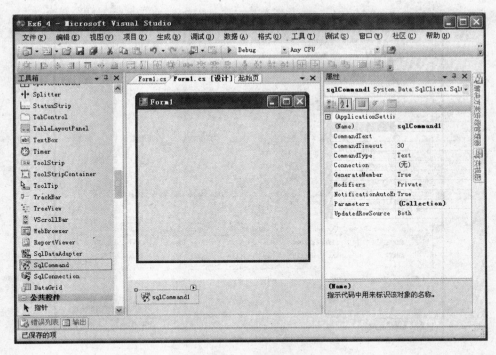

图 6.12 添加 sqlCommand 组件

源，如图 6.16 所示。

新建连接之后，会自动出现一个 sqlConnection1 的对象，Command 对象的 Connection 属性也会出现 sqlConnection1 对象名，这表明 Command 对象已经和数据库连接上了，如图 6.17 所示。

（3）CommandTimeout 属性决定数据命令出错前等待服务器响应的时间，默认为 30 秒。

（4）CommandType 属性决定 Command 对象如何解释 CommandText 属性的内容，默认取值为 Text，即 SQL 语句，还有

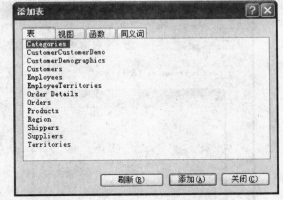

图 6.13 添加表

两种选择分别是：存储过程 StoredProcedure 和表目录 TableDirect。

（5）Parameters 属性是针对 CommandText 属性所指定的 SQL 语句或存储过程的参数集合，可以通过其 Add、Insert 等方法增加参数，也可以使用 Remove、RemoveAt 等方法去除参数。

（6）UpdatedRowSource 属性决定在 Command 对象执行存储过程时如何使用输出参数，此外在数据适配器中的 Command 对象的该属性决定了在适配器的 Update 方法中如何将结果集或返回值映射回数据集的行。

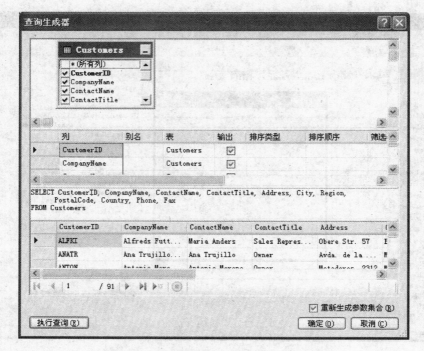

图 6.14　数据库查询语句生产器

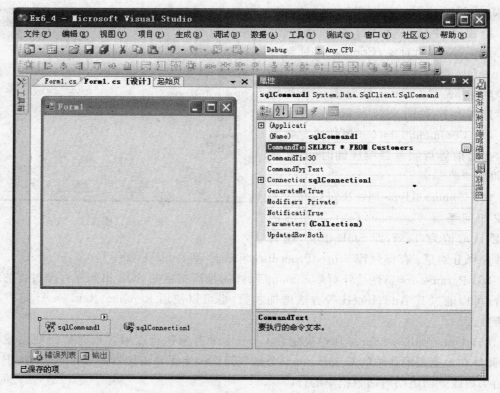

图 6.15　生成的 CommandText 查询语句

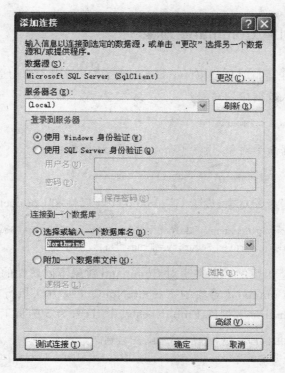

图 6.16 数据库连接设置

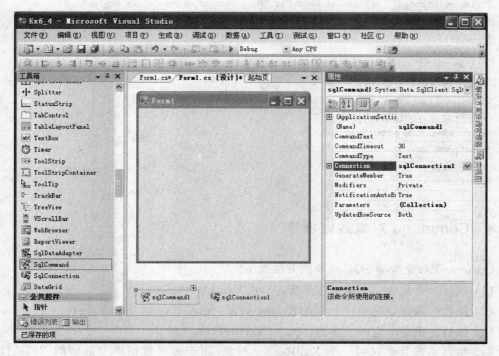

图 6.17 Connection 连接属性

6.5.3　在运行时创建 Command 对象

如果要通过代码在运行时创建 Command 对象,可以使用 4 种构造函数。

(1) 创建一个默认数据命令对象:

```
SqlCommand cmd = new SqlCommand();
```

(2) 创建一个数据命令对象,设置 CommandText 属性:

```
SqlCommand cmd = new SqlCommand("Select * from Cutomers");
```

(3) 创建一个数据命令对象,设置 CommandText 属性和 Connection 属性:

```
SqlCommand cmd = new SqlCommand("Select * from Cutomers","Data Source = (local); Initial
Catalog = Northwind; Integrated Security = True; ");
```

可以看出不同构造函数的区别在于对 Command 对象不同属性的默认设置。

【例 6.1】　使用 Command 对象的 ExecuteNonQuery 方法执行查询本地的 MS SQL Server 服务器的 Northwind 数据库 Employees 表中 ID 号为 5 的员工姓名。

```
// 连接本地的 MS SQL Server 服务器的 Northwind 数据库
string connString = "Data Source = (local); Initial Catalog = Northwind; Integrated Security =
True; ";
// 查询 Employees 表中 ID 号为 5 的员工姓名
string sqlString = " select LastName,FirstName from Employees where EmployeeID = 5";
// 建立连接对象
SqlConnection conn = new SqlConnection(connString);
// 打开连接
conn.Open();
// 建立数据命令对象
SqlCommand cmd = new SqlCommand(sqlString, conn);
// 执行命令,返回影响的行数
int rowsReturned = cmd.ExecuteNonQuery();
MessageBox.Show(rowsReturned.ToString() + "记录已更新");
// 关闭连接
conn.Close();
```

6.5.4　Command 对象数据操作

Command 对象执行 SQL 命令的方法如下。

(1) 执行一条命令但不返回结果集:cmd.ExecuteNonQuery(); 。

(2) 执行一条命令返回一个 DataReader 对象:cmd.ExecuteReader(); 。

(3) 执行一条命令返回一个值:cmd.ExecuteScalar(); 。

(4) 执行一条命令返回一个 XmlReader 对象,用于传递数据库中返回的 XML 代码:cmd.ExecuteXMLReader(); 。

【例 6.2】　使用 Command 对象的 ExecuteNonQuery 方法执行更新本地的 MS SQL

Server 服务器的 Northwind 数据库 Employees 表中 ID 号为 5 的员工姓名。

```
// 连接本地的 MS SQL Server 服务器的 Northwind 数据库
string connString = "Data Source = (local); Initial Catalog = Northwind; Integrated Security =
True; ";
// 更新 Employees 表中 ID 号为 5 的员工姓名
string sqlString = "update Employees set LastName = 'Karl',FirstName = 'Henry' where EmployeeID = 5";
// 建立连接对象
SqlConnection conn = new SqlConnection(connString);
// 打开连接
conn.Open();
// 建立数据命令对象
SqlCommand cmd = new SqlCommand(sqlString, conn);
// 执行命令,返回影响的行数
int rowsReturned = cmd.ExecuteNonQuery();
MessageBox.Show(rowsReturned.ToString() + "记录已更新");
// 关闭连接
conn.Close();
```

这时在数据库中查询该条记录,会发现数据已经发生变化,如图 6.18 所示。

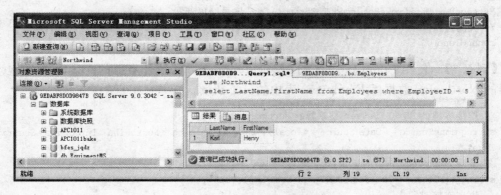

图 6.18　更新后的数据表

【例 6.3】　使用 Command 对象的 ExecuteNonQuery 方法执行,在本地的 MS SQL Server 服务器的 Northwind 数据库 Employees 表中增加一条 ID 号为 10 的员工姓名 David.Hugh。

```
// 连接本地的 MS SQL Server 服务器的 Northwind 数据库
string connString = "Data Source = (local); Initial Catalog = Northwind; Integrated Security =
True; ";
// 增加 Employees 表中 ID 号为 10 的员工姓名
string sqlString = "insert into Employees(EmployeeID,LastName,FirstName) Values(10,'Hugh','
David')";
// 建立连接对象
SqlConnection conn = new SqlConnection(connString);
// 打开连接
conn.Open();
// 建立数据命令对象
SqlCommand cmd = new SqlCommand(sqlString, conn);
// 执行命令,返回影响的行数
int rowsReturned = cmd.ExecuteNonQuery();
```

```
MessageBox.Show(rowsReturned.ToString() + "记录已更新");
// 关闭连接
conn.Close();
```

【**例 6.4**】　使用 Command 对象的 ExecuteNonQuery 方法执行更新本地的 MS SQL Server 服务器的 Northwind 数据库 Employees 表中删除一条 ID 号为 10 的员工信息。

```
// 连接本地的 MS SQL Server 服务器的 Northwind 数据库
string connString = "Data Source = (local); Initial Catalog = Northwind; Integrated Security =
True; ";
// 删除 Employees 表中 ID 号为 10 的员工姓名
string sqlString = "delete from Employees where EmployeeID = 10";
// 建立连接对象
SqlConnection conn = new SqlConnection(connString);
// 打开连接
conn.Open();
// 建立数据命令对象
SqlCommand cmd = new SqlCommand(sqlString, conn);
// 执行命令,返回影响的行数
int rowsReturned = cmd.ExecuteNonQuery();
MessageBox.Show(rowsReturned.ToString() + "记录已更新");
// 关闭连接
conn.Close();
```

【**例 6.5**】　使用 Command 对象的 ExecuteScalar 方法统计本地的 MS SQL Server 服务器的 Northwind 数据库 Employees 表中的员工数量。

```
// 连接本地的 MS SQL Server 服务器的 Northwind 数据库
string connString = "Data Source = (local); Initial Catalog = Northwind; Integrated Security =
True; ";
// 统计 Employees 表中的记录数
string sqlString = "select COUNT( * ) from Employees";
// 建立连接对象
SqlConnection conn = new SqlConnection(connString);
// 打开连接
conn.Open();
// 建立数据命令对象
SqlCommand cmd = new SqlCommand(sqlString, conn);
// 执行命令,返回影响的行数
object o = cmd.ExecuteScalar();
MessageBox.Show(o.ToString() + "条记录");
// 关闭连接
conn.Close();
```

返回结果如图 6.19 所示。

【**例 6.6**】　使用 Command 对象的 ExecuteNonQuery 方法执行存储过程。

存储过程就是已经编译好的、优化过的放在数据库服务器中的一些 SQL 语句;可供应用程序直接调用。使用存储过程有以下几个优点。

图 6.19　返回结果界面

（1）执行速度比普通的 SQL 语句快

在运行存储过程前，数据库已对其进行了语法和句法分析，并给出了优化执行方案。这种已经编译好的过程可极大地改善 SQL 语句的性能。由于执行 SQL 语句的大部分工作已经完成，所以存储过程能以极快的速度执行。

（2）便于集中控制

当企业规则变化时，只需要在数据库的服务器中修改相应的存储过程，而不需要逐个地在应用程序中修改，应用程序保持不变即可，这样就省去了修改应用程序的工作量。

（3）可以降低网络的通信量

（4）保证数据库的安全性和完整性

通过存储过程不仅可以使没有权限的用户在控制之下间接地存取数据库，保证数据的安全；而且可以使相关的动作在一起发生，从而可以维护数据库的完整性。

（5）灵活性

存储过程可以用流控制语句编写，具有很强的灵活性，可以完成复杂的判断和运算，可以根据条件执行不通的 SQL 语句。

下面建立将一个 Northwind 数据库 Employees 表中的雇员姓名更新的存储过程。

```
Create Procedure Pro_Update_Employees
    @LN varchar(50),
    @FN varchar(50),
    @ID int output
As
Begin
    Update Employees Set LastName = @LN, FirstName = @FN Where EmployeeID = @ID
End
Go
```

参数解释：

（1）Pro_Insert_Employees。新存储过程的名称。过程名必须符合标识符规则，且对于数据库及其所有者必须唯一。有关更多信息，请参见使用标识符。

（2）@parameter。过程中的参数。在 CREATE PROCEDURE 语句中可以声明一个或多个参数。用户必须在执行过程时提供每个所声明参数的值（除非定义了该参数的默认值）。存储过程最多可以有 2100 个参数。使用 @ 符号作为第一个字符来指定参数名称。参数名称必须符合标识符的规则。每个过程的参数仅用于该过程本身；相同的参数名称可以用在其他过程中。默认情况下，参数只能代替常量，而不能用于代替表名、列名或其他数据库对象的名称。

（3）varchar。参数的数据类型。所有数据类型（包括 text、ntext 和 image）均可以用作存储过程的参数。

（4）OUTPUT。表明参数是返回参数。该选项的值可以返回给 EXEC［UTE］。使用 OUTPUT 参数可将信息返回给调用过程。Int、Text、ntext 和 image 参数可用作 OUTPUT 参数。使用 OUTPUT 关键字的输出参数可以是游标占位符。

（5）AS。指定过程要执行的操作。

（6）BEGIN…END。过程中要包含的任意数目和类型的 Transact-SQL 语句。

C♯调用存储过程的语言如下：

```
// 连接字符串，连接本地的 MS SQL Server 服务器
```

```
string conString = "data source = 127.0.0.1; persist security info = False; initial catalog =
Northwind; integrated security = SSPI; ";
// 建立连接对象，打开连接
SqlConnection con = new SqlConnection(conString);
con.Open();
// 建立数据命令对象，设定数据命令类型为存储过程
SqlCommand cmd = new SqlCommand("Pro_Update_Employees", con);
cmd.CommandType = CommandType.StoredProcedure;
// 定义存储过程输入参数
cmd.Parameters.Add(new SqlParameter("@LN", SqlDbType.VarChar, 50, "LastName"));
cmd.Parameters.Add(new SqlParameter("@FN", SqlDbType.VarChar, 50, "FirstName"));
cmd.Parameters.Add(new SqlParameter("@ID", SqlDbType.VarChar, 50, "EmployeeID"));
cmd.UpdatedRowSource = UpdateRowSource.OutputParameters;
// 设定输入参数的值
cmd.Parameters["@LN"].Value = "Jao";
cmd.Parameters["@FN"].Value = "Lash";
cmd.Parameters["@ID"].Value = "1";
// 执行数据命令
cmd.ExecuteNonQuery();
// 获得输出参数值并显示在命令行
MessageBox.Show ("更新的雇员 ID 是：" + cmd.Parameters["@ID"].Value);
// 关闭连接
con.Close();
```

程序运行的结果是将 Northwind 数据库的 Employees
表的第一条记录的 LastName 和 FirstName 修改了，并提
示更新的雇员的 ID 号，如图 6.20 所示。

图 6.20　更新数据程序的运行界面

6.5.5　DataReader 对象数据检索

使用 ADO.NET 的 DataReader 对象能从数据库中检索数据。检索出来的数据形成一
个只读只进的数据流，存储在客户端的网络缓冲区内。DataReader 对象的 Read 方法可以
前进到一下条记录。在默认情况下，每执行一次 Read 方法只会在内存中存储一条记录，系
统的开销非常少。

创建 DataReader 之前必须先创建 SqlCommand 对象，然后调用该对象的 ExecuteReader 方
法来构造 SqlDataReader 对象，而不是直接使用构造函数。

读取数据源的数据，只能将数据源的数据从头到尾依次读出，SQL Server 7.0 或以上
版本使用 SqlDataReader，OLE DB 数据源使用 OledbReader。

Command 对象可以对数据源的数据进行直接的操作，但是如果执行的是返回结果集的查
询命令或存储过程，需要先对结果集的内容进行获取，然后再进入加工或者是输出，这就需要
DataReader 对象来配合了。DataReader 对象提供了一个只读的、单向的游标用于访问结果集
的行，因为内存中每次仅有一个数据行，所以 DataReader 需要的开销很少，效率很高。

DataReader 对象不能直接实例化，而是必须通过 Command 对象的 ExecuteReader 方
法来生成。DataReader 最主要的方法是 Read 方法，用来检索行，然后可以用数组访问语法
来访问行中的字段。在 DataReader 遍历记录时，数据连接必须保持打开状态，直到

DataReader 对象被关闭为止。

【例 6.7】 使用 Command 对象和 DataReader 对象获取数据,将 Employees 表的数据绑定到 ListBox 框里面。

```
// 连接本地的 MS SQL Server 服务器的 Northwind 数据库
string connString = "Data Source = (local); Initial Catalog = Northwind; Integrated Security = True; ";
// 返回 Employees 表中所有记录
string sqlString = "select * from Employees";
// 建立连接对象
SqlConnection conn = new SqlConnection(connString);
// 打开连接
conn.Open();
// 建立数据命令对象
SqlCommand cmd = new SqlCommand(sqlString, conn);
// 执行命令,返回 SqlDataReader 对象
SqlDataReader sdr = cmd.ExecuteReader();
//清空 ListBox1 框中内容
listBox1.Items.Clear();
// 迭代结果集中的行,直到读完最后一条记录 Read 方法返回 false
while (sdr.Read())
{
// 用数字序号引用字段的增加到 ListBox1 框中
listBox1.Items.Add(sdr[0]);
listBox1.Items.Add(sdr[1]);
listBox1.Items.Add(sdr[2]);
}
// 关闭 DataReader
sdr.Close();
// 关闭连接
conn.Close();
```

运行界面如图 6.21 所示。

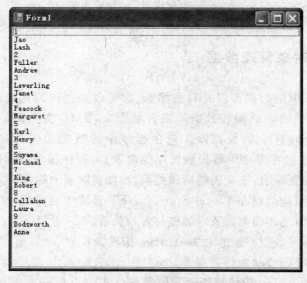

图 6.21　DataReader 对象获取数据运行界面

6.6　DataAdapter 对象与 DataSet 对象

可以使用 Command 对象和 DataReader 对象完成几乎所有的数据库功能,这些方法是程序设计中经常使用的方法,但是这些方法需要手工编写大量的代码,因此 ADO.NET 提供了更方便的方法来支持可视化的开发,这就是 DataAdapter 和 DataSet 对象提供的重要功能。

对数据源执行操作并返回结果,在 DataSet 与数据源之间建立通信,将数据源中的数据写入 DataSet,或根据 DataSet 中的数据绑定数据源,SQL Server 7.0 或以上版本使用 SqlDataAdapter,OLE DB 数据源使用 OledbAdpater。

图 6.22 阐述了 DataSet、Command、Connection、DataAdapter 之间的关系。

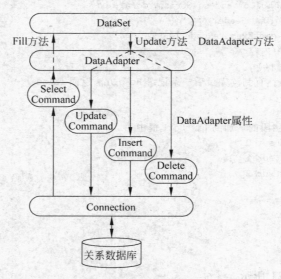

图 6.22　数据库组件之间的关系

6.6.1　DataSet 对象管理数据

数据集 DataSet 中的数据可以来自数据源,也可以通过代码直接向表中增加数据行,DataSet 类不考虑其中的表结构和数据是来自数据库、XML 文件还是程序代码。数据集 DataSet 可以认为是内存中的数据库。它在程序中对数据的支持功能是十分强大的。DataSet 一旦形成,就能在程序中替代数据库的位置,为程序提供数据服务。DataSet 可以在这个数据库中增加删除表,定义表结构和关系,增加删除表中的行。

DataSet 的数据结构可以在 Visual Studio .NET 环境中通过向导完成,也可以通过代码来增加表、增加表的列和约束以及增加表与表的关系。

通过窗体设计器可以很方便地添加 DataSet 组件。

【例 6.8】　添加 DataSet 组件。

(1) 创建一个 Windows 窗体应用程序项目 Ex6_10。

（2）在工具箱中，单击"数据"标签项，弹出所有与"数据"操作相关的组件。

（3）将工具箱中的 DataSet 组件拖放到窗体上，此时弹出一个"添加数据集"对话框，用来选择"类型化数据集"还是"非类型化数据集"，如图 6.23 所示。

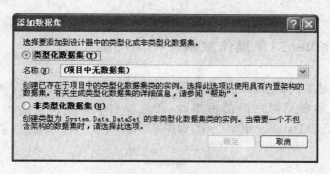

图 6.23　"添加数据集"对话框

（4）若选中"类型化数据集"选项后，将创建已经存在于项目中的数据集类的一个实例（数据架构已定义）；若选中"非类型化数据集"选项则创建一个类型为 System. Data. Dataset 的数据集，通常若以编程方式定义数据集架构如添加数据表和列时，则需要选中此项。

（5）在本例中选中"非类型化数据集"选项，单击"确定"按钮，此时将添加 DataSet 组件对象 dataSet1。

（6）单击窗体模板下方的 dataSet1 图标，将在其属性窗口中显示该 DataSet 组件对象的全部属性，通过修改 Name 属性可以更改该组件的实例名称，通过修改 DataSetName 属性可以设置该 DataSet 组件的名称，默认为 NewDataSet，如图 6.24 所示。

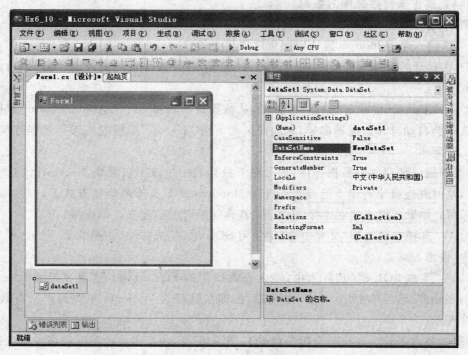

图 6.24　DataSet 组件属性

当然也可以在运行时通过代码来建立数据集,直接调用数据集的构造函数创建一个新的实例即可,如:

```
DataSet ds = new DataSet();
```

6.6.2　DataAdapter 对象操作数据

DataAdapter 对象表示一组数据命令和一个数据库连接,用于填充 DataSet 和更新数据源。作为 DataSet 和数据源之间的桥接器,通过映射 Fill 来向 DataSet 填充数据,通过 Update 向数据库更新 DataSet 中的变化,如图 6.25 如示。

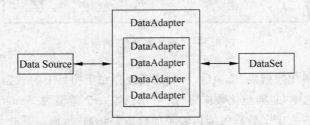

图 6.25　数据适配器和数据集的关系

Visual Studio . NET 提供了很方便的向导来生成 DataAdapter 对象连接数据源,只需要给向导提供连接信息,并指定需要查询的数据表,向导可以自动生成 SELECT 查询语句和相关的 UPDATE、DELETE 和 INSERT 数据维护语句。下面利用 DataAdapter 来向数据集中填充真正来自数据库的数据。

【例 6.9】　SqlDataAdapter 数据库的绑定。

(1) 新建一个 Windows 窗体应用程序项目 Ex9_11。

(2) 在打开的窗体设计器中,单击 Form1 窗体,在开发环境的窗体属性窗口中,调整窗体大小。

(3) 从"工具箱"中单击"数据"标签项,从数据面板拖曳一个 SqlDataAdapter 控件到窗体上,这将会自动打开适配器向导,在欢迎页面单击"下一步"按钮进入选择数据连接页面,如图 6.26 所示。

如果前面已经建立好数据连接,那么在下拉列表中应该可以看到 Northwind 这个数据连接了,这时在连接字符串上已经有了连接 Northwind 数据库的连接方式了,直接单击"下一步"即可;如果还没有建立连接,应单击"新建连接"按钮,建立数据连接。

(4) 在"选择查询类型"页面中选择"使用 SQL 语句"选择项,如图 6.27 所示,然后单击"下一步"按钮。

(5) 在"生成 SQL 语句"页面中,输入查询所需的 SQL 语句。这里直接输入"select * from students",然后单击"下一步"按钮即可,即从数据表 students 中查询出所有数据,如图 6.28 所示。

这里的查询语句只要是符合规范的 SQL 语句即可,包括多表的关联查询。可以通过单击"查询生成器"按钮打开查询生成器可视化地生成 SQL 语句,如图 6.29 所示。

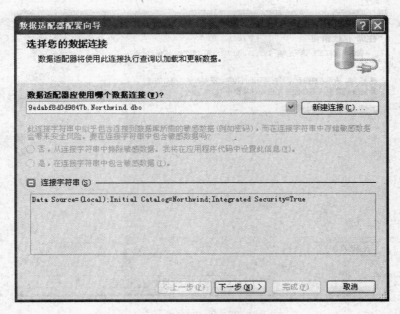

图 6.26　数据适配器配置数据源

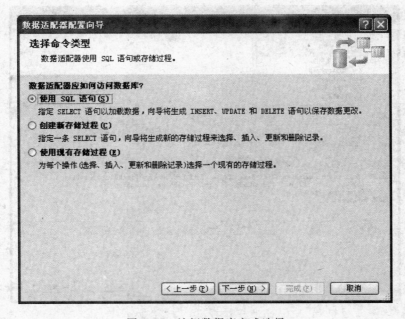

图 6.27　访问数据库方式选择

　　根据查询语句,向导会自动生成代码,向工程中添加 4 个 DataCommand 对象,分别作为适配器对象的 SelectCommand、InsertCommand、UpdateCommand 和 DeleteCommand 对象。同时,向导会根据所选择的数据连接生成对应的数据连接对象。完成后向导显示图 6.30 所示的窗口,单击"完成"按钮。

　　关闭向导窗口后,可以发现在表单设计器中出现了一个名为 SqlDataAdapter1 的数据适配器对象和一个名为 SqlConnection1 的数据连接对象,如图 6.31 所示。

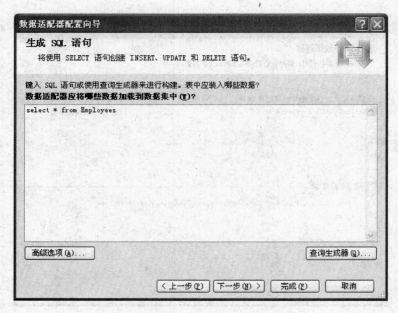

图 6.28 生成 SQL 语句

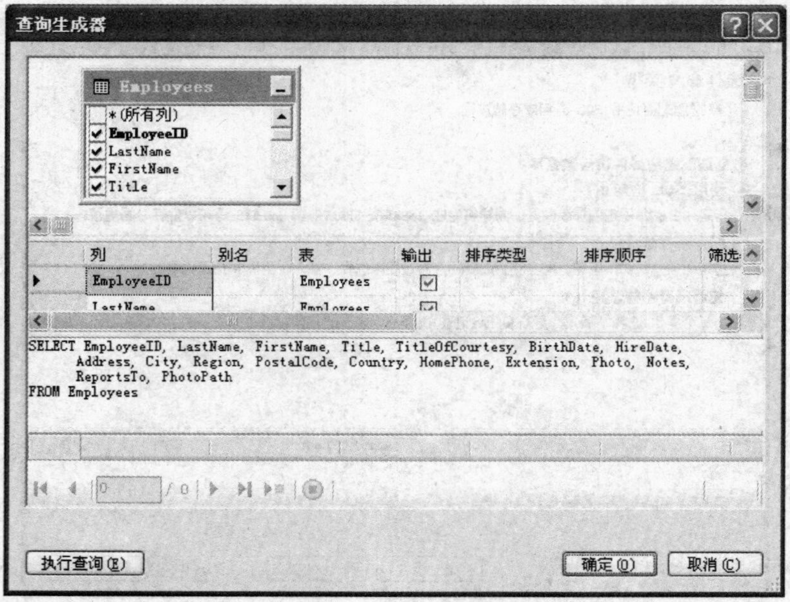

图 6.29 SQL 查询生产器

在 SqlDataAdapter1 对象上单击鼠标右键,在弹出菜单中选择"生成数据集",如图 6.32 所示。

菜单项打开生成数据集对话框,如图 6.33 所示。

保持各选项的默认值单击"确定"按钮,向导会自动生成一个名为 dataSet11 的数据集对象加入窗体设计器,该数据集的结构定义也将自动生成,并存入对应的 DataSet1.xsd 文件中,如图 6.34 所示。

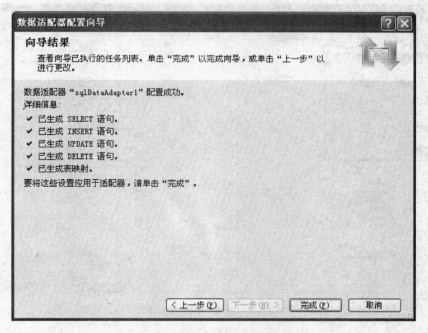

图 6.30 数据适配器配置向导结果

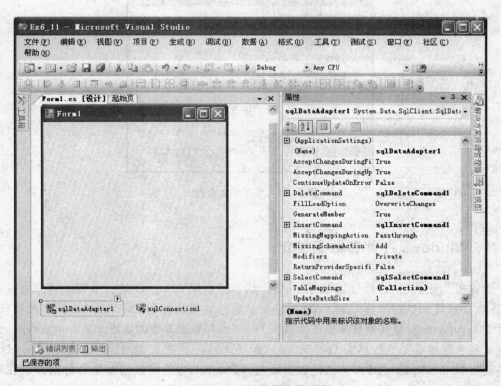

图 6.31 生成的数据连接对象

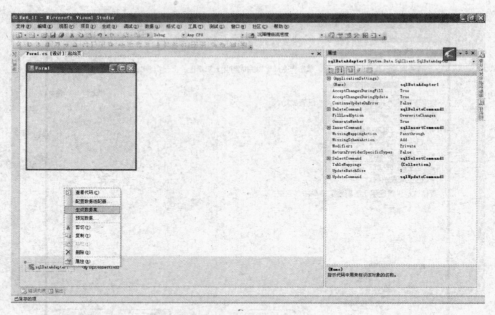

图 6.32　选择"生成数据集"

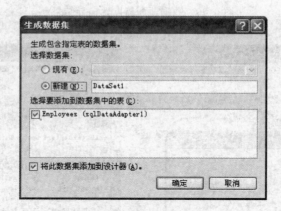

图 6.33　选择添加数据表

6.6.3　Windows 控件和数据绑定

　　到这里为止,我们已经知道了 Visual.C♯.Net 利用 Ado.net 进行数据库开发的基本步骤,首先是创建和数据库连接的 Connection 对象。如果是使用 DataAdapter 操作数据库,就配置 DataAdapter 对象并创建和操作数据集 DataSet,将数据库中的表添加到 DataSet 中。最后数据要显示就还需要把数据集 DataSet 绑定到 Windows 控件上面,比如 DataGrid,ComboBox 等。利用 DataAdapter 的 Fill 方法把数据填充到 DataSet,最终的数据库中的数据显示在用户界面的 DataGrid 中。下面就来学习数据绑定。

　　在 Windows 窗体应用程序中,都需要从某类数据源中读取信息,而实现这一功能的通常方式是采用数据绑定。数据绑定是指将控件的某些属性值与数据集中的数据元素连接在

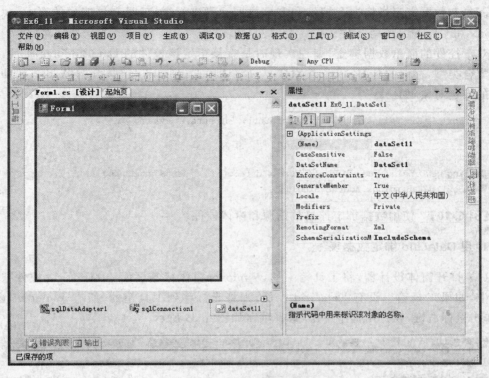

图 6.34 生成的数据集对象

一起,控件的属性变化会反映到数据集中,反之也一样。数据绑定的好处是可以大大简化数据的展示,此外对绑定的统一管理可以使界面元件能同步更新,实现记录向前向后浏览时的自动同步更新。

数据绑定的逻辑模型如图 6.35 所示。

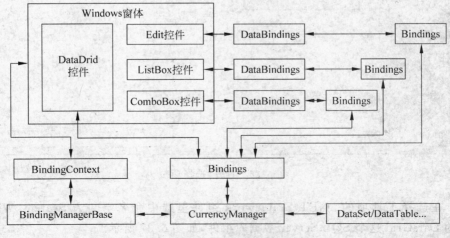

图 6.35 窗体控件绑定示意图

有两种类型的数据绑定:简单绑定和复杂绑定。简单数据绑定是指将一个控件和单个数据元素(如数据表的列值)进行绑定,大多数 Windows 窗体控件如文本框控件都具有这个能力。复杂数据绑定指将一个控件和多个数据元素进行绑定,具有该能力的有 DataGrid、ListBox 和 ComboBox 等控件。

　　对于控件的简单数据绑定,编程实现时是直接指定该控件的 DataBindings 属性,它是一个集合类型,存储的是 Binding 类对象。只要调用 DataBindings 集合的 Add 方法即可加入新的绑定对象,如:

```
textBox1.DataBindings.Add("Text", dataSet1, "stuents.studentno");
```

或

```
Binding newBinging = new Binding("Text", dataSet1, "stuents.studentno");
textBox1.DataBindings.Add(newBinding);
```

　　【例 6.10】　使用数据绑定连接数据源和窗体控件。

1. 用 DataGrid 绑定数据表

　　(1) 打开窗体设计器,将工具箱中的 Windows 窗体标签页面的 DataGrid 控件拖放到窗体中,如果工具箱里没有 DataGrid 控件,则将光标移到工具箱的"所有 Windows 窗体"上,单击鼠标右键,在弹出框中单击"选择项",如图 6.36 所示。

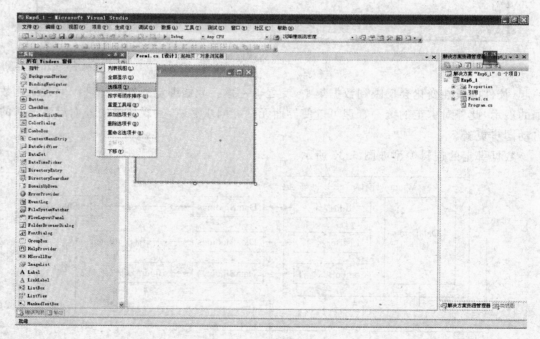

图 6.36　打开"选择项"

　　(2) 在选择工具项的 .NET Framework 组件里选中命名空间为 System. Windows. Forms 的 DataGrid 这个 SQL Server 数据库组件,如图 6.37 所示。

　　(3) 在 dataGrid1 属性窗口中,将 DataSource 属性选择为 DataSet1,如图 6.38 所示。

　　(4) 将 DataMember 属性选择为 Employees,如图 6.39 所示。

　　(5) 添加其他控件,按要求绑定这些控件到 Employees 表的不同列上,如图 6.40 所示。

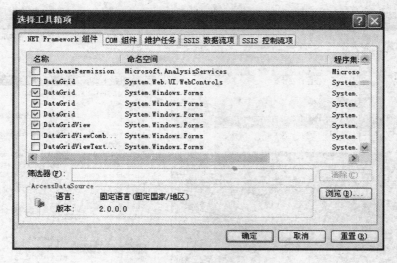

图 6.37　选择 DataGrid 数据库组

图 6.38　设置 DataGrid 数据源

图 6.39　选择 DataGrid 数据表

（6）双击窗体，为窗体添加 Form1_Load 事件处理方法，并添加下列代码，用于向数据集中填充数据：

```
SqlDataAdapter1.Fill(dataSet11);
```

（7）编译运行，所有的数据都是从 Northwind 数据库中取出来的，这主要是靠 DataAdapter 的 Fill 方法，从这个例子可以看出，通过 DataAdapter 的 Fill 方法、DataSet 和窗体控件的绑定就可以很方便地实现数据表的数据展示，其结果如图 6.41 所示。

2. 修改和更新数据到数据库

上面实例程序在修改了数据后关闭程序再重新打开，可以发现数据并没有变化，这是由于 ADO.NET 使用的是断开连接的模型，所有对数据的修改都是在本地的数据集中完成的。因此在数据集中的内容发生变化后，要通过 DataAdapter 对象的 Update 方法将 DataSet 中的数据显式地写回数据库中，Update 方法自动调用 DataAdapter 的对应 Command 对象完成对数据源的更新，在有些情况下，需要程序员自己创建 Command 对象来完成数据更新。

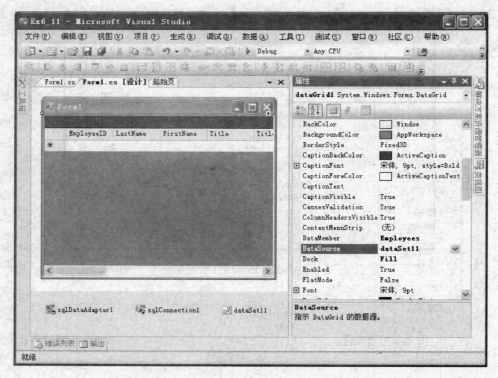

图 6.40　DataGrid 中显示的表的字段

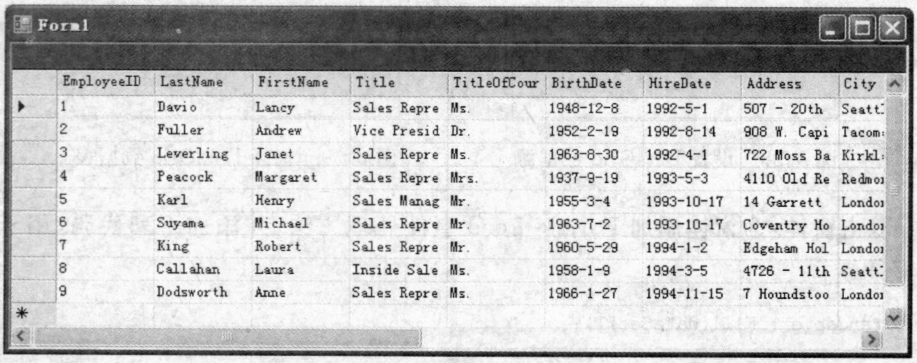

图 6.41　DataGrid 数据显示

在本例中,我们增加一个按钮并通过编写代码完成数据的更新。在窗体设计器中加入一个
按钮控件,并在 Click 事件处理方法中输入以下代码:

```
this.BindingContext[dataSet11,"Employees"].EndCurrentEdit();
SqlDataAdapter1.Update(dataSet11,"Employees");
```

再次运行程序,修改数据后单击"保存"按钮,关闭程序后再次打开时可以发现数据的修
改已经确实保存在数据库中了,如图 6.42 所示。

数据表中的 Employee ID 为 1 的 LastName 也由 Davio 变成了 David,如图 6.43 和
图 6.44 所示。

图 6.42　更新数据程序运行界面

图 6.43　更新前的数据表

图 6.44　更新后的数据表

3. 添加其他控件并进行数据绑定

（1）打开窗体设计器，向窗体添加 textBox1、textBox2、comboBox1、Label1、Label2、Label3 控件，完成后的窗体如图 6.45 所示。

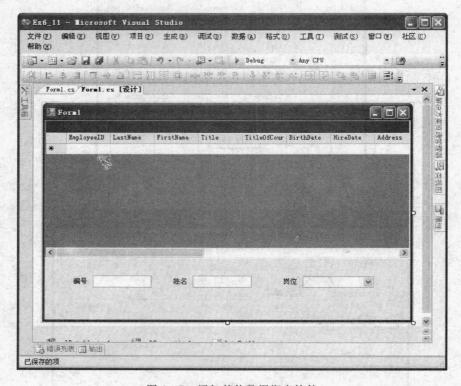

图 6.45　添加其他数据绑定控件

（2）单击 textBox1 控件，在其属性窗口中，展开（DataBindings）节点，单击（Advanced）属性右侧的"…"按钮，弹出"高级数据绑定"界面，如图 6.46 所示。

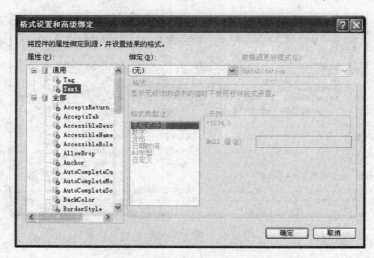

图 6.46　数据绑定设置

（3）单击 Text 属性右侧的下拉按钮，从弹出的下拉列表中选择 dataSet11 下的 Employees，选择 Employees 的 EmployeeID 字段，如图 6.47 所示。

格式类型选择"数字"，小数位数为 0，如图 6.48 所示。

图 6.47　选择绑定数据表的字段

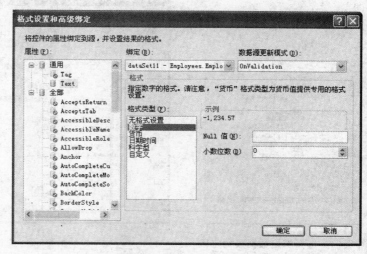

图 6.48　选择绑定字段格式

单击"关闭"按钮，完成了 textBox1 控件和 Employees 表中的字段 EmployeeID 的绑定。

（4）单击 textBox2 控件，在其属性窗口中，展开（DataBindings）节点，单击（Advanced）属性右侧的"…"按钮，弹出"高级数据绑定"界面，单击 Text 属性右侧的下拉按钮，从弹出的下拉列表中，选择 dataSet11 下的 Employees，选择 Employees 表中的 LastName 字段，如图 6.49 所示。

格式类型选择"无格式设置"，如图 6.50 所示。

图 6.49　选择绑定数据表的字段

图 6.50　选择绑定字段格式

（5）单击 comboBox1 控件，在其属性窗口中，展开（DataBindings）节点，单击（Advanced）属性右侧的"…"按钮，弹出"高级数据绑定"界面，单击 Text 属性右侧的下拉按钮，从弹出的下拉列表中,选择 dataSet11 下的 Employees,选择 Employees 表中的 Title 字段,如图 6.51 所示。

格式类型选择"无格式设置",如图 6.52 所示。

图 6.51　选择绑定数据表的字段

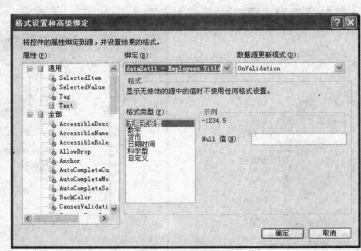

图 6.52　选择绑定字段格式

（6）编译运行,可以看到已经基本上具备一个数据库应用程序的框架了,如图 6.53 所示。

图 6.53　数据绑定程序运行界面

6.7　Visual C# 中的 SQL Server 项目

通常,我们使用的是 SQL 创建 SQL Server 的存储过程、函数和触发器。而现在的 SQL Server 2005 已经完全支持.NET 通用语言运行时（CLR）了。这就意味着,可以使用 .NET 的语言,如 C#、VB. NET 之类的来开发 SQL Server 的存储过程、函数和触发器。 SQL Server 和 CLR 的集成给我们带来了很多好处,如实时编译、类型安全、增强的安全性以及增强的编程模型等。本节将向大家讲述如何使用 C♯ 创建 SQL Server 的存储过程和自定义函数。

6.7.1 启用 CLR 集成

开始用 C♯ 写存储过程之前，必须要启用 SQL Server 的 CLR 集成特性。默认情况它是不启用的。打开 SQL Server Management Studio 并执行如图 6.54 中的脚本。

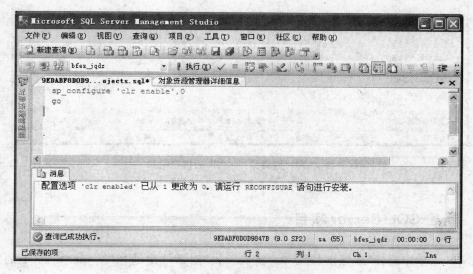

图 6.54 启动 CLR 集成

执行了系统存储过程 sp_configure，为其提供的两个参数分别为 clr enabled 和 1。如果要停用 CLR 集成的话也是执行这个存储过程，只不过第二个参数要变为 0 而已。另外，为了使新的设置产生效果，不要忘记调用 RECONFIGURE，如图 6.55 所示。

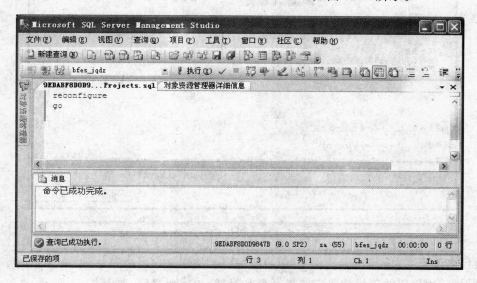

图 6.55 重新设置产生效果

最后可以用如下命令查看执行结果，如图 6.56 所示。

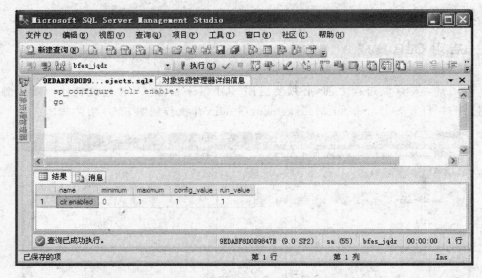

图 6.56　查看启动 CLR 的执行结果

6.7.2　新建 SQL Server 项目

从文件菜单中选择"新建项目"。在"新建项目"对话框中选择"Visual C♯"下的"数据库"。然后选择"SQL Server 项目"模板，如图 6.57 所示。

图 6.57　新建 SQL Server 项目

项目名设为 SqlServerProject1 后就单击"确定"按钮。

接下来，所创建的项目就要求选择一个 SQL Server 数据库，如图 6.58 所示。

　　如果"可用的引用"列表框里已有 Northwind 数据库,那么就在"新建数据库引用"对话框中选中它,然后单击"确定"按钮。接着,SQL Server 项目在部署的时候就会将我们开发的存储过程写入这个数据库。

　　假设"可用的引用"列表框里没有 Northwind 数据库,要引用新的数据库,那么就单击"添加新引用",随后弹出"新建数据库引用"对话框输入"服务器名"为(local)或者远程服务器名,选择"使用 Windows 身份验证"登录到服务器,选择连接到 Northwind 数据库,最后测试连接,如图 6.59 所示。

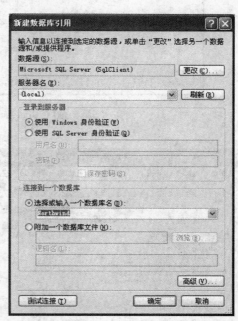

图 6.58　选择 SQL Server 数据库　　　　　图 6.59　配置 SQL Server 数据库

6.7.3　创建 SQL Server 的存储过程

　　我们在使用 SQL Server 存储过程时,最常做的工作就是从数据库中读取或保存数据。其常用应用如下。

　　(1) 执行一些简单的逻辑,没有任何返回值。也没有输出参数。

　　(2) 执行一些逻辑,并通过一个或更多的输出参数返回结果。

　　(3) 执行一些逻辑,并返回从表中读取的一条或多条记录。

　　(4) 执行一些逻辑,并返回一行或多行记录。

　　用 C#开发出这几种 SQL Server 存储过程的步骤如下。

　　接下来,在菜单栏选择"项目"→"添加存储过程",然后将会出现如图 6.60 所示的对话框。

　　在模板中选择"存储过程脚本",并起一个合适的名字,然后单击"添加"按钮。添加完后就创建了一个已经导入了需要用到的命名空间的类,如图 6.61 所示。

　　System. Data. SqlTypes 命名空间包含了很多不同的类型,它们可以用来代替 SQL

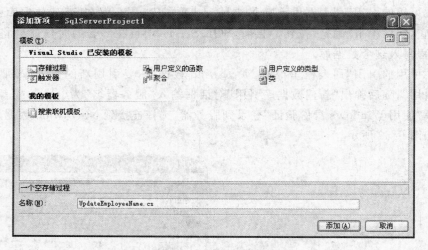

图 6.60   新建存储过程

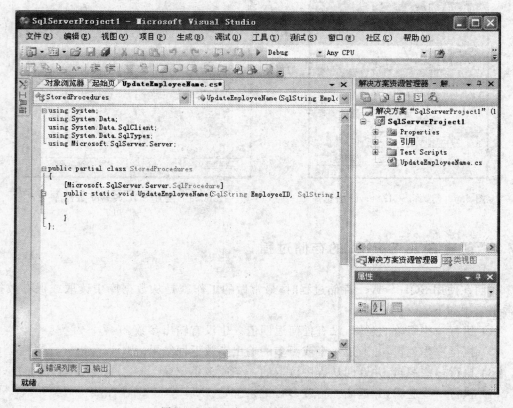

图 6.61   C#中生成的存储过程方法

Server 的数据类型。Microsoft. SqlServer. Server 命名空间下的类负责 SQL Server 的 CLR 集成,如图 6.62 所示。

该方法将会转换为存储过程,然后保存到 Northwind 数据库里。这样,就在 Northwind 数据库中建立了一个存储过程 dbo. UpdateEmployeeName,如图 6.63 所示。

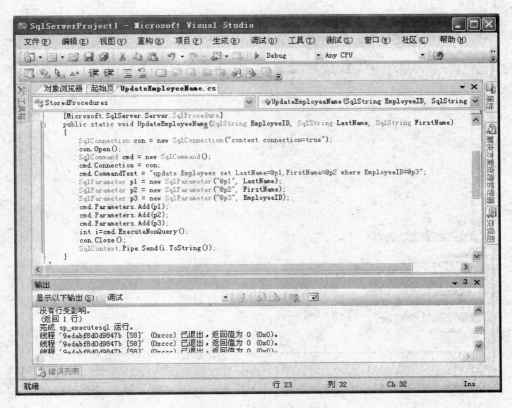

图 6.62　设计存储过程

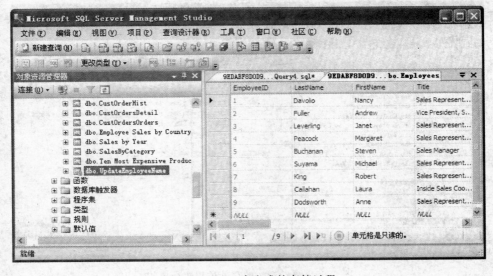

图 6.63　SQL 中生成的存储过程

单击鼠标右键,执行这个存储过程,传递值 1,David,Lancy 给参数 @Employees, @LastName,@FirstName,如图 6.64 所示。

这时,会自动产生 StoredProcedure1 执行的存储过程语句,如图 6.65 所示。

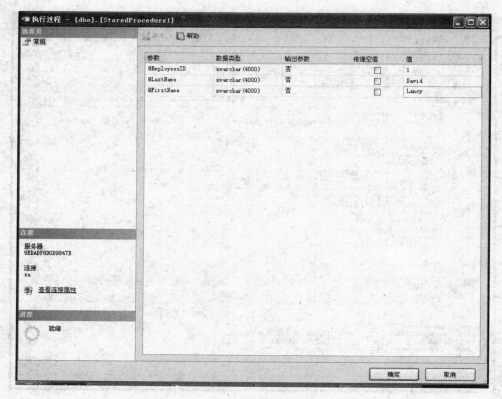

图 6.64 执行存储过程

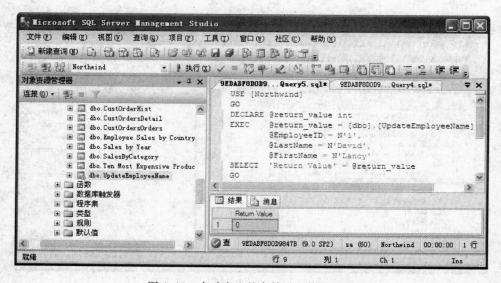

图 6.65 自动产生的存储过程执行语句

这样表中原来的数据 1,Davolio,Nancy 就会被修改,如图 6.66 所示。

仔细看一下这个 UpdateEmployeeName()存储过程方法。

(1) 首先它是一个静态方法并且没有返回值(void)。

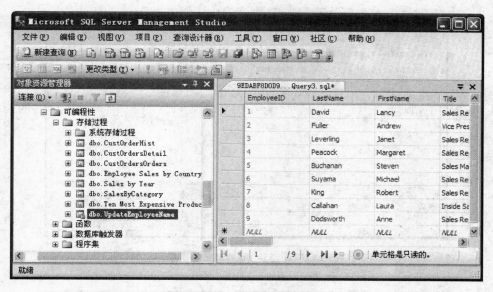

图 6.66 存储过程执行结果

（2）它需要名为 EmployeeID、LastName 和 FirstName 的参数。请注意参数的数据类型都是 SqlString。SqlString 可以用来代替 SQL Server 中的 nvarchar 数据类型。

（3）这个方法用了一个［Microsoft.SqlServer.Server.SqlProcedure］属性来修饰。该属性用于标记 ChangeCompanyName()方法是一个 SQL Server 存储过程。

（4）在方法内创建了一个 SqlConnection 对象，并设置其连接字符串为 context connection＝true。"上下文连接"可以使用当前登录到数据库的用户作为读者的登录数据库的验证信息。

（5）打开数据库连接。

（6）通过设置 SqlCommand 对象的 Connection 和 CommandText 属性，让其执行更新操作。

（7）还需要设置两个参数。

（8）调用 ExecuteNonQuery()方法就可以执行更新操作了。

（9）再接下来就是关闭连接。

（10）将 ExecuteNonQuery()方法的返回值发送到客户端。

（11）SqlContext 类用于在服务端和客户端之间传递处理结果。Send()方法发送一个字符串返回给调用者。

6.7.4 创建 SQL Server 的自定义函数

接下来，可以编写出能够在 SQL Server 中运行的自定义函数，在菜单栏选择"项目"→"添加用户自定义函数"，然后将会出现如图 6.67 所示的对话框。

现在做自定义一个函数求长方体的体积，调用求长、宽、高分别为 5,4,3 的长方体体积，如图 6.68 所示。

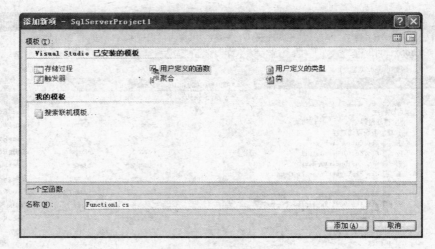

图 6.67　新建"用户定义的函数"

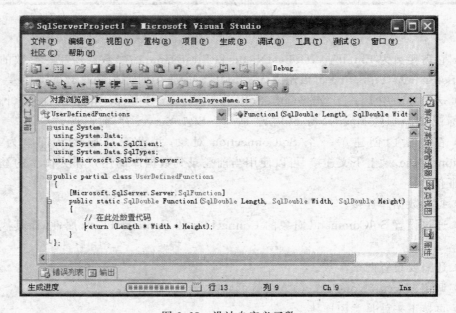

图 6.68　设计自定义函数

单击项目右键→"部署",状态栏显示部署成功,如图 6.69 所示。

在 SQL Server 2005 中会出现一个标量值函数 Function1,如图 6.70 所示。

其脚本内容如图 6.71 所示。

查询分析器选择对应的数据库执行下面的语句,结果如图 6.72 所示。

6.7.5　创建 SQL Server 的触发器

接下来,可以编写出能够在 SQL Server 中运行的自定义函数,在菜单栏选择"项目"→"添加触发器",然后将会出现如图 6.73 所示的对话框。

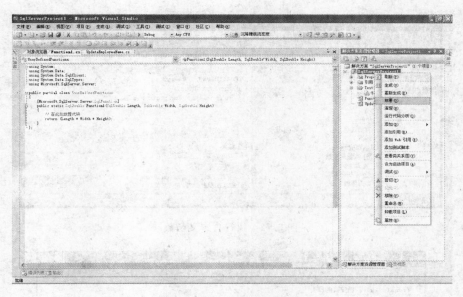

图 6.69 部署"自定义函数"

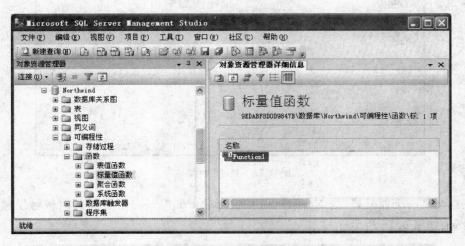

图 6.70 SQL 生成的自定义函数

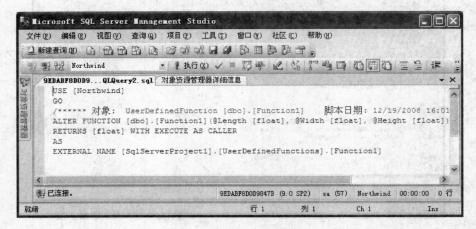

图 6.71 自定义函数的脚本

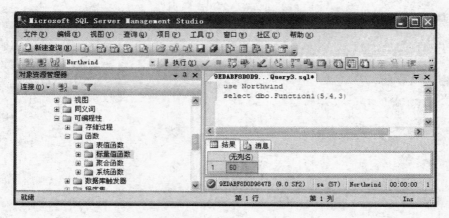

图 6.72　执行自定义函数

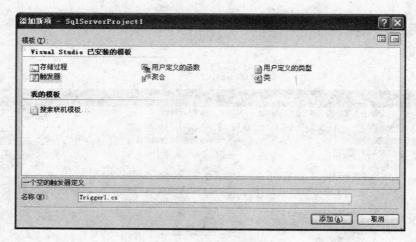

图 6.73　新建"触发器"

现在定义一个触发器,当 Northwind 数据库的 Employees 表更新的时候触发输出一条提示语句,如图 6.74 所示。

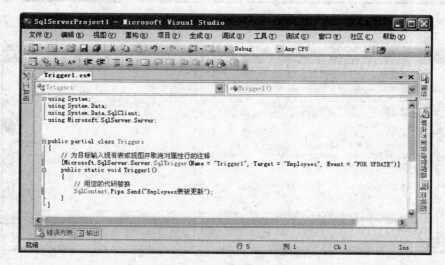

图 6.74　设计"触发器"函数

单击"生成"→"部署解决方案",状态栏显示部署成功,如图 6.75 所示。

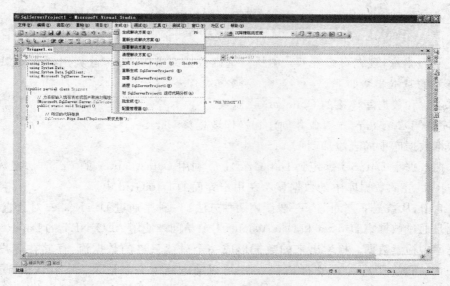

图 6.75 部署"触发器"

在 SQL Server 2005 中会出现一个触发器 Trigger1,如图 6.76 所示。

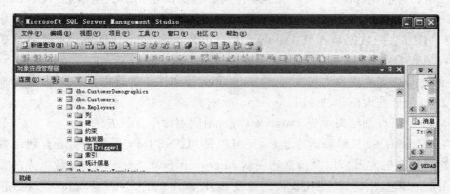

图 6.76 SQL 自动生成的"触发器"

查询分析器选择对应的数据库执行下面的语句,结果如图 6.77 所示。

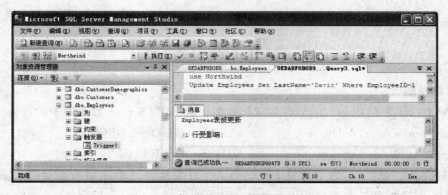

图 6.77 触发器相应更新触发的结果

本 章 小 结

通过学习本章，现在可以在 C♯ 中执行基础数据库操作了。C♯ 利用 ADO.NET 进行数据库开发的基本步骤如下。

（1）创建和数据库连接的 Connection 对象。

（2）配置 DataAdapter 对象并创建和操作数据集 DataSet。

（3）将数据库中的表添加到 DataSet 中。

（4）把数据集 DataSet 绑定到 DataGrid 上。利用 DataAdapter 的 Fill 方法把数据填充到 DataSet，最终的数据库中的数据显示在用户界面的 DataGrid 中。

在 C♯ 中，从数据库查询记录一般使用两种方法：一种是通过 DataReader 对象直接访问；另一种则是通过数据集 DataSet 和 DataAdapter 对象访问。使用 ADO.NET 的 DataReder 对象能从数据库中检索数据。检索出来的数据形成一个只读只进的数据流，存储在客户端的网络缓冲区内。DataReader 对象的 Read 方法可以前进到下一条记录。在默认情况下，每执行一次 Read 方法只会在内存中存储一条记录，系统的开销非常少。

从数据库中读取记录的另一种方法是使用 DataSet 对象和 DataAdapter 对象。DataSet 是 ADO.NET 的主要组件之一，它用于缓存从数据源检索到的数据信息。DataAdapter 作为 DataSet 和数据源之间的桥接器，用于检索和保存数据。DataAdapter 从数据库中获取数据后使用 Fill 方法把数据填充到 DataSet 中。下面以 SqlDataAdapter 为例说明如何使用 DataSet 对象和 DataAdapter 对象从数据库中读取记录。执行查询的关键步骤如下。

（1）创建与数据库建立连接的 sqlConnection，传递连接字符串。

（2）构造包含查询语句的 sqlDataAdapter 对象。

（3）若要使用查询结果填充 DataSet 对象，则调用命令 Fill 方法。

除了 Transact-SQL 编程语言之外，还可以使用 .NET Framework 语言创建数据库对象（如存储过程和触发器），以及检索和更新 Microsoft SQL Server 2005 数据库的数据。与使用 Transact-SQL 相比，使用托管代码开发 SQL Server 的 .NET Framework 数据库对象具有很多优点。若要创建数据库对象，可以创建一个 SQL Server 项目，向该项目添加所需的项，然后为这些项添加代码。接着，将该项目生成到一个程序集中，并将其部署到 SQL Server。

习 题 6

一、选择题

1. ADO.NET 使用＿＿＿＿＿命名空间的类访问 SQL Server 数据库中的数据。

A. System.Data.OleDb

B. System.Data.SqlClient

C. System.Xml.Serialization

D. System.IO

2. 在 ADO.NET 中，为了确保 DataAdapter 对象能够正确地将数据从数据源填充到 DataSet 中，则必须事先设置好 DataAdapter 对象的下列＿＿＿＿＿ Command 属性。

  A. Delete Command   B. Update Command

  C. Insert Command   D. Select Command

  3. 为使用 OleDb . NET Data Proviver 连接到 SQL Server 2000 数据库,应将 Connection 对象的 ConnectionString 属性中的 Provider 子属性的值设置为_____。

  A. Provider=SQLOLE DB

  B. Provider=SQLSERVER

  C. Provider=Microsoft. Jet. OLE DB. 4. 0

  D. Provider=MSDAORA

  4. 在使用 ADO. NET 编写连接到 SQL Server 2000 数据库的应用程序时,从提高性能的角度考虑,应创建_____类的对象,并调用其 Open 方法连接到数据库。

  A. OleDbConnection   B. SqlConnection

  C. OdbcConnection   D. Connection

  5. 在使用 ADO. NET 设计数据库应用程序时,可通过设置 Connection 对象的_____属性来指定连接到数据库时的用户和密码信息。

  A. ConnectionString   B. DataSource

  C. UserInformation   D. Provider

  6. 有一个 DataSet 对象 myDataSet 包含两个 DataTable 对象 Customers 和 Orders。Customers 有一个列 CustomerID,对每个 Customer 是唯一的。Orders 也有一个列 CustomerID。想使用 DataRow 对象的 GetChildRows 方法来获得当前客户的所有 orders。

  请选择:_____。

  A. 在 Customers 和 Orders 间增加一个 Orders 的外键约束 CustomerID

  B. 在 Customers 和 Orders 间增加一个数据关联 OrderID 到 myDataSet

  C. 创建一个 Customers 的唯一约束 CustomerID

  D. 创建一个 Customers 的主键 CustomerID

  7. 有一个 DataSet 对象 ordersDataSet 包含两个 DataTable 对象 Orders 和 OrderDetails。Orders 和 OrderDetails 两者都包含一个列 OrderID。在 Orders 和 OrderDetails 间用 OrderID 创建一个 DataRelation 对象 OrderRelation。Order 是父表,OrderDetails 是子表。使用以下代码增加 OrderRelation 到 OrdersDataSet 关联集合。ordersDataSet. Relations. Add(orderRelation);

  在增加 OrderRelation 前,两个表都没有约束,运行代码行,现在每个表有_____约束。

  A. Orders 表一个;OrderDetails 表没有

  B. Orders 表没有;OrderDetails 表一个

  C. Orders 表没有;OrderDetails 表没有

  D. Orders 表一个;OrderDetails 表一个

  8. 你正在创建一个应用程序来追踪一家公司的销售订单。此应用程序用的是 ADO. NET DataSet 对象,DataSet 包含了两个 DataTable 对象。一个表的名字为 Orders,另一个表名为 OrderDetails。来自 Orders 表的数据显示在列表框中,你希望当用户在列表框中选择了 Orders 表的信息时,它相应的 OrderDetails 就会显示在 DataGrid 中。你想修改这些对象使你的代码能够找到你选择的订单的所有 OrderDetails 信息,应该_____。

A. 在 DataSet 对象的 Relations 集合中添加一个 DataRelation 对象

B. 用 DataSet. Merge 方法把 Orders 表和 OrderDetails 表相互连接起来

C. 在 OrderDetails 表中添加一个 ForeignKeyConstraint

D. 在 OrderDetails 中添加一个 keyref 约束

9. 开发一个新的销售分析程序能够重复使用已经存在的数据访问组件。其中的一个组件返回一个 DataSet 对象，这个对象里包括了上一年中所有的用户订单的数据。希望这个程序能够按照单个产品号码来显示订单。用户将在运行的时候输入合适的产品代码。

请选择：_____

A. 使用 DataSet. Reset 方法

B. 使用一个过滤器表达式来设置 DataSet 对象的 RowFilter 属性

C. 创建一个 DataView 对象，并使用一个过滤器表达式来设置 RowFilter 属性

D. 创建一个 DataView 对象，并使用一个过滤器表达式来设置 RowStateFilter 属性

10. 在 ADO. NET 中，执行数据库的某个存储过程，则至少需要创建_____并设置它们的属性，调用合适的方法。

A. 一个 Connection 对象和一个 Command 对象

B. 一个 Connection 对象和一个 DataSet 对象

C. 一个 Command 对象和一个 DataSet 对象

D. 一个 Command 对象和一个 DataAdapter 对象

二、问答题

1. ADO 和 ADO. NET 有什么区别？

2. 如何用语句建立与数据库的连接？

3. 如何在 C♯ 环境下创建数据库的存储过程？

第 7 章

图 像 处 理

本章要求掌握利用 GDI＋打开、显示图像，并对图像水平镜像、竖直镜像及旋转处理。

7.1 GDI 和 GDI+

GDI（Graphical Device Interface）是 Windows 中的图形图像开发接口，它主要负责通过屏幕和打印机输出有关信息，它是一组通过类实现的应用程序编程接口。顾名思义，GDI＋是以前版本 GDI 的继承者，出于兼容性考虑，Windows 仍然支持以前版本的 GDI，但 GDI＋对以前的 Windows 版本中的 GDI 进行了优化，并添加了许多新的功能。

作为图形设备接口的 GDI＋使得应用程序开发人员在输出屏幕和打印机信息的时候无须考虑具体显示设备的细节，它们只需调用 GDI＋库输出的类的一些方法即可完成图形操作，真正的绘图工作由这些方法交给特定的设备驱动程序来完成。GDI＋使得图形硬件和应用程序相互隔离，从而使开发人员编写设备无关的应用程序变得非常容易。市面上有几百种不同的视频卡，大多数有不同的指令集和功能。如果要考虑这些细节，在应用程序中，开发人员必须为每个视频卡驱动程序编写在屏幕上绘图的特定代码，这样的应用程序就根本不可能编写出来。

GDI＋提供了二维矢量图形、图像处理的功能。.NET 基类库的 GDI＋非常大，本章不可能详细解释其特性。对 GDI＋感兴趣的同学，可以参阅 SDK 文档说明。

7.1.1 GDI+命名空间

System. Drawing 命名空间提供了对 GDI＋基本图形功能的访问。在 System. Drawing. Drawing2D、System. Drawing. Imaging 以及 System. Drawing. Text 命名空间中提供了更高级的功能。

Graphics 类提供了绘制到显示设备的方法。Pen 类用于绘制直线和曲线，而从抽象类 Brush 派生出的类则用于填充形状的内部。

本章使用的几乎所有的类、结构等都包含在 System. Drawing 命名空间中，如表 7.1 所示。

表 7.1   System. Drawing 命名空间

命 名 空 间	说 明
System. Drawing	包含与基本绘图功能有关的大多数类、结构、枚举和委托
System. Drawing. Drawing2D	为大多数高级 2D 和矢量绘图操作提供了支持，包括消除锯齿、几何转换和图形路径
System. Drawing. Imaging	帮助处理图像(位图、GIF 文件等)的各种类
System. Drawing. Printing	把打印机或打印预览窗口作为输出设备时使用的类
System. Drawing. Design	一些预定义的对话框、属性表和其他用户界面元素，与在设计期间扩展用户界面相关
System. Drawing. Text	对字体和字体系列执行更高级操作的类

7.1.2   设备环境对象和 Graphics 对象

设备环境对象(或称为设备描述表)是 Windows 使用的一个数据结构，用于存储具体设备能力和与如何在设备上重绘一些项目的有关属性信息。而且设备环境还与特定的窗口有关。在 GDI 下，所有的绘图工作都必须通过设备环境来完成。设备环境对象把不同的设备屏蔽起来，使得程序员不用考虑设备的类型(如是显示器或是打印机，是何种显卡)就能完成绘图操作。使用 GDI 绘制图形，首先必须获得一个设备描述表句柄，然后把这个句柄作为一个参数传递给 GDI 图形绘制函数。

使用 GDI＋绘制图形图像，不必使用设备环境。可以简单地创建一个图形对象(Graphics)，然后调用它的方法即可。Graphics 对象是 GDI＋的核心，正如设备描述表是 GDI 的核心一样。设备描述表(DC)和图形对象(Graphics)在不同的环境下扮演着同样的角色，发挥着类似的作用。但是两者也存在着本质的不同。前者使用基于句柄的编程方法而后者使用面向对象的编程方法。

Graphics 类提供将图像、图形绘制到显示设备的方法。大多数绘图工作都是调用 Graphics 实例的方法完成的。实际上，因为 Graphics 类负责处理大多数绘图操作，所以 GDI＋中很少有操作不涉及到 Graphics 对象。理解如何处理这个对象是理解如何使用 GDI＋在显示设备上绘图的关键。

可以通过以下 3 种方式创建一个 Graphics 对象。

(1) 通过视窗中的 Paint 事件的 PaintEventArgs 直接引用视窗的 Graphics 对象。

```
private void Form1_Paint(Object sender, System.Windows.Forms. PaintEventArgs P)
{
    Graphics dc = P. Graphics;
}
```

(2) 使用窗体的 CreateGraphics()方法创建一个 Graphics 对象。

```
Graphics dc = this. CreateGraphics();
```

(3) 通过图像对象创建一个 Graphics 对象。

```
Graphics g = Graphics. FromImage( image);
```

注意：image 为图像对象，在使用之前必须用 7.4 节所述方法打开一个图像。

7.2　位图类型

位图是位的数组，它指定了像素矩阵中各像素的颜色。专用于单个像素的位数决定了可分配到该像素的颜色数。例如，如果用 4 位来呈现每个像素，那么一个给定的像素就可以分配到 $16(2^4=16)$ 种颜色中的一种。表 7.2 中的几个示例显示了可分配到由给定位数代表的像素的颜色数量。

表 7.2　位与颜色数量

每像素的位数	一个像素可分配到的颜色数量
1	$2^1=2$
2	$2^2=4$
4	$2^4=16$
8	$2^8=256$
16	$2^{16}=65\ 536$
24	$2^{24}=16\ 777\ 216$

存储位图的磁盘文件通常包含一个或多个信息块，信息块中存储了如每像素位数、每行的像素数以及数组中的行数等信息。这样一个文件也可能包含颜色表（有时称为调色板）。颜色表将位图中的数值映射到特定的颜色。在颜色表中存储索引的位图称为"调色板索引位图"。有些位图不需要颜色表。例如，如果位图使用每像素 24 位的格式（即 8 位用于红色，8 位用于绿色，8 位用于蓝色），那么该位图就可以将颜色本身（而不是索引）存储到颜色表中。图 7.1 显示了一个直接存储颜色（24 位/像素）而不使用颜色表的位图。该图也显示了相应图像的放大视图。在位图中，FFFFFF（即 255,255,255）表示白色，FF0000（即 255,0,0）表示红色，00FF00（即 0,255,0）表示绿色，0000FF（即 0,0,255）表示蓝色。

图 7.1　24 位颜色的位图

有许多将位图存储到磁盘文件的标准格式，GDI+ 支持下面段落中所描述的图形文件格式。

（1）BMP

BMP 是 Windows 使用的一种标准格式，用于存储设备无关和应用程序无关的图像。一个给定 BMP 文件的每像素位数值（1、4、8、15、24、32 或 64）在文件头中指定。每像素 24 位的 BMP 文件是通用的。BMP 文件通常是不压缩的，因此，不太适合通过 Internet 传输。

（2）GIF

GIF 是一种用于在网页中显示图像的通用格式。GIF 文件适用于画线、有纯色块的图片和在颜色之间有清晰边界的图片。GIF 文件是压缩的,但是在压缩过程中没有信息丢失;解压缩的图像与原始图像完全一样。GIF 文件中的一种颜色可以被指定为透明,这样,图像将具有显示它的任何网页的背景色。在单个文件中存储一系列 GIF 图像可以形成一个动画 GIF。GIF 文件每像素最多能存储 8 位,所以它们只限于使用 256 种颜色。

　　(3) JPEG

　　JPEG 是一种适应于自然景观(如扫描的照片)的压缩方案,是静态图像压缩的标准。一些信息会在压缩过程中丢失,但是这些丢失信息人眼是察觉不到的。JPEG 文件每像素存储 24 位,因此它们能够显示超过 16 000 000 种颜色。JPEG 文件不支持透明或动画。JPEG 压缩图像如图 7.2 所示。

JPEG 17KB　　　　　　JPEG 8KB
Compression 4:1　　　Compression 8:1

　　(4) 标签图像文件格式(TIFF)

图 7.2　JPEG 压缩图像

　　TIFF 是一种灵活的和可扩展的格式,各种各样的平台和图像处理应用程序都支持这种格式。TIFF 文件能以每像素任意位来存储图像,并可以使用各种各样的压缩算法。单个的多页 TIFF 文件可以存储数幅图像。可以把与图像相关的信息(扫描仪制造商、主机、压缩类型、打印方向和每像素采样等)存储在文件中并使用标签来排列这些信息。可以根据需要通过批准和添加新标签来扩展 TIFF 格式。

7.3　图像处理常用的类及控件

　　(1) PictureBox 控件

　　PictureBox 控件用于显示位图、GIF、JPEG、图元文件或图标格式的图形。所显示的图片由 Image 属性确定,该属性可在运行时或设计时设置。SizeMode 属性控制是使图像和控件彼此适合的方式。

　　(2) OpenFileDialog 组件/类

　　OpenFileDialog 组件是一个预先配置的对话框。它与 Windows 操作系统所公开的"打开文件"对话框相同。该控件从 CommonDialog 类继承。用 OpenFileDialog 组件时,必须编写用户自己的文件打开逻辑。可使用 ShowDialog 方法在运行时显示该对话框。使用 Multiselect 属性可使用户选择多个要打开的文件。另外,可使用 Filter 属性设置当前文件名筛选字符串,该字符串确定出现在对话框的"文件类型"框中的选择。使用 FileName 获取打开的文件名。

　　(3) SaveFileDialog 组件/类

　　Windows 窗体 SaveFileDialog 组件是一个预先配置的对话框。它与 Windows 使用的标准"保存文件"对话框相同。该组件继承自 CommonDialog 类。使用方式与 OpenFileDialog 类似。

　　(4) Bitmap 类

　　封装 GDI+位图,此位图由图形图像及其属性的像素数据组成。Bitmap 是用于处理由像素数据定义的图像的对象。

　　(5) Image 类

　　为 Bitmap 和 Metafile 的类提供功能的抽象基类。

7.4 打 开 图 像

(1) 通过 PictureBox 打开并显示图像

- 在窗体中绘制 PictureBox 控件。
- 在 Image 属性中输入要打开的图像文件名。

显然,这种方式只能打开并显示一个固定的图像,如图 7.3 所示。

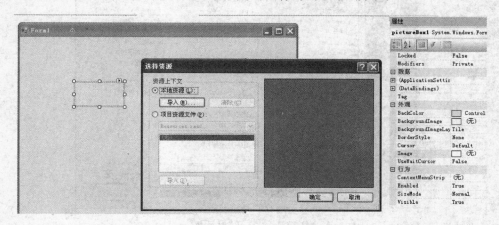

图 7.3　PictureBox 打开并显示图像

(2) 通过打开文件对话框打开图像

读取图像仅需使用一行代码:

```
Image myImage = Bitmap.FromFile("FileName");
```

或者

```
Bitmap bitmap = (Bitmap)Bitmap.FromFile("FileName");
```

或者

```
Bitmap bitmap = new Bitmap("FileName");
```

文件名可以通过文件打开对话框获取。

```
    // 新建一个对话框对象
OpenFileDialog openFileDialog1 = new OpenFileDialog();
//设置初始目录
    openFileDialog1.InitialDirectory = "f:\\";
//设置当前文件名筛选器字符串,该字符串决定对话框的"打开为文件类型"或"文件类型"框中出现
//的选择内容
openFileDialog1.Filter = "image files ( * .bmp)| * .jpg|All files ( * . * )| * . * ";
//设置文件对话框中当前选定筛选器的索引
    openFileDialog1.FilterIndex = 2;
    //指示对话框在关闭前是否还原当前目录
    openFileDialog1.RestoreDirectory = true;
    // 运行通用对话框,DialogResult.OK 表示对话框返回的是 OK
```

```
    if (openFileDialog1.ShowDialog() == DialogResult.OK)
    {
    Bitmap bitmap = new Bitmap(openFileDialog1.FileName);
}
```

"打开"对话框如图7.4所示。

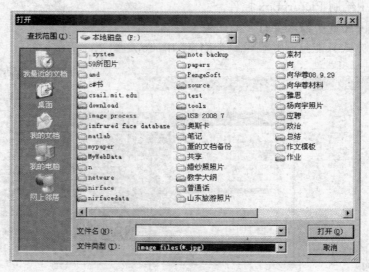

图 7.4 "打开"对话框

7.5 图像的显示

这里介绍两种图像的显示方法。

1. 通过 PictureBox 控件显示图像

首先在视窗上建立一个 PictureBox 对象,其名字为 pictureBox1,然后用下述代码显示图像。

```
this.pictureBox1.SizeMode = PictureBoxSizeMode.AutoSize;
this.pictureBox1.Image = bitmap;
```

pictureBox1.SizeMode 为指示如何显示图像,它可以为表 7.3 中所列的值。

表 7.3 显示图像模式

值	含　义
AutoSize	调整 PictureBox 大小,使其等于所包含的图像大小
CenterImage	如果 PictureBox 比图像大,则图像将居中显示。如果图像比 PictureBox 大,则图片将居于 PictureBox 中心,而外边缘将被剪裁掉
Normal	图像被置于 PictureBox 的左上角。如果图像比包含它的 PictureBox 大,则该图像将被剪裁掉
StretchImage	PictureBox 中的图像被拉伸或收缩,以适合 PictureBox 的大小
Zoom	图像大小按其原有的大小比例被增加或减小

2. 通过 DrawImage 方法显示图像

```
Graphics g = this.CreateGraphics();
g.DrawImage(bitmap,new Point(0,0));
```

（1）按任意大小和形状显示图像

用 DrawImage 可以显示放大及缩小的图像，其语句为：

```
public void DrawImage (Image image,Rectangle rect)
```

DrawImage 方法可以接收一个 Image 和一个 Rectangle。该矩形指定了绘图操作的目标，即它指定了将要在其内绘图的矩形。如果目标矩形的大小与原始图像的大小不同，原始图像将进行缩放，以适应目标矩形。

图 7.5 将同一图像绘制 3 次：一次没有缩放，一次放大，一次缩小，其代码如下：

```
Graphics myGraphics = this.CreateGraphics();
Bitmap myBitmap = new Bitmap("Spiral.png");
Rectangle expansionRectangle = new Rectangle(135, 10, myBitmap.Width * 2, myBitmap.Height);
Rectangle compressionRectangle = new Rectangle(300, 10, myBitmap.Width / 2, myBitmap.Height/2);
myGraphics.DrawImage(myBitmap, 10, 10);
myGraphics.DrawImage(myBitmap, expansionRectangle);
myGraphics.DrawImage(myBitmap, compressionRectangle);
```

图 7.5　显示没有缩放、放大和缩小的图像

（2）DrawImage 显示图像的指定部分

用 DrawImage 可以只显示图像的一部分，其语句如下：

```
public void DrawImage (Image image, Rectangle destRect, Rectangle srcRect, GraphicsUnit
srcUnit)
```

Image 为要绘制的 Image。

destRect 为 Rectangle 结构，它指定所绘制图像的位置和大小。将图像进行缩放以适合该矩形。

srcRect 为 Rectangle 结构，它指定 image 对象中要绘制的部分。

srcUnit 为 GraphicsUnit 枚举的成员，它指定 srcRect 参数所用的度量单位。

该 DrawImage 方法带有源矩形参数和目标矩形参数。源矩形参数指定原始图像要绘制的部分。目标矩形参数指定将要在其内绘制该图像指定部分的矩形。如果目标矩形的大小与源矩形的大小不同，图片将会缩放，以适应目标矩形。

图 7.6 演示显示图像的一部分：一次使用压缩，一次使用扩展。其代码如下：

```
Graphics myGraphics = this.CreateGraphics();
```

```
Bitmap myBitmap = new Bitmap("Runner.jpg");
// 指定要显示的部分(手)
Rectangle sourceRectangle = new Rectangle(80, 70, 80, 45);
// 指定显示的大小(缩小)
Rectangle destRectangle1 = new Rectangle(200, 10, 20, 16);
//指定显示的大小(放大)
Rectangle destRectangle2 = new Rectangle(200, 40, 200, 160);
// 在(0, 0)显示原始图像
myGraphics.DrawImage(myBitmap, 0, 0);
// 显示缩小的图像
myGraphics.DrawImage(myBitmap, destRectangle1, sourceRectangle, GraphicsUnit.Pixel);
//显示放大的图像
myGraphics.DrawImage(myBitmap, destRectangle2, sourceRectangle, GraphicsUnit.Pixel);
```

图 7.6 显示了未缩放的图像以及压缩的和放大的图像部分。

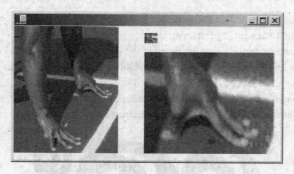

图 7.6　显示未缩放、压缩和放大的图像

（3）旋转、反射和扭曲图像

通过指定原始图像的左上角、右上角和左下角的目标点可旋转、反射和扭曲图像。这三个目标点确定将原始矩形图像映射为平行四边形的仿射变换。

其语句格式为：

```
public void DrawImage(Image image,Point[] destPoints)
```

destPoints 为三个 Point 结构组成的数组，这三个结构定义一个平行四边形。

例如，假设原始图像是一个矩形，其左上角、右上角和左下角分别位于(0,0)、(100,0)和(0,50)。现在假设将这三个点按表 7.4 所示方式映射到目标点。

表 7.4　平行四边形角的映射关系

原始点	目标点
左上角(0,0)	(200,20)
右上角(100,0)	(110,100)
左下角(0,50)	(250,30)

图 7.7 显示原始图像以及映射为平行四边形的图像。原始图像已被扭曲、反射、旋转和平移。沿着原始图像上边缘的 x 轴被映射到通过(200,20)和(110,100)的直线。沿着原始图像左边缘的 y 轴被映射到通过(200,20)和(250,30)的直线。

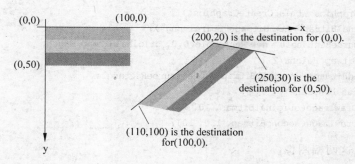

图 7.7 图像的扭曲、旋转和平移

图 7.8 显示应用到照片图像的扭曲、旋转和平移变换。

图 7.8 图片的扭曲、旋转和平移

其代码为：

```
Graphics myGraphics = this.CreateGraphics();
Point[] destinationPoints = {
    new Point(200, 20),              // 左上角
    new Point(110, 100),             // 右上角
    new Point(250, 30)};             // 左下角
Image image = new Bitmap("Stripes.bmp");
// 在左上角(0,0)处显示原图像
myGraphics.DrawImage(image, 0, 0);
//显示图片的扭曲、旋转和平移
myGraphics.DrawImage(image, destinationPoints);
```

7.6　图像的复制

Bitmap 类提供了 Clone 方法，可用于制作现有 Bitmap 的副本或部分副本。
格式为：

```
public Bitmap Clone (RectangleF rect,PixelFormat format)
```

rect 定义此 Bitmap 中要复制的部分。坐标相对于此 Bitmap。format 为目标 Bitmap 指定 PixelFormat 枚举。

Clone 方法带有源矩形参数，可用于指定要复制的原始位图的部分。

下面的代码复制现有 Bitmap 图像的上半部分，并显示两幅图像。

```
Graphics myGraphics = this.CreateGraphics();
Bitmap originalBitmap = new Bitmap("Spiral.png");
Rectangle sourceRectangle = new Rectangle(0,0, originalBitmap.Width,
    originalBitmap.Height/2);
Bitmap secondBitmap = originalBitmap.Clone(sourceRectangle,
    PixelFormat.DontCare);
myGraphics.DrawImage(originalBitmap, 10, 10);
myGraphics.DrawImage(secondBitmap, 150, 10);
```

图 7.9 显示这两幅图像。

图 7.9 复制图像的上半部分

7.7 图 像 翻 转

语句的格式为:

```
public void RotateFlip (RotateFlipType rotateFlipType)
```

rotateFlipType 值为表 7.5 所述。

表 7.5 rotateFlipType 的值

值	含　义	值	含　义
rotate180FlipX	水平翻转	rotate90FlipX	水平翻转的 90 度旋转
rotate180FlipY	垂直翻转	rotate90FlipNone	90 度旋转
rotate90FlipY	垂直翻转的 90 度旋转		

（1）水平翻转
图像的水平翻转即把图像的左右像素互换,如图 7.10 所示。
语句为:

```
bitmap.RotateFlip(RotateFlipType.Rotate180FlipX);
```

（2）竖直翻转
图像的竖直翻转即把图像的上下像素互换,其语句为:

```
bitmap.RotateFlip(RotateFlipType.Rotate180FlipY);
```

（3）旋转 90 度
其语句为:

```
bitmap.RotateFlip(RotateFlipType. Rotate90FlipNone);
```

图像变换如图 7.11 所示。

图 7.10　水平翻转　　　　　　　　　图 7.11　旋转 90 度

7.8　像素处理

7.8.1　像素颜色值的获取与设置

（1）彩色位图的颜色

彩色图像的像素颜色由 R、G、B 三种颜色成分构成，每个颜色成分由一个字节表示，其数值范围为 0～255，因而其颜色总数为 1677 万。常用的 7 种颜色对应的 RGB 值如表 7.6 所示。

表 7.6　7 种常用的颜色对应的 RGB 值

颜色名	红（R）	绿（G）	蓝（B）
红	255	0	0
绿	0	255	0
蓝	0	0	255
白	255	255	255
黑	255	255	255
黄	255	255	0
青	0	255	255
品红	255	0	255

像素的颜色由 Color 对象表示，可以用如下语句构造

```
Color c = new Color();
```

或

```
Color c1 = Color.FromArgb(a,r,g,b);
```
a 表示透明程度，可以省略
r 为红色分量
g 为绿色分量
b 为蓝色分量

（2）像素颜色的获取

可以使用 Bitmap 类（或 Image 类）的 GetPixel 获取图像的颜色，其格式为：

```
Color c = new Color();
c = bitmap.Getpixel(i,j);
```

bitmap 为 Bitmap（或 Image 类）的对象名字，(i,j)表示像素的位置，即表示第 i 列第 j 行的像素。

（3）像素颜色的设置

可以使用 Bitmap 类（或 Image 类）的 SetPixel 获取图像的颜色，其格式为：

```
Color c1 = Color.FromArgb(rr,gg,bb);
bitmap.SetPixel(i,j,c1)
```

bitmap 为 Bitmap（或 Image 类）的对象名字，(i,j)表示像素的位置，即表示第 i 列第 j 行的像素，c1 表示颜色值。

7.8.2　颜色的逆反处理

有时需要获取图像的底片效果，只需把图像的三个颜色分量进行逆反处理。

其算法如下，设 r，g，b 分别表示源像素 f(i,j)的三个颜色分量，rr，gg，bb 表示图像处理后的像素 g(i,j)的三个颜色分量。其效果如图 7.12 所示。

```
rr = 256 − r;
gg = 256 − g;
bb = 256 − b;
```

其程序如下：

```
Graphics myGraphics = this.CreateGraphics();
Bitmap bitmap = new Bitmap("eagle.jpg");
Color c = new Color();
for (int i = 0; i<bitmap.Width; i++ )
for (int j = 0; j < bitmap.Height; j++ )
{
        c = bitmap.GetPixel(i, j);
        Color c1 = Color.FromArgb(255 − c.R, 255 − c.G, 255 − c.B);
        bitmap.SetPixel(i, j, c1);
}
myGraphics.DrawImage(bitmap, 150, 10);
```

图 7.12　颜色逆反效果

7.8.3　图像锐化

有时需要突出图像的边缘信息，这需要图像的锐化，其算法如下。

设 r1,g1,b1 分别为图像源像素 f(i,j) 的红、绿、蓝三种颜色分量的值，r2,g2,b2 分别为源图像像素 f(i−1,j−1) 的红、绿、蓝三种颜色分量的值，rr,gg,bb 为处理后的图像像素 g(i,j) 的红、绿、蓝三种颜色分量的值。则：

```
rr = r1 + abs(r1 − r2) * 0.25
gg = g1 + abs(g1 − g2) * 0.25
bb = b1 + abs(b1 − b2) * 0.25
if (rr>255)
    rr = 255;
if (gg>255)
    gg = 255
if (bb>255)
    bb = 255
```

处理后效果如图 7.13 所示。

其程序如下：

图 7.13 图像锐化效果

```
Graphics myGraphics = this.CreateGraphics();
Bitmap bitmap = new Bitmap("eagle.jpg");
    if (bitmap != null)
      {
            Color c = new Color();
            Color c1 = new Color();
            int rr,gg,bb;
            for (int i = 1; i<bitmap.Width; i++)
                for (int j = 1; j < bitmap.Height; j++)
                {
                    c = bitmap.GetPixel(i, j);
                    c1 = bitmap.GetPixel(i−1, j−1);
                    rr = c.R + Math.Abs(c.R − c1.R)/2;
                    gg = c.G + Math.Abs(c.G − c1.G)/2;
                    bb = c.B + Math.Abs(c.B − c1.B)/2;
                    if (rr>255)
                        rr = 255;
                    if (gg>255)
                        gg = 255;
                    if (bb > 255)
                        bb = 255;
                    Color c2 = Color.FromArgb(rr, gg,bb);
                    bitmap.SetPixel(i, j, c2);
                }
        myGraphics.DrawImage(bitmap, 150, 10);
```

7.8.4 镶嵌处理

有时希望图像有马赛克的效果，其算法如下。

首先把图像分成小块，每一小块的所有像素为此小块内源像素的均值。把它分为 3 * 3 的小块，即：

$$f(i,j) = (f(i,j) + f(i-1,j) + f(i-1,j-1) + f(i,j-1) + f(i+1,j-1)$$
$$+ f(i+1,j+1) + f(i+1,j) + f(i+1,j-1))/9$$
$$g(i,j) = g(i-1,j) = g(i-1,j-1) = g(i,j-1) = g(i+1,j-1)$$
$$= g(i+1,j+1) = g(i+1,j) = g(i+1,j-1) = f(i,j)$$

其效果如图 7.14 所示。

设把它分为 3 * 3 的小块,则源程序如下:

图 7.14　图像镶嵌处理的效果

```csharp
Graphics myGraphics = this.CreateGraphics();
Bitmap bitmap = new Bitmap("eagle.jpg");
if (bitmap != null)
    {
        Color c = new Color();
        Color c1 = new Color();
        int rr, gg, bb,kr,kc;
        for (int i = 0; i < bitmap.Width - 5;
           i += 5)
            for (int j = 0; j < bitmap.Height - 5; j += 5)
                {
                    rr = 0;
                    gg = 0;
                    bb = 0;
                    for ( kc = 0; kc < 5; kc ++ )
                        for ( kr = 0; kr < 5; kr ++ )
                            {
                                c1 = bitmap.GetPixel(i + kc, j + kr);
                                rr += c1.R;
                                gg += c1.G;
                                bb += c1.B;
                            }
                    rr/ = 25;
                    gg/ = 25;
                    bb/ = 25;
                    if (rr > 255)
                        rr = 255;
                    if (gg > 255)
                        gg = 255;
                    if (bb > 255)
                        bb = 255;
                    if (rr < 0)
                        rr = 0;
                    if (gg < 0)
                        gg = 0;
                    if (bb < 0)
                        bb = 0;
                    for (kc = 0; kc < 5; kc ++ )
                        for (kr = 0; kr < 5; kr ++ )
                            {
                                Color cn =  Color.FromArgb(rr, gg, bb);
                                bitmap.SetPixel(i + kc, j + kr, cn);
```

```
        }
    }
myGraphics.DrawImage(bitmap, 150, 10);
```

7.8.5 生成灰度图像

彩色图像除了用 R、G、B 来表示之外，还可以用亮度、色差即 Y、U、V 来表示。其转换方法如下：

$$\begin{bmatrix} Y \\ U \\ V \end{bmatrix} = \begin{bmatrix} 0.31 & 0.59 & 0.11 \\ 0.6 & -0.28 & -0.32 \\ -0.21 & 0.52 & 0.31 \end{bmatrix} \begin{bmatrix} R \\ G \\ B \end{bmatrix}$$

即

$$Y = 0.31R + 0.59G + 0.11B$$

其源代码如下：

```
Graphics myGraphics = this.CreateGraphics();
Bitmap bitmap = new Bitmap("eagle.jpg");
    if (bitmap != null)
    {
        Color c = new Color();
        Color c1 = new Color();
        int yy;
        for (int i = 0; i < bitmap.Width; i++)
            for (int j = 0; j < bitmap.Height; j++)
            {
                c1 = bitmap.GetPixel(i, j);
                yy = (int)(0.31 * c1.R + 0.59 * c1.G + 0.11 * c1.B);
                if (yy > 255)
                    yy = 255;
            Color cn = Color.FromArgb(yy, yy, yy);
                bitmap.SetPixel(i , j , cn);
            }
    myGraphics.DrawImage(bitmap, 150, 10);
```

7.9 图像的保存

用 Image 类的 Save 方法保存图像，其语句为：

```
public void Save (string filename)
```

下面语句把图像 image1 对象保存为文件名 c:\\myBitmap.bmp。

```
try
  {
    if (image1 != null)
    {
```

```
        image1.Save("c:\\myBitmap.bmp");
    }
}
catch(Exception)
{
    MessageBox.Show("There was a problem saving the file." +
        "Check the file permissions.");
}
```

也可以用 SaveFileDialog 类通过保存对话框获取文件名。其使用方法与打开文件对话框类似。

7.10　图像编程实例

（1）建立图像处理项目，名字为 Paint。并把 Form1 的自动滚动属性 AutoScroll 设置为 ture，如图 7.15 所示。

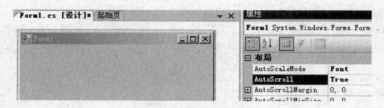

图 7.15　Form 视窗属性

（2）在窗体上绘制 PictureBox 控件，如图 7.16 所示，把工具栏中的 PictureBox 控件拖入 Form1，并在其属性中把其名字改为 pictureBox1。

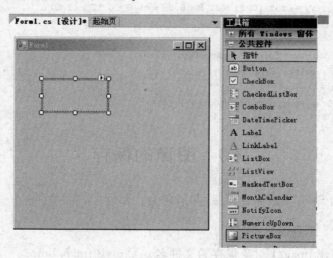

图 7.16　绘制 PictureBox 控件

（3）在 Form1 类中增加一个成员变量：

private Bitmap bitmap;

并在程序的开始处加入：

using System.Drawing;

（4）建立"文件"菜单。把工具箱中的 MenuStrip 拖入视窗，如图 7.17 所示。然后单击"请在此处键入"，输入文件，并在其属性中把其名字改为 File。并在其下建立"打开"、"保存"选项，并在其属性中把它们的名字分别改为 OpenFile,SaveFile，如图 7.18 所示。

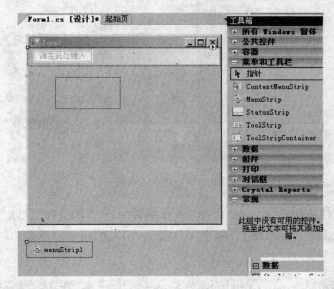

图 7.17　把 MenuStrip1 拖入视窗

图 7.18　建立"文件"菜单

（5）建立"图像处理菜单"。将其名字改为 ImageProcessing，并在其下建立"水平翻转"、"竖直翻转"、"旋转 90 度"、"颜色逆反"、"锐化"、"镶嵌"及"灰度化"，将它们的名字分别改为 HMirror、VMirror、Rorate90、InsColor、Sharp、Inlay 及 Gray。

（6）建立工具栏。单击工具箱中的"菜单和工具栏"，把 ToolStrip 拖入视窗，如图 7.19 所示。

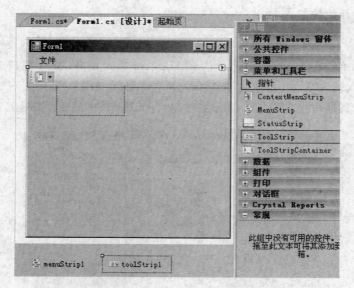

图 7.19　建立工具栏

（7）绘制工具栏按钮图像。在"画图"中分别为"打开"，"保存"，"水平翻转"、"竖直翻转"、"旋转 90 度"绘制工具栏图片，每个图片的大小均为 16 * 16。如：■，▯，▨，▲，▲ 等，如图 7.20 所示。

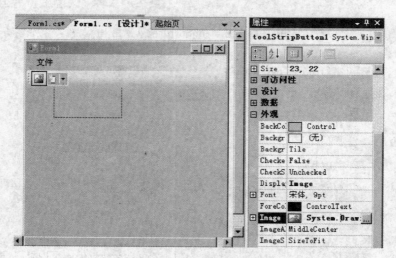

图 7.20　为工具栏按钮设置图片

（8）新建一个工具栏按钮，并为其更改图标。在新建的工具栏中单击 ▦▾ 图标，在工具栏中新建一个按钮，在其属性中把其名字改为 New_T，并在其属性中单击 Image 旁的"…"，弹出"选择资源"对话框，单击"导入"按钮，选择图片，如图 7.21 所示。

（9）用同样的办法为"保存"，"水平翻转"、"竖直翻转"、"顺时针旋转 90 度"和"逆时针旋转 90 度"建立工具栏按钮，如图 7.22 所示。

（10）双击"打开"选项，为"打开"编写脚本。

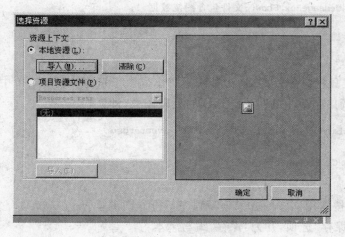

图 7.21　"选择资源"对话框

图 7.22　建好的工具栏

```
private void FileOpen_Click(object sender, EventArgs e)
{
    OpenFileDialog openFileDialog1 = new OpenFileDialog();
    openFileDialog1.InitialDirectory = "f:\\";
    openFileDialog1.Filter = "image files ( * .bmp)| * .bmp|image files( * .jpg)| * .jpg|All
         files ( * . * )| * . * ";
    openFileDialog1.FilterIndex = 2;
    openFileDialog1.RestoreDirectory = true;
    if (openFileDialog1.ShowDialog() == DialogResult.OK)
    {
        this.pictureBox1.SizeMode = PictureBoxSizeMode.AutoSize;
        try
        {
            this.bitmap = new Bitmap(openFileDialog1.FileName);
            this.pictureBox1.Image = bitmap;
        }
        catch(System.ArgumentException)
        {
```

```
            MessageBox.Show("文件包含图像数据");
        }
    }
}
```

(11) 双击工具栏"打开"按钮,为其编写脚本。由于它的功能与菜单中的"打开"选项一样,因而只需要调用菜单中的"打开"选项的处理函数,即:

```
private void FileOpenT_Click(object sender, EventArgs e)
{
    FileOpen_Click(sender, e);
}
```

以下工具栏按钮用同样的方式编写程序不再详细讲解。

(12) 双击"保存"选项,并为"保存"编写脚本:

```
private void Save_Click(object sender, EventArgs e)
{
    SaveFileDialog saveFileDialog1 = new SaveFileDialog();
    saveFileDialog1.InitialDirectory = "f:\\";
    saveFileDialog1.Filter = "image files ( * .bmp)| * .bmp|image files( * .jpg)| * .jpg|All
files ( * . * )| * . * ";
    saveFileDialog1.FilterIndex = 2;
    saveFileDialog1.RestoreDirectory = true;

    if (saveFileDialog1.ShowDialog() == DialogResult.OK)
    {
        try
        {
            if (bitmap != null)
                bitmap.Save(saveFileDialog1.FileName);
        }
        catch (Exception)
        {
            MessageBox.Show("There was a problem saving the file." +
                "Check the file permissions.");
        }
    }
}
```

(13) 双击"水平翻转"选项,为其编写脚本:

```
private void HMirror_Click(object sender, EventArgs e)
{
    if (bitmap != null)
    {
        bitmap.RotateFlip(RotateFlipType.Rotate180FlipX);
        this.pictureBox1.Image = bitmap;
    }
}
```

（14）双击"竖直翻转"选项，为其编写脚本：

```
private void VMirror_Click(object sender, EventArgs e)
{
    if (bitmap != null)
    {
        bitmap.RotateFlip(RotateFlipType.Rotate180FlipY);
        this.pictureBox1.Image = bitmap;
    }

}
```

（15）双击"旋转 90 度"，为其编写脚本：

```
private void Rorate90_Click(object sender, EventArgs e)
{
    if (bitmap != null)
    {
        bitmap.RotateFlip(RotateFlipType.Rotate90FlipY);
        this.pictureBox1.Image = bitmap;
    }
}
```

（16）双击"颜色逆反"选项，为其编写脚本：

```
private void InsColor_Click(object sender, EventArgs e)
{

    if (bitmap != null)
    {
        Color c = new Color();
        for (int i = 0; i<bitmap.Width; i++)
            for (int j = 0; j < bitmap.Height; j++)
            {
                c = bitmap.GetPixel(i, j);
                Color c1 = Color.FromArgb(255 - c.R, 255 - c.G, 255 - c.B);
                bitmap.SetPixel(i, j, c1);

            }
        this.pictureBox1.Image = bitmap;
    }
```

（17）双击"锐化"选项，为其编写脚本：

```
private void Sharp_Click(object sender, EventArgs e)
  {
    if (bitmap != null)
    {
        Color c = new Color();
        Color c1 = new Color();
        int rr,gg,bb;
        for (int i = 1; i<bitmap.Width; i++)
            for (int j = 1; j < bitmap.Height; j++)
            {
```

```
            c = bitmap.GetPixel(i, j);
            c1 = bitmap.GetPixel(i - 1, j - 1);
            rr = c.R + Math.Abs(c.R - c1.R)/2;
            gg = c.G + Math.Abs(c.G - c1.G)/2;
            bb = c.B + Math.Abs(c.B - c1.B)/2;
            if (rr>255)
                rr = 255;
            if (gg>255)
                gg = 255;
            if (bb > 255)
                bb = 255;
            Color c2 = Color.FromArgb(rr, gg,bb);
            bitmap.SetPixel(i, j, c2);
        }
    this.pictureBox1.Image = bitmap;
    }
}
```

（18）双击"镶嵌"，并为其编写脚本：

```
private void InLay_Click(object sender, EventArgs e)
    {
        if (bitmap != null)
        {
            Color c = new Color();
            Color c1 = new Color();
            int rr, gg, bb,kr,kc;
            for (int i = 0; i < bitmap.Width - 5; i += 5)
                for (int j = 0; j < bitmap.Height - 5; j += 5)
                {
                    rr = 0;
                    gg = 0;
                    bb = 0;
                    for ( kc = 0; kc < 5; kc ++ )
                        for ( kr = 0; kr < 5; kr ++ )
                        {
                            c1 = bitmap.GetPixel(i + kc, j + kr);
                            rr += c1.R;
                            gg += c1.G;
                            bb += c1.B;
                        }
                    rr/ = 25;
                    gg/ = 25;
                    bb/ = 25;
                    if (rr > 255)
                        rr = 255;
                    if (gg > 255)
                        gg = 255;
                    if (bb > 255)
                        bb = 255;
                    if (rr < 0)
```

```
                        rr = 0;
                if (gg < 0)
                        gg = 0;
                if (bb < 0)
                        bb = 0;
                for (kc = 0; kc < 5; kc++)
                        for (kr = 0; kr < 5; kr++)
                        {
                                Color cn =  Color.FromArgb(rr, gg, bb);
                                bitmap.SetPixel(i+kc, j+kr, cn);
                        }
                }
            this.pictureBox1.Image = bitmap;
        }
    }
}
```

（19）双击"灰度化"，并为其编写脚本：

```
private void Gray_Click(object sender, EventArgs e)
    {
        if (bitmap != null)
        {
            Color c = new Color();
            Color c1 = new Color();
            int yy;
            for (int i = 0; i < bitmap.Width; i++)
                for (int j = 0; j < bitmap.Height; j++)
                {
                    c1 = bitmap.GetPixel(i, j);
                    yy = (int)(0.31 * c1.R + 0.59 * c1.G + 0.11 * c1.B);
                    if (yy > 255)
                        yy = 255;
                Color cn = Color.FromArgb(yy, yy, yy);
                    bitmap.SetPixel(i , j , cn);
                }
            this.pictureBox1.Image = bitmap;
    }
```

下面再来看一个图像编程的例子。

（1）如前例，建立图像处理项目，名字为 PaintII。并把 Form1 的自动滚动属性 AutoScroll 设置为 ture。

（2）建立"文件"菜单。并在其下建立"打开"、"保存"选项，并在其属性中把它们的名字分别改为 OpenFile，SaveFile。

（3）建立"显示菜单"其名字改为 View，并在其下建立"放大"、"缩小"、"水平翻转"、"竖直翻转"、"顺时针旋转 90 度"和"逆时针旋转 90 度"，它们的名字分别改为 ZoomIn、ZoomOut、HMirror、VMirror、Rorate90 及 Rorateun90。

（4）为每一菜单的选项建立工具栏按钮。

（5）在 Form1 类中增加以下成员变量：

```
    private Bitmap bitmap;
    private int imgwidth;
     private int height;
```

并在程序的开始处加入：

```
using System.Drawing;
using System.Windows.Forms;
using System.Drawing;
using System.Windows.Forms;
namespace PaintII
{
    partial class Form1
    {
        /// <summary>
        /// 必需的设计器变量
        private  Bitmap bitmap;
...
```

（6）为"打开"选项编写脚本。

```
private void Open_Click(object sender, EventArgs e)
{
    OpenFileDialog openFileDialog1 = new OpenFileDialog();
    openFileDialog1.InitialDirectory = "f:\\";
    openFileDialog1.Filter = "image files (*.bmp)|*.bmp|image files(*.jpg)|*.jpg|All
files (*.*)|*.*";
    openFileDialog1.FilterIndex = 2;
    openFileDialog1.RestoreDirectory = true;

    if (openFileDialog1.ShowDialog() == DialogResult.OK)
    {
        //Image image = Image.FromFile(openFileDialog1.FileName);
        try
        {
            this.bitmap = new Bitmap(openFileDialog1.FileName);
            imgwidth = ClientRectangle.Width;
            imgheight = ClientRectangle.Height;
            Graphics g = this.CreateGraphics();
            g.DrawImage(bitmap, ClientRectangle);
        }
        catch (System.ArgumentException)
        {
            MessageBox.Show("文件包含图像数据");
        }

    }
}
```

其中，ClientRectangle 为客户区矩形。

（7）为"放大"选项编写脚本。

```
private void ZoomOut_Click(object sender, EventArgs e)
```

```
    {
        imgheight = (int)  Math.Ceiling(imgheight/1.1);
        imgwidth = (int) Math.Ceiling(imgwidth / 1.1);
        Graphics g = this.CreateGraphics();
      g.DrawImage(bitmap, 0, 0, imgwidth, imgheight);
    }
```

（8）为"缩小"选项编写脚本。

```
private void ZoomOut_Click(object sender, EventArgs e)
    {
        imgheight = (int)  Math.Ceiling(imgheight/1.1);
        imgwidth = (int) Math.Ceiling(imgwidth / 1.1);
        Graphics g = this.CreateGraphics();
        Brush brush = new SolidBrush(Color.White);
        g.FillRectangle(brush, ClientRectangle);
      g.DrawImage(bitmap, 0, 0, imgwidth, imgheight);
    }
```

其中，以下两个语句用于清除窗口客户区以前的内容，将在下一节详细叙述其原理。

```
Brush brush = new SolidBrush(Color.White);
g.FillRectangle(brush, ClientRectangle);
```

当程序启动时会自动执行 OnPaint 处理函数，而此时，位图对象 bitmap 可能为空。因而显示图像前应判断 bitmap 是否为空。

本 章 小 结

本章介绍 GDI＋图像处理。我们学习了如何打开、显示、保存图像，显示缩放或扭曲的图像，复制整幅或部分图像，图像的旋转，获取或设置图像的像素的颜色，图像灰度化，图像锐化及颜色的逆反等基本的图像处理技术。

1. 图像的基本概念和基本操作

- GDI 和 GDI＋ 图像处理的开发接口。
- Bitmap 类是用于存放图像数据及实现图像基本操作的基本类。通常用该类来打开图像。
- Image 类是 Bitmap 的抽象基类。
- PictureBox 控件用于显示图像的控件。
- Graphics 对象用于把图像绘制到不同的设备上，通常用该对象显示图像。
- OpenFileDialog 控件用于显示一个打开文件对话框，通过该控件，可以获得图像的文件名。
- DrawImage 方法是 Graphics 提供的方法，使用它可以显示缩放或扭曲的图像。
- Clone 是 Image 提供的方法，它可以复制部分或整幅图像。
- RotateFlip Bitmap 类提供的方法，该方法可以 90 度的倍数旋转图像。

- Color.FromArgb 用 RGB 构建一颜色。
- Getpixel 是 Image 提供的方法,可以获取指定像素的颜色。

2. 图像的特效处理

（1）图像的逆反

设 r,g,b 分别表示源像素 f(i,j) 的三个颜色分量,rr,gg,bb 表示图像处理后的像素 g(i,j) 三个颜色分量。下面算法可以实现图像的逆反:

```
rr = 256 - r;
gg = 256 - g;
bb = 256 - b;
```

（2）突出图像的边缘

设 r1,g1,b1 分别为图像源像素 f(i,j) 的红、绿、蓝三种颜色分量的值,r2,g2,b2 分别为源图像像素 f(i-1,j-1) 的红、绿、蓝三种颜色分量的值,rr,gg,bb 为处理后的图像像素 g(i,j) 的红、绿、蓝三种颜色分量的值。下面方法可以突出图像的边缘:

```
rr = r1 + abs(r1 - r2) * 0.25
gg = g1 + abs(g1 - g2) * 0.25
bb = b1 + abs(b1 - b2) * 0.25
```

（3）图像马赛克的效果

把图像分为 3 * 3 的小块,首先求小块的均值:

$$f(i,j) = (f(i,j) + f(i-1,j) + f(i-1,j-1) + f(i,j-1) + f(i+1,j-1)$$
$$+ f(i+1,j+1) + f(i+1,j) + f(i+1,j-1))/9$$

然后把小块的所有像素换为均值

$$g(i,j) = g(i-1,j) = g(i-1,j-1) = g(i,j-1)$$
$$= g(i+1,j-1) = g(i+1,j+1) = g(i+1,j) = g(i+1,j-1) = f(i,j)$$

（4）灰阶图像

首先用下列变换把 RGB 颜色空间变到 YUV 空间

$$\begin{bmatrix} Y \\ U \\ V \end{bmatrix} = \begin{bmatrix} 0.31 & 0.59 & 0.11 \\ 0.6 & -0.28 & -0.32 \\ -0.21 & 0.52 & 0.31 \end{bmatrix} \begin{bmatrix} R \\ G \\ B \end{bmatrix}$$

Y 的值即为亮度值

$$Y = 0.31R + 0.59G + 0.11B$$

Windows 绘图程序设计将在第 8 章学习。

习　题　7

一、填空题

1. GDI 是 _____ 开发接口,它主要负责 _____ 有关信息,它是一组通过类实现的应用程序编程接口。

2. _____命名空间提供了对 GDI＋ 基本图形功能的访问。

3. Graphics 类提供将_____绘制到显示设备的方法。大多数绘图工作都是调用 Graphics 实例的方法完成的。

二、选择题

1. 下列不是图像的格式的是_____。

A. BMP   B. JPEG   C. GIF   D. OCX

2. 下列用于显示图像的方法是_____。

A. Drawimage   B. Showimage   C. Draw   D. Paint

3. 下列用于复制图像的方法是_____。

A. Copy   B. Clone   C. Cut   D. Drawimage

4. 下列能实现图像水平旋转的是_____。

A. Rorate

B. Copy

C. RotateFlip(RotateFlipType. Rotate180FlipY)

D. bitmap. RotateFlip(RotateFlipType. Rotate90FlipNone)；

三、简答题

1. 建立 Graphics 对象的方式有哪些？

2. 24 位位图可以表示多少种颜色？

3. 图像锐化的基本原理。

四、编程题

1. 编写程序打开并以 50％大小显示文件名为 myimage. bmp 的图像。

2. 编写程序在显示时把图像旋转 45 度。

3. 编写程序,使图像旋转 90 度。

4. 编写程序,把彩色图像转变为灰阶图像。

第 8 章

绘 制 图 像

本章要求掌握用 GDI＋绘制直线、圆、长方形等图形，在第 7 章的基础上编写一个类似于"画图"图像图形处理程序。

8.1　绘图所用到的常用控件及类

绘图用到的 PictureBox，Image，Bitmap，OpenFileDialog，SaveFileDialog 等控件或类在前一章已经进行了讲解，现对所用的其他控件或类进行说明。

8.1.1　颜色

在绘制图形时需要指定使用的颜色，在 GDI＋中，颜色用 System.Drawing.Color 结构来表示。

1. 红绿蓝(RGB)值

监视器可以显示的颜色总数非常大——超过 160 万。其确切的数字是 2 的 24 次方，即 16 777 216。显然需要对这些颜色进行索引，才能指定在给定的某个像素上要显示什么颜色。

给颜色进行索引的最常见方式是把它们分为红绿蓝成分，每种成分的光分为 256 种不同的强度，其值在 0～255 之间。

2. 设置颜色的方法

• 可以调用静态函数 Color.FromArgb()指定该颜色的红绿蓝值。

其格式为：

```
public static Color FromArgb (
    int red,
    int green,
    int blue
)
```

例如：

```
Color red = Color.FromArgb(255, 0, 0);
Color green = Color.FromArgb(0, 255, 0);
Color blue = Color.FromArgb(0, 0, 255);
```

- 获取系统定义的颜色

使用 FromArgb() 构造颜色是一种非常灵活的技巧,因为它表示可以指定人眼能辨识出的任何颜色。但是,如果要得到一种简单、标准、众所周知的纯色,例如红色或蓝色,命名想要的颜色是比较简单的。因此 Microsoft 还在 Color 中提供了许多静态属性,每个属性都返回一种命名的颜色。在下面的示例中,把窗口的背景色设置为白色时,就使用了其中一种属性:

```
this.BackColor = Color.White;
// 与以下语句效果一样
// this.BackColor = Color.FromArgb(255,255,255);
```

8.1.2 画笔和钢笔

本节介绍 Pen 和 Brush,在绘制图形时需要使用它们。Pen 用于告诉 graphics 实例如何绘制线条,Brush 如何填充区域。例如,Pen 用于绘制矩形和椭圆的边框。如果需要把这些图形绘制为实心的,就要使用画笔指定如何填充它们。

（1）画笔。GDI+有几种不同类型的画笔。每种画笔都由一个派生自抽象类 System.Drawing.Brush 的类实例来表示。最简单的画笔为 System.Drawing.SolidBrush。它是单色画笔,用于填充图形形状,如矩形、椭圆、扇形、多边形和封闭路径。

```
Color customColor = Color.FromArgb(192,192,192);
    SolidBrush shadowBrush = new SolidBrush(customColor);
```

或者

```
SolidBrush shadowBrush = new SolidBrush(Color.Gray);
```

（2）与画笔不同,钢笔只用一个类 System.Drawing.Pen 来表示。但钢笔比画笔复杂一些,因为它需要指定线条应有多宽（像素）,对于一条比较宽的线段,还要确定如何填充该线条中的区域。

```
Pen solidBluePen = new Pen(Color.FromArgb(0,0,255));
Pen solidWideBluePen = new Pen(Color.Blue, 4);
```

8.2 绘图所用到的结构

GDI+使用几个类似的结构来表示坐标或区域。下面介绍几个结构,它们都是在 System.Drawing 命名空间中定义的,如表 8.1 所示。

表 8.1　Point、Size 及 Rectangle 结构

结　构	主要的公共属性
Point	X,Y
PointF	
Size	Width，Height
SizeF	
Rectangle	Left,Right,Top,Bottom,Width,Height,X,Y,Location,Size
RectangleF	

8.2.1　Point 和 PointF 结构

表示图像的一点,从概念上讲,Point 在这些结构中是最简单的,在数学上,它完全等价于一个二维矢量。可以创建一个 Point 结构:

```
Point b = new Point(20, 10);
```

X 和 Y 都是读写属性,也可以在 Point 中设置这些值:

```
Point a = new Point();
a.X = 20;
b.Y = 10;
```

PointF 与 Point 完全相同,但 X 和 Y 属性的类型是 float,而不是 int。PointF 用于坐标不是整数值的情况。注意,可以把 Point 隐式转换为 PointF,但要把 PointF 转换为 Point,必须显式地复制值,或使用下面的 3 个转换方法 Round()、Truncate()和 Ceiling()。

```
Point b = new Point();
b.X = (int)abFloat.X;
b.Y = (int)abFloat.Y;
// Point 隐式转换为 PointF
PointF bFloat1 = ab;
// PointF 显式转换为 Point

Point b1 = Point.Round(bFloat);
Point b2 = Point.Truncate(bFloat);
Point b3 = Point.Ceiling(bFloat);
```

8.2.2　Size 和 SizeF 结构

与 Point 和 PointF 一样,Size 也有两个属性。Size 结构用于 int 类型,SizeF 用于 float 类型,除此之外,Size 和 SizeF 是完全相同的。下面主要讨论 Size 结构。

在许多情况下,Size 结构与 Point 结构是相同的,它也有两个整型属性,表示水平和垂直距离——主要区别是这两个属性的名称不是 X 和 Y,而是 Width 和 Height。下列语句构造一个 Size 实例 ab 其宽度为 20,高度为 10。

```
Size ab = new Size(20,10);
```

严格地讲,Size 在数学上与 Point 表示的含义相同;但在概念上它使用的方式略有不同。Point 用于说明实体在什么地方,而 Size 用于说明实体有多大。

8.2.3 Rectangle 和 RectangleF 结构

这两个结构表示一个矩形区域(通常在屏幕上)。与 Point 和 Size 一样,这里只介绍 Rectangle 结构,RectangleF 与 Rectangle 基本相同,但它的属性类型是 float,而 Rectangle 的属性类型是 int。

Rectangle 可以看作由一个 Point 和一个 Size 组成,其中 Point 表示矩形的左上角,Size 表示其大小。它的一个构造函数把 Point 和 Size 作为其参数。

```
Point topLeft = new Point(0,0);
Size howBig = new Size(50,50);
Rectangle rectangleArea = new Rectangle(topLeft, howBig);
```

8.3 绘制图形和线条

System. Drawing. Graphics 有很多方法,利用这些方法可以绘制各种线条、空心图形和实心图形。表 8.2 所示的列表并不完整,但给出了主要的方法。本书只讲解对直线、空实心矩形及椭圆进行绘制,其他图形的绘制可以查阅 MSDN。

表 8.2 绘制图形的基本方法

方 法	常见参数	绘制的图形
DrawLine	钢笔、起点和终点	一段直线
DrawRectangle	钢笔、位置和大小	空心矩形
DrawEllipse	钢笔、位置和大小	空心椭圆
FillRectangle	画笔、位置和大小	实心矩形
FillEllipse	画笔、位置和大小	实心椭圆
DrawLines	钢笔、点数组	一组线,把数组中的每个点按顺序连接起来
DrawBezier	钢笔、4 个点	通过两个端点的一条光滑曲线,剩余的两个点用于控制曲线的形状
DrawCurve	钢笔、点数组	通过点的一条光滑曲线
DrawArc	钢笔、矩形、两个角	由角度定义的矩形中圆的一部分
DrawClosedCurve	钢笔、点数组	与 DrawCurve 一样,但还要绘制一条用以闭合曲线的直线
DrawPie	钢笔、矩形、两个角	矩形中的空心楔形
FillPie	画笔、矩形、两个角	矩形中的实心楔形
DrawPolygon	钢笔、点数组	与 DrawLines 一样,但还要连接第一点和最后一点,以闭合绘制的图形

8.3.1 画直线

（1）直线

绘制一条连接两个 Point 结构的线。

```
public void DrawLine (
    Pen pen,
    Point start,
    Point end
)
```

pen：它确定线条的颜色、宽度和样式。

start：Point 结构，它表示要连接的第一个点。

end：Point 结构，它表示要连接的第二个点。

下面代码绘制如图 8.1 所示的直线，其颜色分别为黑、红、黄及指定的 RGB 值，宽度分别为 3,5,7,9。

```
Graphics g = this.CreateGraphics();
//创建不同颜色及精细的画笔
Pen blackPen = new Pen(Color.Black, 3);
Pen redPen = new Pen(Color.Red, 5);
Pen yellowPen = new Pen(Color.Yellow, 7);
Pen mypen = new Pen(Color.FromArgb(167, 234, 89), 9);
//绘制黑线
Point start1 = new Point(100, 100);
Point end1 = new Point(200, 200);
g.DrawLine(blackPen, start1, end1);
//绘制红线
Point start2 = new Point(200, 100);
Point end2 = new Point(300, 200);
g.DrawLine(redPen, start2, end2);
//绘制黄线
Point start3 = new Point(300, 100);
Point end3 = new Point(400, 200);
g.DrawLine(yellowPen, start3, end3);
//绘制 RGB 为(167, 234, 89)的直线
Point start4 = new Point(400, 100);
Point end4 = new Point(500, 200);
g.DrawLine(mypen, start4, end4);
```

图 8.1 直线

（2）虚线

利用 Pen 的 DashStyle 属性，可以绘制虚线。

格式为：

```
myPen.DashStlyle = DashStyle.类型
```

下面的示例绘制如图 8.2 所示的虚线，其虚线类型分别为 Dash，Dot，DashDot，DashDotDot。

```
Graphics g = this.CreateGraphics();
Pen blackPen = new Pen(Color.Black, 3);
Pen redPen = new Pen(Color.Red, 5);
Pen yellowPen = new Pen(Color.Yellow, 7);
Pen mypen = new Pen(Color.FromArgb(167, 234, 89), 9);
blackPen.DashStyle = DashStyle.Dash;
redPen.DashStyle = DashStyle.Dot;
yellowPen.DashStyle = DashStyle.DashDot;
mypen.DashStyle = DashStyle.DashDotDot;
// Create points that define line.
Point start1 = new Point(100, 100);
Point end1 = new Point(200, 200);
g.DrawLine(blackPen, start1, end1);
Point start2 = new Point(200, 100);
Point end2 = new Point(300, 200);
g.DrawLine(redPen, start2, end2);
Point start3 = new Point(300, 100);
Point end3 = new Point(400, 200);
g.DrawLine(yellowPen, start3, end3);
Point start4 = new Point(400, 100);
Point end4 = new Point(500, 200);
g.DrawLine(mypen, start4, end4);
```

图 8.2　虚线

（3）直线端点

以使用 Pen 对象的属性为直线设置更多特性。StartCap 属性和 EndCap 属性指定直线端点的外观；端点可以是平的、方形的、圆形的、三角形的或自定义的形状。LineJoin 属性用于指定连接的线相互间是斜接的（连接时形成锐角）、斜切的、圆形的还是截断的。

下面的代码绘制如图 8.3 所示的带端点的直线。

```
Graphics g = this.CreateGraphics();
Pen blackPen = new Pen(Color.Black, 3);
Pen redPen = new Pen(Color.Red, 5);
```

```
Pen yellowPen = new Pen(Color.Yellow, 7);
Pen mypen = new Pen(Color.FromArgb(167, 234, 89), 9);
blackPen.StartCap = LineCap.Flat;
blackPen.EndCap = LineCap.ArrowAnchor;
redPen.StartCap = LineCap.DiamondAnchor;
redPen.EndCap = LineCap.RoundAnchor;
yellowPen.EndCap = LineCap.SquareAnchor;
mypen.EndCap = LineCap.Triangle;
// Create points that define line.
Point start1 = new Point(100, 100);
Point end1 = new Point(200, 200);
g.DrawLine(blackPen, start1, end1);
Point start2 = new Point(200, 100);
Point end2 = new Point(300, 200);
g.DrawLine(redPen, start2, end2);
Point start3 = new Point(300, 100);
Point end3 = new Point(400, 200);
g.DrawLine(yellowPen, start3, end3);
Point start4 = new Point(400, 100);
Point end4 = new Point(500, 200);
g.DrawLine(mypen, start4, end4);
```

图 8.3 带端点的直线

8.3.2 画空心矩形

绘制由 Rectangle 结构指定的矩形。

```
public void DrawRectangle (
    Pen pen,
    Rectangle rect
)
```

pen：Pen，它确定矩形的颜色、宽度和样式。

rect：表示要绘制的矩形的 Rectangle 结构。

下面代码分别绘制如图 8.4 所示的矩形。

```
Graphics g = this.CreateGraphics();
Pen blackPen = new Pen(Color.Black, 3);
//blackPen.DashStyle = DashStyle.Dash;
// 建立矩形
Rectangle rect = new Rectangle(100, 100, 200, 200);
// 绘制黑色矩形
```

```
    g.DrawRectangle(blackPen, rect);
    Pen redPen = new Pen(Color.Red, 5);
//设置矩形虚线的类型
    redPen.DashStyle = DashStyle.Dash;
    // 建立矩形
    Rectangle rectred = new Rectangle(320,100, 200,200);
    // 绘制红色矩形
    g.DrawRectangle(redPen, rectred);
```

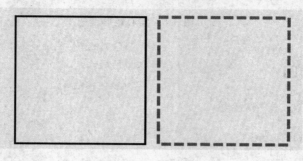

图 8.4 矩形

8.3.3 画实心矩形

填充 Rectangle 结构指定的矩形的内部。

格式:

```
public void FillRectangle (
    Brush brush,
    Rectangle rect
)
```

brush:确定填充特性的 Brush。

rect:Rectangle 结构,它表示要填充的矩形。

下面代码绘制如图 8.5 所示的实心矩形。

```
Graphics g = this.CreateGraphics();
//建立黑色画笔
SolidBrush blackBrush = new SolidBrush(Color.Black);
// 构建矩形对象
Rectangle rect = new Rectangle(100, 100, 200, 200);
// 画黑实心矩形
g.FillRectangle(blackBrush, rect);
    //建立灰色画笔
SolidBrush grayBrush = new SolidBrush(Color.Gray);
Rectangle rectgray = new Rectangle(320, 100, 200, 200);
g.FillRectangle(grayBrush,rectgray);
```

图 8.5　实心矩形

8.3.4　画空心椭圆

格式：

```
public void DrawEllipse (
    Pen pen,
    Rectangle rect
)
```

下面代码绘制如图 8.6 所示的空心椭圆。

```
Graphics g = this.CreateGraphics();
Pen blackPen = new Pen(Color.Black, 3);
//构建矩形对象
Rectangle rect = new Rectangle(100, 100, 200, 100);

// 画空心椭圆
g.DrawEllipse(blackPen, rect);
Rectangle rectgray = new Rectangle(320, 100, 200, 100);
//建立灰色画笔
Pen grayPen = new Pen(Color.Gray, 5);
//指定虚线类型
grayPen.DashStyle = DashStyle.DashDotDot;
//绘制虚线椭圆
g.DrawEllipse(grayPen, rectgray);
```

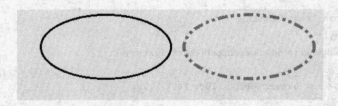

图 8.6　空心椭圆

8.3.5　绘制弧线

弧线是椭圆的一部分。若要绘制弧线，可调用 Graphics 类的 DrawArc 方法。除了

DrawArc 需要有起始角度和仰角以外，DrawEllipse 方法的参数与 DrawArc 方法的参数相同。

```
public void DrawArc (
    Pen pen,
    RectangleF rect,
    float startAngle,
    float sweepAngle
)
```

pen 为 Pen 类型，它确定弧线的颜色、宽度和样式。

rect 为 RectangleF 结构，它定义椭圆的边界。

startAngle 从 x 轴到弧线的起始点沿顺时针方向度量的角（以度为单位）。

sweepAngle 从 startAngle 参数到弧线的结束点沿顺时针方向度量的角（以度为单位）。

下面代码绘制如图 8.7 所示的弧线。结果是部分椭圆，缺少 x 轴两侧＋45 度和－45 度之间的部分。

图 8.7　弧线

```
Graphics g = this.CreateGraphics();
Pen blackPen = new Pen(Color.Black, 3);
// 建立矩形
RectangleF rect = new RectangleF(100.0F, 100.0F, 200.0F, 100.0F);
// 指定起始角, 终止角
float startAngle = 45.0F;
float sweepAngle = 270.0F;
// 画黑色弧线
g.DrawArc(blackPen, rect, startAngle, sweepAngle);

//建立灰色画笔
Pen grayPen = new Pen(Color.Gray, 7);
//指定弧线的端点类型
grayPen.StartCap = LineCap.DiamondAnchor;
grayPen.EndCap = LineCap.ArrowAnchor;
//指定虚线的类型
grayPen.DashStyle = DashStyle.Dash;

//建立第二椭圆的边界矩形
RectangleF rectgray = new RectangleF(320.0F, 100.0F, 200.0F, 100.0F);
//指定起始角, 终止角
 startAngle = - 90.0F;
 sweepAngle = 135.0F;
```

```
// 画灰色弧线
g.DrawArc(grayPen, rectgray, startAngle, sweepAngle);
```

8.3.6　画实心椭圆

格式：

```
public void FillEllipse (
    Brush brush,
    Rectangle rect
)
```

brush，确定填充特性的 Brush。

rect，Rectangle 结构，它表示定义椭圆的边框。

以下代码绘制如图 8.8 所示的实心椭圆。

```
Graphics g = this.CreateGraphics();
SolidBrush blackBrush = new SolidBrush(Color.Black);
// Create rectangle for ellipse.
int x = 100;
int y = 100;
int width = 200;
int height = 100;
Rectangle rect = new Rectangle(x, y, width, height);
// Fill ellipse on screen.
g.FillEllipse(blackBrush, rect);

SolidBrush grayBrush = new SolidBrush(Color.Gray);
// Create rectangle for ellipse.
 x = 320;
 y = 100;
 width = 200;
 height = 100;
Rectangle rectgray = new Rectangle(x, y, width, height);
// Fill ellipse on screen.
g.FillEllipse(grayBrush, rectgray);
```

本节介绍如果绘制的内容不适合窗口的大小，需要做哪些工作。

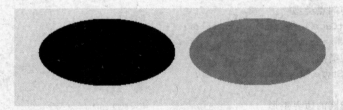

图 8.8　实心椭圆

8.3.7 绘制多边形

多边形是有三条或更多直边的闭合图形。例如,三角形是有三条边的多边形,矩形是有四条边的多边形,五边形是有五条边的多边形。图 8.9 的插图显示了几个多边形。

格式:

```
public void DrawPolygon (
    Pen pen,
    Point[] points
)
```

其中,points 为 Point 结构数组,这些结构表示多边形的顶点。

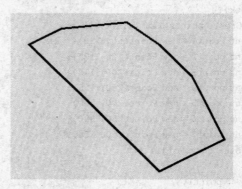

图 8.9　多边形　　　　　　　　　　图 8.10　绘制多边形

下面的代码用于绘制如图 8.10 所示的多边形。

```
Graphics g = this.CreateGraphics();
Pen blackPen = new Pen(Color.Black, 3);
// 建立多边形的各顶点
Point point1 = new Point(50, 150);
Point point2 = new Point(100, 125);
Point point3 = new Point(200, 115);
Point point4 = new Point(250, 150);
Point point5 = new Point(300, 200);
Point point6 = new Point(350, 300);
Point point7 = new Point(250, 350);
Point[] curvePoints =
    {
        point1,
        point2,
        point3,
        point4,
        point5,
        point6,
        point7
    };
// 绘制多边形
g.DrawPolygon(blackPen, curvePoints);
```

绘制实心多边形。

格式：

```
public void FillPolygon (
    Brush brush,
    Point[] points
)
```

brush 为确定填充特性的 Brush。

Points 为 Point 结构数组，这些结构表示要填充的多边形的顶点。

下面代码绘制如图 8.11 所示的实心多边形。

```
Graphics g = this.CreateGraphics();
SolidBrush blackBrush = new SolidBrush(Color.
Black);
// Create points that define polygon.
Point point1 = new Point(50, 150);
Point point2 = new Point(100, 125);
Point point3 = new Point(200, 115);
Point point4 = new Point(250, 150);
Point point5 = new Point(300, 200);
Point point6 = new Point(350, 300);
Point point7 = new Point(250, 350);
Point[] curvePoints =
  {
      point1,
      point2,
      point3,
      point4,
      point5,
      point6,
      point7
  };
// Draw polygon to screen.
g.FillPolygon(blackBrush, curvePoints);
```

图 8.11　实心多边形

8.4　GDI+中的画笔和实心形状

闭合的形状（例如，矩形或椭圆）由轮廓和内部组成。用钢笔绘制出轮廓，并用画笔填充其内部。GDI＋提供了几种填充闭合形状内部的画笔类：SolidBrush、HatchBrush、TextureBrush、LinearGradientBrush 和 PathGradientBrush。所有这些类都是从 Brush 类继承的。图 8.12 显示了用实心画笔填充的矩形和用阴影画笔填充的椭圆。

图 8.12　实心形状

若要填充闭合的形状，需要 Graphics 类的实例和 Brush。Graphics 类的实例提供方法，如 FillRectangle 和 FillEllipse，而 Brush 存储填充的属性，如颜色和模式。Brush 作为参数之一传递给填充方法。下面的代码示例演示如何用纯红色填充椭圆。

```
SolidBrush mySolidBrush = new SolidBrush(Color.Red);
myGraphics.FillEllipse(mySolidBrush, 0, 0, 60, 40);
```

8.4.1　阴影画笔

用阴影画笔填充图形时，要指定前景色、背景色和阴影样式。前景色是阴影的颜色。
其格式为：

```
public HatchBrush (
        HatchStyle hatchstyle,
        Color foreColor,
        Color backColor
)
```

hatchstyle 表示此 HatchBrush 所绘制的图案。

foreColor 表示此 HatchBrush 所绘制线条的颜色。

backColor 表示此 HatchBrush 绘制的线条间空间的颜色。

例如：

```
HatchBrush myHatchBrush = new HatchBrush(HatchStyle.Vertical, Color.Blue, Color.Green);
```

GDI＋提供50多种阴影样式；下面代码绘制如图8.13所示的实心形状，显示的三种样
式是 Horizontal、ForwardDiagonal 和 Cross。

图 8.13　绘制实心形状

```
Graphics g = this.CreateGraphics();
 HatchBrush myHatchBrush1 =
 new HatchBrush(HatchStyle.Horizontal, Color.Black, Color.Gray);
 // Create rectangle for ellipse.
 int x = 100;
 int y = 100;
 int width = 200;
 int height = 100;
 Rectangle rect1 = new Rectangle(x, y, width, height);
 // Fill ellipse on screen.
 g.FillEllipse(myHatchBrush1, rect1);
 x = 320;
 y = 100;
 width = 200;
 height = 100;
Rectangle rect2 = new Rectangle(x, y, width, height);
```

```
HatchBrush myHatchBrush2 = new HatchBrush (HatchStyle.ForwardDiagonal, Color.Black, Color.
Gray);
// Fill ellipse on screen.
g.FillEllipse(myHatchBrush2, rect2);
 x = 520;
 y = 100;
 width = 200;
 height = 100;
Rectangle rect3 = new Rectangle(x, y, width, height);
HatchBrush myHatchBrush3 =
    new HatchBrush(HatchStyle.Cross, Color.Black, Color.Gray);

// Fill ellipse on screen.
g.FillEllipse(myHatchBrush3, rect3);
```

8.4.2 纹理画笔

有了纹理画笔,用户就可以用位图中存储的图案来填充图形。

格式:

```
public TextureBrush (
    Image bitmap
)
```

Bitmap 为 Image 对象,使用它来填充其内部。

例如,假定图片存储在名为 MyTexture.bmp 的磁盘文件中。

```
Image myImage = Image.FromFile("MyTexture.bmp");
TextureBrush myTextureBrush = new TextureBrush(myImage);
```

下面代码用图 8.14 来填充椭圆,其效果如图 8.15 所示。

图 8.14 填充图片   图 8.15 用小图片进行填充

```
Graphics g = this.CreateGraphics();
//打开填充的图片
Image myImage = Image.FromFile("e:\\text.jpg");
TextureBrush myTextureBrush = new TextureBrush(myImage);
g.FillEllipse(myTextureBrush, 100,100, 200, 100);
Image myImage = Image.FromFile("MyTexture.bmp");
TextureBrush myTextureBrush = new TextureBrush(myImage);
```

8.4.3 渐变画笔

GDI+ 提供两种渐变画笔:线性和路径。用户可以使用线性渐变画笔来用颜色(在横向、纵向或斜向移过图形时会逐渐变化的颜色)填充图形。下面的代码示例演示如何用水平渐变画笔填充一个椭圆,当从椭圆的左边缘向右边缘移动时,画笔颜色会由蓝变为绿。

常用格式:

```
public LinearGradientBrush (
    Rectangle rect,
    Color color1,
    Color color2,
    LinearGradientMode linearGradientMode
)
```

rect 指定线性渐变的界限。

color1 表示渐变起始色的 Color 结构。

color2 表示渐变结束色的 Color 结构。

linearGradientMode 为 LinearGradientMode 枚举元素,它指定渐变方向。渐变方向决定渐变的起点和终点。例如,LinearGradientMode.ForwardDiagonal 指定起始点是矩形的左上角,而结束点是矩形的右下角。

```
LinearGradientBrush myLinearGradientBrush = new LinearGradientBrush(
    myRectangle,
    Color.Blue,
    Color.Green,
    LinearGradientMode.Horizontal);
```

下面的代码用从蓝到绿的渐变色填充椭圆,如图 8.16 所示。

图 8.16 颜色渐变

```
Graphics g = this.CreateGraphics();
Rectangle myRectangle = new Rectangle(100, 100, 200, 100);
LinearGradientBrush myLinearGradientBrush = new LinearGradientBrush(
    myRectangle,
    Color.Blue,
    Color.Green,
    LinearGradientMode.ForwardDiagonal);
g.FillEllipse(myLinearGradientBrush, 100, 100, 200, 100);
```

8.5 绘 制 文 本

到目前为止,本章还有一个非常重要的问题要讨论—— 显示文本。因为在屏幕上绘制文本通常比绘制简单图形更复杂。在不考虑外观的情况下,只显示一两行文本是非常简单的——它只需调用 Graphics 实例的一个方法 Graphics.DrawString()。

格式:

```
public void DrawString (
    string s,
    Font font,
    Brush brush,
```

```
    PointF point
)
```

s 为要绘制的字符串。

font 定义字符串的文本格式。

brush 确定所绘制文本的颜色和纹理。

point 指定所绘制文本的左上角。

下面代码以 16 磅宋体及 32 磅黑体分别显示你好，如图 8.17 所示。

```
Graphics g = this.CreateGraphics();
String drawString = "你好宋体";
// Create font and brush.
Font drawFont = new Font("宋体", 16);
SolidBrush drawBrush = new SolidBrush(Color.Black);
// Create point for upper - left corner of drawing.
PointF drawPoint = new PointF(150.0F, 150.0F);
// Draw string to screen.
g.DrawString(drawString, drawFont, drawBrush, drawPoint);


Font drawFont2 = new Font("黑体", 32);
SolidBrush drawBrush2 = new SolidBrush(Color.Gray);
// Create point for upper - left corner of drawing.
PointF drawPoint2 = new PointF(150.0F, 200.0F);
drawString = "你好黑体 32";
// Draw string to screen.
g.DrawString(drawString, drawFont2, drawBrush2, drawPoint2);
```

你好 宋体16

你好 黑体 32

图 8.17　显示字符

8.6　"颜色"对话框

"颜色"对话框用于显示并设置用户可用的颜色，如图 8.18 所示。

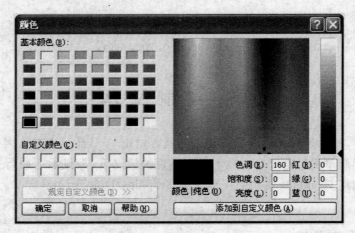

图 8.18　"颜色"对话框

颜色对话框由 ColorDialog 类来实现。

其使用步骤如下。

（1）建立 ColorDialog 对象

```
ColorDialog MyDialog = new ColorDialog();
```

（2）设置可以自定义颜色

```
MyDialog.AllowFullOpen = true;
```

（3）显示对话框

```
if (MyDialog.ShowDialog() == DialogResult.OK)
{
    …;
}
```

以下代码用"颜色"对话框设置钢笔和画笔的颜色，并用于画实心和空心椭圆，如图 8.19 所示。

```
Graphics g = this.CreateGraphics();
//建立颜色对话框
ColorDialog MyDialog = new ColorDialog();
// 允许用户自定义颜色
MyDialog.AllowFullOpen = true;
MyDialog.ShowHelp = true;
//显示颜色对话框
if (MyDialog.ShowDialog() == DialogResult.OK)
{
    Pen pen = new Pen(MyDialog.Color, 3);
    Brush brush = new SolidBrush(MyDialog.Color);
    Rectangle rect1 = new Rectangle(100, 100, 200, 100);
    Rectangle rect2 = new Rectangle(320, 100, 200, 100);
    // 画空心椭圆
    g.DrawEllipse(pen, rect1);
    g.FillEllipse(brush, rect2);
}
```

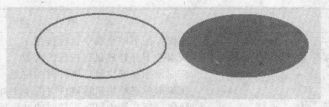

图 8.19 用自定义颜色画的椭圆

8.7 鼠 标 事 件

绘制直线需要获取起点坐标、终点坐标，绘制矩形、椭圆需要获取起点坐标及绘制的大小。这些坐标或大小可以从键盘输入，但这不方便，也不符合用户的习惯。因而需要学习用鼠标事件。

　　事件是类在发生其关注的事情时用来提供通知的一种方式,是可以通过代码响应或"处理"的操作。事件可由用户操作(如单击鼠标或按某个键)、程序代码或系统生成。事件驱动的应用程序执行代码以响应事件。每个窗体和控件都公开一组预定义事件,用户可根据这些事件进行编程。如果发生其中一个事件并且在相关联的事件处理程序中有代码,则调用该代码。

　　事件处理函数通常有两个参数:第一个参数为引用事件源的对象,第二个参数为与事件相关的数据。如:

```
private void button1_MMove ( object sender , System.Windows.Forms. MouseEventArgs e )。
```

　　常用的鼠标事件如表 8.3 所示。

表 8.3　常用的鼠标事件

鼠标事件	说　　明
MouseDown	当鼠标指针在控件上且用户按下鼠标按钮时发生此事件。此事件的处理程序接收类型为 MouseEventArgs 的参数
MouseMove	当鼠标指针在控件上移动时发生此事件。此事件的处理程序接收类型为 MouseEventArgs 的参数
MouseUp	当鼠标指针在控件上且用户释放鼠标按钮时发生此事件。此事件的处理程序接收类型为 MouseEventArgs 的参数
Click	释放鼠标按钮时发生此事件,通常发生在 MouseUp 事件前。此事件的处理程序接收类型为 EventArgs 的参数。如果只需要确定何时发生单击,可处理此事件
DoubleClick	双击控件时发生此事件。此事件的处理程序接收类型为 EventArgs 的参数。如果只需要确定何时发生双击,可处理此事件

　　MouseEventArgs 的命名空间为 System. Windows. Forms,它为 MouseUp、MouseDown 和 MouseMove 事件提供数据。

　　其常用的属性如表 8.4 所示。

表 8.4　鼠标常用的属性

名　　称	说　　明
Button	获取曾按下的是哪个鼠标按钮
Clicks	获取按下并释放鼠标按钮的次数
Location	获取鼠标在产生鼠标事件时的位置
X	获取鼠标在产生鼠标事件时的 x 坐标
Y	获取鼠标在产生鼠标事件时的 y 坐标

　　事件的编程通常分为以下两个步骤。

- 编写事件处理的函数。
- 把事件与处理函数关联起来(Delegate)。

　　对于 MouseDown,MouseUp,MouseMove 事件,其格式为:

```
"组件名称"."事件名称" += new System.Windows.Forms. MouseEventHandler("事件名称");
```

8.7.1 MouseMove

（1）编写处理函数

假设已建立了名为 Form1 的视窗，可以在 Form1 的类中编写如下函数：

```
private void Form1_OnMouseMove ( object sender , MouseEventArgs e )
{
        this.Text = "当前鼠标的位置为：( " + e.X + " , " + e.Y + ")";
}
```

（2）关联事件和处理函数

在视窗的初始函数 InitializeComponent 中加入如下语句。

```
this.MouseMove += new System.Windows.Forms.MouseEventHandler(Form1_OnMouseMove);
```

8.7.2 MouseDown

（1）编写处理函数

假设已建立了名为 Form1 的视窗，可以在 Form1 的类中编写如下函数：

```
private void Form1_MouseDown ( object sender , MouseEventArgs e )
{
    if ( e.Button == MouseButtons.Left )
        MessageBox.Show ( "按动鼠标左键!" );
    if ( e.Button == MouseButtons.Middle )
        MessageBox.Show ( "按动鼠标中键!" );
    if ( e.Button == MouseButtons.Right )
        MessageBox.Show ( "按动鼠标右键!" );
}
```

（2）关联事件和处理函数

在视窗的初始函数 InitializeComponent 中加入如下语句。

```
this.MouseMove += new System.Windows.Forms.MouseEventHandler(Form1_OnMouseMove);
```

8.8 应 用 实 例

本实例用鼠标拖动绘制直线、空实心矩形、椭圆，并可以设置线型及填充类型。可以在第 7 章的基础上增加此功能。

步骤（若在第 7 章的基础上增加功能直接转到步骤（5））如下：

（1）建立图像处理项目，名字为 Paint。并把 Form1 的自动滚动属性 AutoScroll 设置为 ture。

（2）在窗体上绘制 PictureBox 控件，其名字为 pictureBox1。

（3）在 Form1 类中增加一个成员变量，即

```
private Bitmap bitmap;
```

（4）建立"文件"菜单。在其属性中名字改为 File。

（5）在"文件"下建立"新建"选项。在其属性中名字改为 NewFile_M。

（6）建立"绘图"菜单。其名字为 Painting_M，并在其上建立"直线"、"空心矩形"、"实心矩形"、"空心椭圆"及"实心椭圆"选项，在它们的属性中名字分别改为 LineM、RectangleM、FillRectM、Ellipse_M 和 FillEllM。

（7）建立"颜色"菜单。其名字为 ColorM，并在它上面建立"红色"、"绿色"、"蓝色"及自定义颜色选项，其名字分别为 RedM，GreenM，BlueM 及 MyColor。

（8）建立工具栏。单击工具箱中的"菜单及工具栏"，把 ToolStrip 拖入视窗。

（9）增加一个按钮。单击新建的工具栏中的"增加 ToolStripButton"按钮，增加一个按钮，并在属性中为其改名，如改为 NewFile_T。

（10）在"附件中的画图内"绘制工具栏按钮的图片。图片的大小为 16 * 16，如"新建"的图片为，并保存图片，例如文件名取为 newfile. bmp。

（11）改变工具栏按钮的图片。在工具栏中。增加一个按钮，并单击其属性中的"外观"选项中的 image 选项中的"…"，弹出"选择资源"对话框，单击"导入"按钮，选择显示图片。

（12）重复步骤（9）～（11），直到为所有经常用的选项在工具箱中建立对应的按钮。

（13）建立线型菜单。并在其下建立"线型"，"起始端点"，"终点端点"子菜单。

（14）为线型建立 Dash，DashDot，DashDotDot，Dot，Solid 子菜单。

（15）为起始端点建立 ArrowAnchor，DiamondAnchor，SquareAnchor，Triangle，RoundAnchor 子菜单。

（16）为终止端点建立 ArrowAnchor，DiamondAnchor，SquareAnchor，Triangle，RoundAnchor 子菜单。

（17）双击"文件"菜单中的"新建"选项，系统自动为其建立响应函数的框架，在其中编写程序，完成新建一个 Bitmap 图像，并把它"绑定"在 pictureBox1 上。

```
private void New_Click(object sender, EventArgs e)
{
    bitmap = new Bitmap(this.pictureBox1.Width, this.pictureBox1.Height);
    this.pictureBox1.Image = bitmap;

}
```

（18）双击工具栏"新建"按钮，系统自动为其建立响应函数的框架，不必为其编写新的代码，只需要调用菜单中的"新建"选项的响应函数就行了。如下：

```
private void NewT_Click(object sender, EventArgs e)
{
    New_Click( sender,  e);
}
```

注意：以后工具栏的代码与此类似，即直接调用对应的菜单选项的处理函数。

（19）在 Form1 中增加成员数据 pen，为 Pen 类，用于画直线，空心矩形，实心椭圆。增加成员函数 brush，属于 Brush 类，用于画实心矩形，实心椭圆。

增加成员数据 select,int 类型,用于存放选择的绘图方式。其值为 1 时,表示绘制直线,为 2 表示绘制空心矩形,为 3 表示绘制空心椭圆,为 4 表示绘制实心矩形,为 5 表示绘制实心椭圆。

增加成员数据 CanMove,为 bool 类型,用于判断移动鼠标是否按着左键。

增加成员数据 start,为 Point 类型,用于存放按下鼠标左键时鼠标的位置。

如下:

```
private Bitmap bitmap;
private Point start;
bool CanMove;
int select = 0;
Pen pen = new Pen(Color.Red, 2);
Brush brush = new SolidBrush(Color.Gray);
```

(20) 双击菜单中的"直线"选项,为其编写程序。

```
private void LINE_Click(object sender, EventArgs e)
{
    select = 1;
}
```

(21) 双击菜单中的"空心矩形"选项,为其编写程序。

```
private void RECT_Click(object sender, EventArgs e)
{
    select = 2;
}
```

(22) 双击菜单中的"空心椭圆"选项,为其编写程序。

```
private void Ellipse_Click(object sender, EventArgs e)
{
    select = 3;
}
```

(23) 双击菜单中的"实心矩形"选项,为其编写程序。

```
private void FRect_Click(object sender, EventArgs e)
{
    select = 4;
}
```

(24) 双击菜单中的"实心椭圆"选项,为其编写程序。

```
private void FEll_Click(object sender, EventArgs e)
{
    select = 5;
}
```

(25) 双击菜单中的"红色"选项,为其编写程序。
建立红色的画笔(Brush)及红色的钢笔(Pen)。

```
private void RED_Click(object sender, EventArgs e)
```

```
        {
            pen = new Pen(Color.Red, float.Parse(this.linesize.Text));
            brush = new   SolidBrush(Color.Red);
        }
```

（26）双击菜单中的"绿色"选项,为其编写程序。

建立绿色的画笔(Brush)及绿色的钢笔(Pen)。

```
private void GREE_Click(object sender, EventArgs e)
{
    pen = new Pen(Color.Green, float.Parse(this.linesize.Text));
    brush = new SolidBrush(Color.Green);

}
```

（27）双击菜单中的"蓝色"选项,为其编写程序。

建立蓝色的画笔(Brush)及蓝色的钢笔(Pen)。

```
private void BLUE_Click(object sender, EventArgs e)
{
    pen = new Pen(Color.Blue, float.Parse(this.linesize.Text));
    brush = new SolidBrush(Color.Blue);
}
```

（28）双击"自定义颜色"选项,并为其编写程序。

```
private void ColorSet_Click(object sender, EventArgs e)
    {
        ColorDialog MyDialog = new ColorDialog();
        // Keeps the user from selecting a custom color.
        MyDialog.AllowFullOpen = true;
        // Allows the user to get help. (The default is false.)
        MyDialog.ShowHelp = true;
        // Sets the initial color select to the current text color.
       // MyDialog.Color = textBox1.ForeColor;

        // Update the text box color if the user clicks OK
        if (MyDialog.ShowDialog() == DialogResult.OK)
        {
            pen = new Pen(MyDialog.Color,float.Parse(this.linesize.Text));
            brush = new SolidBrush(MyDialog.Color);
        }

    }
```

（29）为鼠标移动编写处理程序。

当变量 CanMove 为 True 时,已获取了绘制图形的初始位置,但终止位置或大小还没有确定,因而假设当位置为终止位置,动态地绘制图形。Start 为第一次按下鼠标左键时鼠标的位置,即绘制图形的初始位置。e.x,e.y 为当前鼠标的位置,绘制图形的终止位置。因而显然,e.X－start.X 为绘制图像的宽度,e.y－start.y 为绘制图像的高度。Select 为绘制的方式,1 为直线,2 为空心矩形,3 为空心椭圆,4 为实心矩形,5 为实心椭圆。

```
private void Form1_MouseMove(object sender, System.Windows.Forms.MouseEventArgs e)
{
    if (this.CanMove == true)
    {
        this.pictureBox1.Image = (Bitmap)this.bitmap.Clone();
        Graphics g = Graphics.FromImage(this.pictureBox1.Image);
        switch(select){
            case 1：
                g.DrawLine(pen, this.start, new Point(e.X, e.Y)); //重绘
                break;
            case 2：
                if (start.X＜e.X&&start.Y＜e.Y)
                    g.DrawRectangle(pen,start.X,start.Y,e.X-start.X,e.Y-start.Y);
                break;
            case 3：
                if (start.X＜e.X && start.Y＜e.Y)
                    g.DrawEllipse(pen,start.X,start.Y,e.X-start.X,e.Y-start.Y);
                break;
            case 4：
                if (start.X＜e.X && start.Y＜e.Y)
                    g.FillRectangle(brush,start.X,start.Y,e.X-start.X,e.Y-start.Y);
                break;
            case 5：
                if (start.X＜e.X && start.Y＜e.Y)
                    g.FillEllipse(brush,start.X,start.Y,e.X-start.X,e.Y-start.Y);
                break;
        }
        g.Dispose();
    }
    this.MousePos.Text = "坐标" + e.X + "," + e.Y;
}
```

（30）关联鼠标移动事件和处理程序。

在 Form1 类中的 InitializeComponent 成员函数中增加如下语句：

```
this.pictureBox1.MouseMove += new System.Windows.Forms.MouseEventHandler(this.Form1_MouseMove);
```

因为图形是画在 pictureBox1 控件上的，因而当鼠标在 pictureBox1 上移动时会触发鼠标处理函数。

（31）为鼠标按左键编写处理程序。

当 canMove 为 false 时，说明是刚按下鼠标左键，因而用 this.start＝new Point(e.X, e.Y)；语句保存画图的起始点位置，并把 canMove 设置为 true，因而鼠标移动时会动态地画图形。以后当再一次按下鼠标左键时，获得图形的终止位置，因而绘制图形，并把 canMove 设置为 false，鼠标移动时不再画图形。

```
private void Form1_MouseDown(object sender, System.Windows.Forms.MouseEventArgs e)
{
    if (e.Button == MouseButtons.Left)
    {
```

```
        if (!CanMove)
        {
            this.start = new Point(e.X, e.Y);
            this.CanMove = true;
        }
        else
        {
            this.pictureBox1.Image = this.bitmap;
            Graphics g = Graphics.FromImage(this.pictureBox1.Image);
            switch(select){
                case 1:
                     g.DrawLine(pen, this.start, new Point(e.X, e.Y));
                    break;
                case 2:
                    if (start.X < e.X && start.Y < e.Y)
                        g.DrawRectangle(pen,start.X,start.Y,e.X-start.X,e.Y-盘 start.Y);
                    break;
                case 3:
                    if (start.X<e.X && start.Y<e.Y)
                        g.DrawEllipse(pen,start.X,start.Y,e.X-start.X,e.Y-start.Y);
                    break;
                case 4:
                    if (start.X<e.X && start.Y<e.Y)
                        g.FillRectangle(brush,start.X,start.Y,e.X-start.X,e.Y-start.Y);
                    break;
                case 5:
                    if (start.X<e.X && start.Y<e.Y)
                        g.FillEllipse(brush,start.X,start.Y,e.X-start.X,e.Y-start.Y);
                    break;
            }
            g.Dispose();
            CanMove = false;
            //this.pictureBox1.Invalidate();
        }
    }
}
```

下面的步骤(32)~(36)为设置线的类型。

(32) 双击 Dash 选项,并为其编写脚本。

```
private void Dash_Click(object sender, EventArgs e)
{
    pen.DashStyle = DashStyle.Dash;
}
```

(33) 双击 DashDot 选项,并为其编写脚本。

```
private void DashDot_Click(object sender, EventArgs e)
{
    pen.DashStyle = DashStyle.DashDot;
}
```

（34）双击 DashDotDot 选项，并为其编写脚本。

```
private void DashDotDot_Click(object sender, EventArgs e)
    {
        pen.DashStyle = DashStyle.DashDotDot;
    }
```

（35）双击 Dot 选项，并为其编写脚本。

```
private void Dot_Click(object sender, EventArgs e)
{
    pen.DashStyle = DashStyle.Dot;
}
```

（36）双击 Solid 选项，并为其编写脚本。

```
private void Solid _Click(object sender, EventArgs e)
{
    pen.DashStyle = DashStyle.Solid
}
```

下面的步骤（37）～（40）为线的起始端点设置类型。

（37）双击 ArrowAnchor 选项，并为其编写脚本。

```
private void ArrowAnchor_Click(object sender, EventArgs e)
    {
        pen.StartCap = LineCap.ArrowAnchor;
    }
```

（38）双击 DiamondAnchor 选项，并为其编写脚本。

```
private void DiamondAnchor _Click(object sender, EventArgs e)
    {
        pen.StartCap = LineCap.DiamondAnchor;
    }
```

（39）双击 squareAnchor 选项，并为其编写脚本。

```
private void squareAnchor_Click(object sender, EventArgs e)
    {
        pen.StartCap = LineCap.SquareAnchor;
    }
```

（40）双击 triangle 选项，并为其编写脚本。

```
private void triangle_Click(object sender, EventArgs e)
{
    pen.StartCap = LineCap.Triangle;
}
```

下面的步骤（41）～（45）为线的终止端点设置类型。

（41）双击 ArrowAnchorEnd 选项，并为其编写脚本。

```
private void ArrowAnchorEnd_Click(object sender, EventArgs e)
{
```

```
        pen.EndCap = LineCap.DiamondAnchor;
    }
```

（42）双击 DiamondAnchorEnd 选项，并为其编写脚本。

```
private void DiamondAnchorEnd_Click(object sender, EventArgs e)
    {
        pen.EndCap = LineCap.DiamondAnchor;
    }
```

（43）双击 RoundAnchorEnd 选项，并为其编写脚本。

```
private void RoundAnchorEnd_Click(object sender, EventArgs e)
    {
        pen.EndCap = LineCap.RoundAnchor;
    }
```

（44）双击 squareAnchorEnd 选项，并为其编写脚本。

```
private void squareAnchorEnd_Click(object sender, EventArgs e)
    {
        pen.EndCap = LineCap.SquareAnchor;

    }
```

（45）双击 TriangleEnd 选项，并为其编写脚本。

```
private void TriangleEnd_Click(object sender, EventArgs e)
    {
        pen.EndCap = LineCap.Triangle;
    }
```

本 章 小 结

本章介绍用 GDI＋绘制图形。主要包括画笔、钢笔的基本概念，如何绘制直线、空心方框、椭圆、多边形以及如何绘制实心的方框、椭圆、多边形，钢笔线的粗细、实线、虚线、起点及终点的设置，画笔的填充方式等。最后在第 7 章的基础上，综合运用所学的知识，编写一个简单的画图程序。

（1）基本概念
- 钢笔。用于绘制线条图案，它可以设置线的粗细、类型、起点终点的类型。
- 画笔。用于实心的图形，它可以设置不同的填充方式。
- Point。图像上的点。
- Size。表示大小。
- Rectangle。表示矩形区域。

（2）基本操作
- DrawLine。绘制直线。
- DashStyle。Pen 的属性，用于设置虚线类型。

- StartCap。Pen 的属性,用于设置起始端点的类型。
- EndCap。Pen 的属性,用于设置终点端点的类型。
- DrawRectangle。绘制空心矩形。
- FillRectangle。绘制实心矩形。
- DrawEllipse。绘制空心椭圆。
- DrawArc。绘制圆弧。
- FillEllipse。绘制实心椭圆。
- DrawPolygon。绘制空心多边形。
- FillPolygon。绘制实心多边形。
- HatchBrush。设置阴影画笔。
- TextureBrush。设置纹理画笔。
- LinearGradientBrush。设置渐变画笔。

习　题　8

一、填空题

1. 每种画笔都由一个派生自抽象类_____的类实例来表示。

2. 最简单的画笔为_____。它是单色画笔,用于_____。

3. 钢笔用一个类_____来表示。

4. Point 表示_____。

5. Size 表示_____。

6. Rectangle 表示_____。

二、选择题

1. 下列不是 Pen 的属性的是_____。

A. hatchstyle　　　　B. StartCap　　　　C. EndCap　　　　D. DashStyle

2. 下列不是用于设置虚线类型的是_____。

A. Dash　　　　B. Dot　　　　C. DashDotDot　　　　D. StartCap

3. 下列用于设置直线起始端点类型的是_____。

A. EndStart　　　　B. StartCap　　　　C. EndCap　　　　D. Dash

4. 下列用于设置阴影画笔的是_____。

A. HatchBrush　　　　　　　　B. SolidBrush

C. LinearGradientBrush　　　　D. PathGradientBrush

5. 下列用于设置渐变画笔的是_____。

A. HatchBrush　　　　　　　　B. SolidBrush

C. LinearGradientBrush　　　　D. PathGradientBrush

6. 下列用于设置纹理画笔的是_____。

A. HatchBrush　　　　　　　　B. SolidBrush

C. TextureBrush　　　　　　　D. PathGradientBrush

三、简答题

1. 如何获取、设置颜色？

2. 画笔、钢笔的区别及联系是什么？

四、编程题

1. 编写程序，绘制如图 8.20 所示的图形。

2. 编写程序，绘制如图 8.21 所示的图形。

图 8.20　编程题 1 图

图 8.21　编程题 2 图

3. 编写程序，绘制如图 8.22 所示的图形。

图 8.22　编程题 3 图

第9章

ASP.NET

ASP.NET 是微软所提供的网站开发技术。程序设计师可以利用这些技术建置一个网站/页应用程序。ASP.NET 也是微软 XML Web Service 应用程序平台策略的基底功能之一。很多人都把 ASP.NET 当做是一种编程语言,但它实际上只是一个由 .NET Framework 提供的一种开发平台(development platform),并非编程语言。在 .NET Framework 中,由 System.Web 命名空间来提供 ASP.NET 在基础上的支持。本章将介绍使用 C# 开发 ASP.NET 中的一些基本知识和技能。

9.1 建立一个新的 ASP.NET 网站

9.1.1 新建 Web 应用程序项目

以下内容的讲述都是基于 Visual Web Developer 2008 Express Edition,该软件可以免费从微软的网站上获得。

安装完毕之后,启动该软件。界面的熟悉在后面演练过程中会逐渐清楚。选择"文件"菜单,新建项目,然后依次如图 9.1 和图 9.2 所示进行选择。

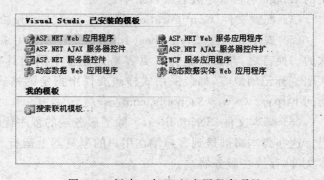

图 9.1 选择 Visual C# 作为基础　　　　图 9.2 新建一个 Web 应用程序项目
　　　　语言开发 Web 应用

除了这种方式建立,还可以在"文件"菜单中选择"新建网站"一项。其中"位置"告诉我们该网站是基于文件系统建立的。除此之外,还有 HTTP 和 FTP 的选择。第二项"语言"

选择是采用 Visual Basic 作为 Web 开发的语言还是使用 C♯ 作为基础语言。这里选择
C♯,如图 9.3 所示。

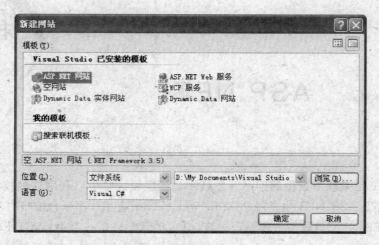

图 9.3 新建网站

9.1.2 向项目中添加文件

一个网站由很多文件组成。一般而言,构成一个网站的相关文件如下。

(1)静态网页。一个 HTML 页面便是一个静态的网页。它和 ASP.NET 页不同,它仅
仅包含 HTML 的一些基本元素,不包含控件和程序代码。所谓静态,就是指该类型的文件
不能基于用户输入、服务端的数据或者其他的一些准则进行修改。

(2)ASP.NET。ASP.NET 页面是网站上的动态网页。有两种文件:后缀为 aspx 的
和后缀为 aspx.vb 的。前者包含 HTML 部分,后者包含程序代码部分。

(3)图像文件。网站所使用的各种图像,徽标以及剪辑画。这些文件通常存储在网站
上的 Image 子目录中或者根目录中。

(4)配置文件(Configuration files)。web.config 文件,包含了服务端的设置信息。

(5)式样表文件(Style sheet files)。式样表是用来指定页面上某一特定样式的显示格
式的。换言之,其目的是为了更容易地让整个网站具有一致的外观表现。例如所有使用
<h1>标记的地方,都会采用式样表文件中指定的格式显示。如果想了解更多的信息,请
访问 http://www.w3schools.com/css/。

(6)脚本文件(Script files)。除了服务端的程序代码,网页还可能包括客户端的脚本代
码。这些脚本将被送到客户端在用户的浏览器上运行。通常,这些脚本被打包为单独的脚
本文件,存放在服务器端。

一般常添加以下两种文件。

(1)Web Form(Web 窗体)文件。在 Solution Explorer(解决方案资源管理器)中,在当
前的项目上右击,选择 Add Item,再在如图 9.4 所示的画面中,选择"Web 窗体"即可。一个
好的习惯是不论新建什么文件,要取一个有意义的名字。

(2)HTML 文件。如图 9.4 中的"HTML 页"。HTML 文件是网站的基本文件之一。

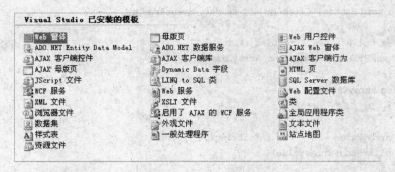

图 9.4　新建 Web Form

该文件有自己的格式要求,HTML 为 HyperText Markup Language 的缩写。尽管不需要太多 HTML 内容的知识也可以完成网站的开发,但全面的 HTML 知识对于理解网站并帮助你顺利完成开发工作是非常必要的。而且,HTML 相关知识并不复杂。

在添加完以上两种文件之后,现在已经可以运行试试了。Visual Web Developer 会启动 ASP.NET Development Server 和浏览器,并在浏览器中显示网站内容。ASP.NET Development Server 会在右下角系统栏内作为一个图标出现。

9.2　代 码 编 辑

9.2.1　重构(Refactor)

Visual Web Developer 提供了重构(Refactor)功能,它能够有效地帮助我们整理代码。该功能是开发人员的有力助手。

【例 9.1】　开发环境的重构功能。

为了说明该功能的使用,先新建一个项目。步骤如下。

(1)新建一个网站。选择"文件"菜单,然后选择"新建网站",在弹出的对话框中选择"ASP.NET 网站"。注意位置保持"文件系统"的选择,而语言保持 Visual C♯ 的选择。其他信息保持默认,单击"确定"按钮完成操作。

(2)默认显示的是 Default.aspx 文件,在屏幕中间,有 3 个按钮并排,分别为 Design、Split、Source。如图 9.5 所示,单击"设计"按钮。

图 9.5　设计视图和源代码视图的切换按钮

(3)在左侧工具栏中选择 Button(按钮)控件,放置到 Default.aspx 对应的 Web 窗体中(即设计界面)。结果如图 9.6 所示。

(4)双击 Button 按钮,键入如下代码。这段代码的作用是在页面上顺序显示 5 个数字。

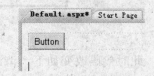

图 9.6　Web Form 设计视图

```
protected void Button1_Click(object sender, EventArgs e)
{
    System.Collections.ArrayList alist =
        new System.Collections.ArrayList();
    int i;
    string arrayValue;
    for(i = 0; i<5; i++)
    {
        arrayValue = "i = " + i.ToString();
        alist.Add(arrayValue);
    }
    for(i = 0; i<alist.Count; i++)
    {
        Response.Write("<br />" + alist[i]);
    }
}
```

（5）使用 ctrl＋F5 组合键运行，将在默认的浏览器中打开页面，页面中仅有一按钮。单击按钮之后，应该看到如下输出内容。

```
i = 0
i = 1
i = 2
i = 3
i = 4
```

（6）接下来回到代码编辑器，选择代码中如下几行。

```
for(i = 0; i<alist.Count; i++)
{
    Response.Write("<br />" + alist[i]);
}
```

（7）紧接着单击鼠标右键，选择 Refactor(重构)，Extract Method(提取方法)。提取方法对话框此时显现。如图 9.7 所示，将这段代码封装为函数，取名为 DisplayArray。单击"确定"按钮。

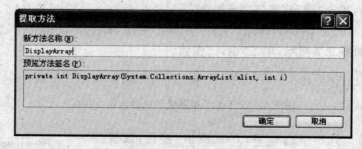

图 9.7 提取方法对话框

此时代码改变如下。请注意，Visual Studio 已经将刚才选择的一段代码用一句方法调用代替了。

```
protected void Button1_Click(object sender, EventArgs e)
{
    System.Collections.ArrayList alist =
        new System.Collections.ArrayList();
    int i;
    string arrayValue;
    for(i = 0; i<5; i++ )
    {
        arrayValue = "i = " + i.ToString();
        alist.Add(arrayValue);
    }
    i = DisplayArray(alist, i);
}
```

9.2.2 更名

在刚才的基础上接着介绍另外一项功能。在程序编写过程中,有的时候会想改变原有变量或者函数的名称。这种情况的出现往往是由于引入新变量或者函数时发现原来的变量或函数名称表意不够明确。例如在整个程序中不同的地方都有一段转换函数,虽然一段是金额单位的转换,一段是长度不同制式的转换。有可能在刚开始编程的时候,都笼统地将该功能封装为方法 Convert。这便造成了命名冲突或者不明晰。

【例 9.2】 开发环境的重命名功能。

本例在例 9.1 的基础上继续。将 alist 更名为 arrayList。找到变量 alist 的定义处,在其上单击鼠标右键,选择"重构"→"重命名"。在弹出的"重命名"对话框中,为其取名为 arrayList。保持"预览引用更改"复选框的选中状态,单击"确定"按钮,如图 9.8 所示,在弹出的对话框中确认即将发生的改变并单击 Apply 按钮。

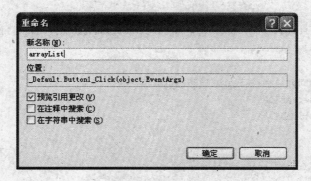

图 9.8 更改变量名

请注意,虽然 alist 更名为 arrayList,但是在函数 DisplayArray 的参数列表中,alist 并没有发生改变。这是容易理解的。

```
private int DisplayArray(System.Collections.ArrayList alist, int i)
{
    for (i = 0; i < alist.Count; i++ )
    {
```

```
        Response.Write("<br />" + alist[i]);
    }
    return i;
}
```

最后,按下 Ctrl+F5 组合键查看结果。

9.2.3 理解代码和脚本

刚才做的事情和在 Visual Studio 中使用 C#进行 Windows 窗体程序开发没有什么不同。接下来看看所做的事情究竟让什么地方发生了改变。

首先看图 9.9。在 Default.aspx 下还有一个 Default
.aspx.cs 文件。如果采用 Visual Basic 作为编程语言,
这个文件将会被命名为 Default.aspx.vb。通常,这两
个文件(Default.aspx 和 Default.aspx.cs)总是有相同
的前缀。Default.aspx.cs 文件是存放C#代码的地方,
正如前面做的,里面有处理按钮单击事件的程序。该文
件的内容后面还会解释。

图 9.9 aspx 文件和 aspx.cs 文件

需要理解的是,当运行这样一个网站(虽然很简单)时,所有东西都是在服务器上运行的。而浏览器才是客户端,浏览器中所看到的内容都是经过服务器的解释和翻译的。虽然在练习中,服务器和客户端都是运行在同一台电脑上。需要认识到,所谓的服务器和客户端在这里是指的逻辑上的区分:一个是服务提供者,一个是接受服务者。

为了更清楚地解释这些内容,先将 Default.aspx 的内容进行分析。

```
<%@ Page Language = "C#" AutoEventWireup = "true" CodeFile = "Default.aspx.cs" Inherits =
"_Default" %>


<!DOCTYPE html PUBLIC " -//W3C//DTD XHTML 1.0 Transitional//EN" "http://www.w3.org/TR/
xhtml1/DTD/xhtml1 - transitional.dtd">


<html xmlns = "http://www.w3.org/1999/xhtml">
<head runat = "server">
    <title></title>
</head>
<body>
    <form id = "form1" runat = "server">
    <div>
        <asp: Button ID = "Button1" runat = "server" Text = "Button" onclick = "Button1_Click" />
    </div>
    </form>
</body>
</html>
```

(1) Language="C#" 指示代码将使用 C#语言进行编写,因此服务器不会将遇到的代码作为 VB 语言解释。

（2）CodeFile＝"Default.aspx.cs"明确代码是放在这个文件中。典型地，在页面上进行的事件处理、相关代码都放在这个文件里面。

（3）Inherits＝"_Default"告诉 ASP.NET，在与 Default.aspx 相关的代码文件（Default.aspx.cs）中，究竟是哪一个 Class 中的功能被使用到。如果愿意验证，会发现 Default.aspx.cs 中的确有 public partial class _Default：System.Web.UI.Page 一行，指示类名为_Default。

（4）在这一行的标记中有 runat＝"server"的属性，指示这些脚本应该被 ASP.NET 先行处理，然后才将处理结果发送到客户端浏览器中。作为比较，下面是在浏览器中查看页面源代码的结果。可以看到，和 Default.aspx 的内容是明显不同的。

请尤其留意＜form name＝"form1" method＝"post" action＝"Default.aspx" id＝"form1"＞一句往下的内容。

```
<!DOCTYPE html PUBLIC "-//W3C//DTD XHTML 1.0 Transitional//EN" "http://www.w3.org/TR/xhtml1/
DTD/xhtml1-transitional.dtd">

<html xmlns = "http://www.w3.org/1999/xhtml">
<head><title>

</title></head>
<body>
    <form name = "form1" method = "post" action = "Default.aspx" id = "form1">
<div>
<input type = "hidden" name = "__VIEWSTATE" id = "__VIEWSTATE" value =
        "/wEPDwUKMjA0OTM4MTAwNGRkkooWDpa7cmdbnZB6jbz6J1lpCXQ = " />
</div>

<div>

  < input type = " hidden " name = " __EVENTVALIDATION " id = " __EVENTVALIDATION " value =
"/wEWAgLSmK2uAQKM54rGBl5d33btb4swUBNIzBnH1L58DxDo" />

</div>
    <div>

        <input type = "submit" name = "Button1" value = "Button" id = "Button1" />

    </div>
    </form>
</body>
</html>
```

（5）ASP 的标记也是表明按钮会有 ASP.NET 先行处理。事实上，类似这样的语句代表设计界面上的一个控件。控件的属性设置也直接体现在＜asp：…／＞中。

接下来，分析另外一个文件 Default.aspx.cs。

```
using System;
using System.Collections.Generic;
using System.Linq;
```

```
using System.Web;
using System.Web.UI;
using System.Web.UI.WebControls;

public partial class _Default: System.Web.UI.Page
{
    protected void Page_Load(object sender, EventArgs e)
    {
    …//代码略
    }
    protected void Button1_Click(object sender, EventArgs e)
{
    …//代码略
    }

    private int DisplayArray(System.Collections.ArrayList alist, int i)
    {
    …//代码略
    }
}
```

这里和常规的类定义似乎差不多,但是有一个标识符 partial。该标识符指示这里不是完整的一个类定义,而只是构成页面的完整类的一部分。在这个类中有事件处理程序和其他自定义代码。在运行时,ASP.NET 会产生另外一个部分类,在该类中也有用户代码。由这两个部分类构成的完整类用来产生页面。

9.3　检查用户的输入

9.3.1　RequireFieldValidator 以及 RegularExpressValidator

这一节学习如何检查用户输入的信息是否满足制定的格式。例如,当需要用户输入电子邮件地址时,确保用户输入了电子邮件地址并且该邮件格式是合法的。这些功能在以往看来,都需要一些程序编写工作。然而,Visual Web Developer 已经提供了便捷的控件完成这些事情。完成这些功能的控件都位于 Validation 工具箱分组中。

【例 9.3】　设计用来收集学生电子邮件信息的一个网站界面并验证输入的有效性。在网页上,应当有电子邮件、学号、性别等信息。其中电子邮件应符合电子邮件的格式要求,学号这里不妨假设是 11 位数,最高为 1 或者 2；性别只能为“男”或者“女”。

先如图 9.10 所示完成界面。其中,相应控件命名见表 9.1。除此之外,将 btnSubmit 的 ValidationGroup 属性设置为 ONE。

图 9.10　学生信息收集

表 9.1　界面上控件的名称

控件	控件 ID	控件	控件 ID
“学号”文本框	txtSNO	“电子邮件”文本框	txtEmail
“性别”下拉框	ddlGender	“提交信息”按钮	btnSubmit

先做学号信息的验证工作。如前所述,这里假设学号都是由数字组成的,长度为11,而且最高为1或者2。按照习惯,对于这样的验证,通常会通过一个所谓的"正则表达式"的工具来完成。

从Validation工具箱中选择RequireFieldValidator,放在txtSNO的后面。如表9.2所示设置属性。该控件的作用是告诉我们,这一文本框(学号)是必填字段。

表 9.2 RequireFieldValidator 的属性设置

属　　性	值	解　　释
Display	Dynamic	获取或设置验证控件中错误消息的显示行为
ErrorMessage	你必须输入一个有效的学号	获取或设置验证失败时控件中显示的错误消息的文本
Text	*	获取或设置验证失败时验证控件中显示的文本
ControlToValidate	txtSNO	获取或设置要验证的输入控件
ValidationGroup	ONE	获取或设置此验证控件所属的验证组的名称

接下来在刚才放置的控件RequireFieldValidator后,再次放置一个RegularExpressValidator控件,该控件用来判定用户输入的学号是否是11位学号,并且是否是以数字1和2开头的。请按照表9.3所示设置相应属性。

表 9.3 RegularExpressValidator 的属性设置

属　　性	值	解　　释
Display	Dynamic	获取或设置验证控件中错误消息的显示行为
ErrorMessage	学号是11位数字组成	获取或设置验证失败时控件中显示的错误消息的文本
ControlToValidate	txtSNO	获取或设置要验证的输入控件
ValidationGroup	ONE	获取或设置此验证控件所属的验证组的名称
ValidationExpress	^[12][0-9]{10}$	用来验证输入是否合法的正则表达式

其中ValidationExpress的属性设置如图9.11所示。其中有一些预设的表达式,例如Internet E-mail address。在这里,我们选择Custom,如图9.11所示输入表达式^[12][0-9]{10}$。其中[12]表示匹配字符1或者字符2,[0-9]表示匹配数字字符,{10}表示前一字符的10次重复。^匹配文本开头,而$匹配文本的结束。

按Ctrl+F5组合键,可以试着在浏览器中查看刚才的工作了。

作为练习,请将界面上没有完成的电子

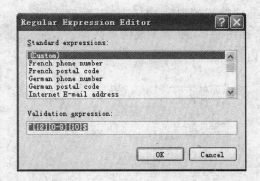

图 9.11 在 Regular Express Validator 中自定义
　　　　　正则表达式

邮件检查做完。这样,虽然现在提交并没有将数据真正保存起来,但是用户的输入确实是可以进行验证的了。

最后要说明的是,验证可以从两方面进行:即服务器端的验证和客户端的验证。在

Visual Web Developer 中查看 default. aspx 的源代码(或脚本),可以看到如下内容,从其中内容可以看出,在这个页面中只是描述了 TextBox、RequiredFieldValidator、RegularExpressionValidtor 控件的一些属性,至于是如何完成验证工作的,从这里是无从得知的。

学号: <asp:TextBox ID = "txtSNO" runat = "server" ValidationGroup = "ONE"></asp: TextBox>
      <asp:RequiredFieldValidator ID = "RequiredFieldValidator1" runat = "server"
        ControlToValidate = "txtSNO" Display = "Dynamic" ErrorMessage = "你必须输入一个
有效的学号"
        ValidationGroup = "ONE"> * </asp: RequiredFieldValidator>
    <asp:RegularExpressionValidator ID = "RegularExpressionValidator1" runat = "server"
    ControlToValidate = "txtSNO" ErrorMessage = "学号是 11 位数字组成"
    ValidationExpression = "^[12][0 - 9]{10} $ " ValidationGroup = "ONE"></asp:
RegularExpressionValidator>

然而,一旦运行这段程序,在浏览器端查看源代码的时候,可以发现这些代码发生了较大的变化,并且出现了很多 Javascript 脚本。这是因为,在 ASP. NET 服务器端会注入这些验证脚本,使得产生的用于浏览器端显示的脚本本身就可以完成验证功能,这样便可以减少数据往返于客户端以及服务器端的次数。

9.3.2   ValidationSummary

有的时候希望将所有出错信息汇总,统一显示在页面的某个地方,这个时候,ValidationSummary 控件便可以派上用场。如图 9.12 所示,在 btnSubmit 按钮后放置一个 ValidationSummary 控件,并设置 ValidationGroup 属性为 ONE。

运行之后,在浏览器中打开,先直接单击"提交信息"按钮。此时画面如图 9.13 所示,其中 ValidationSummary 控件显示的内容是学号和电子邮件两个文本框不能为空的信息。该信息来自于 RequiredFieldValidator 的 ErrorMessage 属性的内容。如果在文本框中填入一些非法格式的内容,再次单击,此时 ValidationSummary 控件的内容显示有关具体格式的信息,如图 9.14 所示。该信息来自于 RegularExpressionValidator 控件的 ErrorMessage 属性的内容。

图 9.12   ValidationSummary 控件

图 9.13   ValidationSummary 控件情形一

9.3.3   写自定义验证代码

ASP. NET 的控件并没有提供一个对日期进行校验的控件,如前所述,为了完成一个校

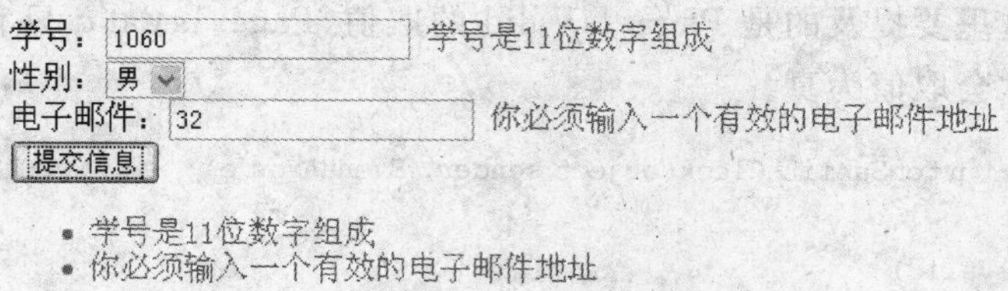

学号：[1060]   学号是11位数字组成
性别：[男 ▾]
电子邮件：[32]   你必须输入一个有效的电子邮件地址
[提交信息]

- 学号是11位数字组成
- 你必须输入一个有效的电子邮件地址

图 9.14 ValidationSummary 控件情形二

验，可以选择在服务器端或者客户端进行检查。这项功能可以由控件 CustomValidator 完成。

【例 9.4】 对日期进行校验。

在例 9.3 的基础上添加一个文本框，用以描述学生的出生年月。并在该文本框后面放置一个 CustomValidator 控件，按照表 9.4 设置该控件的属性。

表 9.4 CustomValidator 控件的属性设置

属　　　性	值	解　　　释
Display	Dynamic	获取或设置验证控件中错误消息的显示行为
ErrorMessage	请按照格式 m/d/yyyy 输入	获取或设置验证失败时控件中显示的错误消息的文本
ControlToValidate	txtBirth	获取或设置要验证的输入控件
ValidationGroup	ONE	获取或设置此验证控件所属的验证组的名称

双击该控件，输入以下代码：

```
protected void CustomValidator1_ServerValidate(object source,
    ServerValidateEventArgs args)
{
    try
    {
        DateTime.ParseExact(args.Value, "d",
            System.Globalization.DateTimeFormatInfo.InvariantInfo);
        args.IsValid = true;
    }
    catch
    {
        args.IsValid = false;
    }
}
```

这一段代码将在用户提交数据的时候执行。在这段代码中，最重要的便是参数 ServerValidateEventArgs args。在程序里，我们使用 args.Value 来取得用户填入的值，并且经过自己的判断之后，将 args.IsValid 的状态修改。当 args.IsValid 的值为 false 的时候，我们自己定义的错误消息（ErrorMessage）将被显示出来。这里判断日期格式是否吻合要求的 m/d/yyyy 的格式，采用 DateTime.ParseExact 函数来完成这项工作，如果日期能够被顺利转换，将不会有异常提出，否则提出的异常将被捕获，从而将 args.IsValid 的值设置为 false。还可以在提交按钮处检查页面诸多元素的校验是否通过，双击"提交信息"按钮，输入以下代码。这里要提及的是 Page. IsValid 的取值，Page. IsValid 只有当页面上所有校验都通过的时候才会取值为真。

```
protected void buttonSubmit_Click(object sender, EventArgs e)
{
    if(Page. IsValid)
    {
        labelMessage. Text = "Your reservation has been processed. ";
    }
    else
    {
        labelMessage. Text = "Page is not valid. ";
    }
}
```

刚才完成的是服务器端的校验代码。客户端的校验代码同样可以完成。具体的做法便是在客户端写检查的 JavaScript 函数脚本，然后将 CustomValidator 的 ClientValidationFunction 设置为该函数即可。这种情况下，如果客户端校验没有通过，数据是不会被提交到服务器上运行的。

例如，可以在 default. aspx 中的＜head＞标识下面嵌入如下脚本。并如前所述，将 CustomValidator 的 ClientValidationFunction 设置为 validateDate 即可。事实上，在 validateDate 函数中，采用了和服务器端类似的逻辑：args 是处理的核心。args. Value 是被校验的字符串，当认为校验不通过的时候，便设置 args. IsValid 为 false。这段函数的逻辑从代码可以明显读出，只是借助了 Date 对象并且调用其 getDate，getMonth，getFullYear 方法进行辅助验证。这里需要说明的是 getMonth 的计数是从 0 到 11，因此，程序中有一个－1 的动作。

```
<script language = "javascript">
function validateDate(oSrc, args)
{
  var iDay, iMonth, iYear;
  var arrValues;
  arrValues = args. Value. split("/");
  iMonth = arrValues[0];
  iDay = arrValues[1];
  iYear = arrValues[2];

  var testDate = new Date(iYear, iMonth − 1, iDay);
  if ((testDate.getDate() != iDay) ||
      (testDate.getMonth() != iMonth − 1) ||
      (testDate.getFullYear() != iYear))
  {
    args. IsValid = false;
    return;
  }

  return true;
}</script>
```

按下 Ctrl+F5,运行这一段程序,当你输入一个不合法的日期格式时,由于 CustomValidator 客户端脚本的校验没有通过,使得服务器端脚本没有机会执行。为了验证服务器端的脚本,可以设置 CustomValidator.EnableClientScript 属性为 false 暂时禁用客户端的校验。

9.4 显示数据表

基本上所有网站都会和数据库交互。这里首先使用 GridView 控件显示一张数据表的内容,然后再讲解如何设置参数化查询。

连接到数据库是大多数 ASP.NET 网站的一项基本功能。传统的 C/S 模式,由于需要单独开发服务器端和客户端的程序,虽然一些开发工具封装了不少客户端和服务器端通信的细节,即使如此,仍然有一些细节问题需要在 C/S 模式下仔细设计并考虑。随着 B/S 模式的流行,浏览器取代传统意义上的客户端,在客户分发和配置方面有着不可比拟的优势。

在 ASP.NET 环境下,一个页面能够显示数据库中一张表的内容,大致是如下的过程。

(1) 建立到数据源的连接。

(2) 页面上有一个数据源控件,负责执行查询和管理查询结果。

(3) 数据显示控件用来显示数据。

9.4.1 使用 GridView 显示数据库内容

下面就使用 GridView 控件来显示数据表 Customer 中相关的内容。

【例 9.5】 使用 GridView 控件显示数据表信息。

新建一网站,在设计界面上放置 GridView 控件,Visual Web Developer 会提示让用户选择一数据源。如图 9.15 所示,在下拉框中选择"新建数据源"。

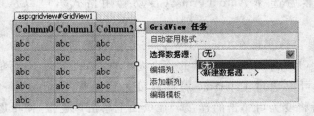

图 9.15 新建数据源

为了完成这个练习,用户至少需要有一个数据库产品,例如 MS SQLServer、Access 等数据库。在这里采用 Access 数据库作为后台支撑,对于开发量不大的网站服务,使用 Access 数据库是足够的。此外,使用 Access 数据库在教学上比较方便。如果以后想转向其他数据库使用,只是在建立数据库连接这一步上会有些区别。本章会使用到 Access 自带的罗斯文(Northwind.mdb)数据库文件,该文件可以从微软网站上获得。如没有特别的说明,本章所用到的数据库都是罗斯文数据库。

在选择新建数据源之前,在解决方案资源管理器中 App_Data 目录中单击右键,选择添加新项,找到 Northwind(罗斯文)数据库文件 Nwind.mdb,并添加在项目中,然后如图 9.16 所示选择新建数据源,在接下来的一个屏幕(如图 9.16)中选择 Access 数据库一项,保持默认的数据源名称为 AccessDataSource1,单击"确定"按钮。

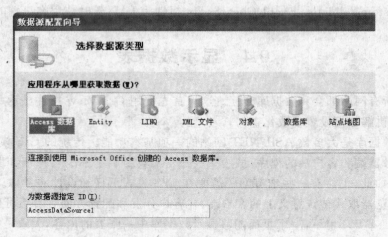

图 9.16　选择数据源

在 Visual Web Developer 中按照提示继续往下,直至配置 SELECT 语句的这一对话框出现。在这一对话框中,选择定义自定义语句或存储过程。然后单击"下一步"(Next),输入下面的 SQL 语句。最后,按照屏幕提示完成剩余的操作即可。

```
SELECT CustomerID, CompanyName, City FROM Customers
```

现在可以使用 Ctrl+F5 运行或者查看一下刚才的这些动作究竟产生了什么效果。注意到一个 sqlDataSource 控件被自动添加到设计界面上,该控件的 ConnectionString 已经被设置。如果想改变 GridView 的外观。在 GridView 上单击右键,选择 Show Smart Tag (显示智能标记),然后选择 Auto Format(自动套用格式),可以从中选择预设的一些方案。

除此之外,也很容易实现在 GridView 内的分页和数据排序工作。如图 9.17 所示,当选择 Enable Paging(启用分页)时,默认的分页大小是 10,即超过 10 行的数据将会在第二页显示。该值的大小可以通过 PageSize 属性改变。当选择 Enable Sorting(启用排序)时,GridView 的标题行将变为可单击的连接。在页面上单击该连接,便可以直接对想要的列进行排序。

9.4.2　建立参数化查询

如果一个查询需要经常执行,而且每次的查询语句条件都有所不同。例如,先前想显示 Boston 城市的客户信息,随后按照客户的要求,又要显示别的城市信息。事实上,这两次查询除了 where 子句有所不同,其余都一样。为了避免每次都需要重新构造完整 SQL 语句的麻烦,可以采用参数化查询的技术。参数化 SQL 语句是一项非常重要的技术。

作为这一技术的使用,用下面的例子来说明。除此之外,在本章很多地方都可以看到参数化的 SQL。

【例 9.6】 查询不同城市的客户信息。

按照这样的需求,界面上可以设置一个文本框用来输入城市名称。修改之后的设计界面如图 9.18 所示。

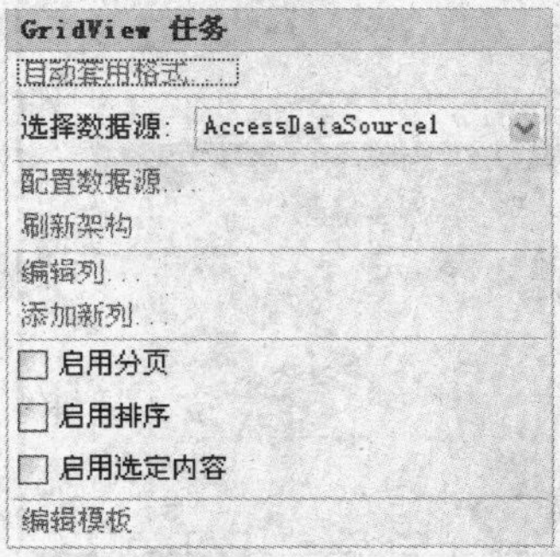

图 9.17 GridView 的分页和排序 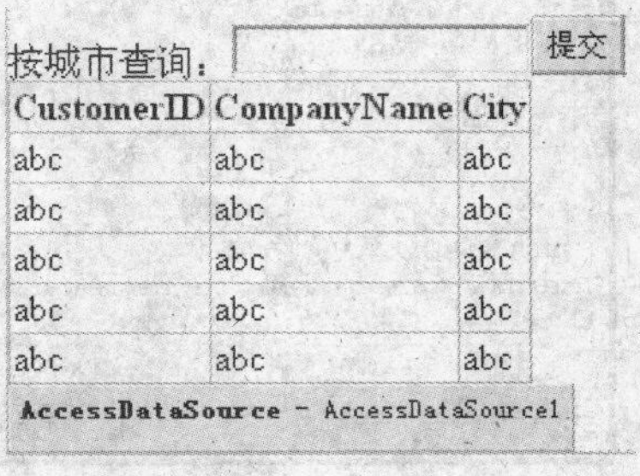　　　　图 9.18 参数化查询之设计界面

设置文本框和按钮的属性如表 9.5 所示。

表 9.5 文本框和按钮的属性设置

控　件	属　性	值
文本框	ID	txtCity
按钮	ID	btnSubmit
	Text	提交

虽然显示的结果依赖于文本框的内容,但是随后可以看到,这并不需要写任何一行代码。

在 AccessDataSource 中单击鼠标右键,选择显示智能标记,然后选择配置数据源。在随后的界面中同样选择指定自定义语句或存储过程。然后在 Query Builder(查询生成器)对话框中的 City 行的筛选列中输入一个"?",然后单击"确定"按钮。或者直接输入 SQL 语句:SELECT CUST_NO,CUSTOMER,CITY,PHONE_NO FROM CUSTOMER WHERE (CITY=?)。单击"下一步"按钮继续,如图 9.19 所示。

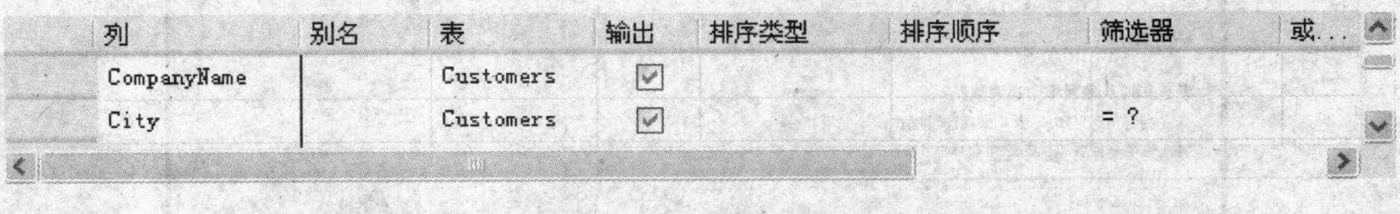

列	别名	表	输出	排序类型	排序顺序	筛选器	或...
CompanyName		Customers	☑				
City		Customers	☑			= ?	

图 9.19 参数化查询之 QueryBuilder

在下一步时,会出现如图 9.20 所示所示的画面。请参照图进行选择。图中指明 SQL 中"?"的地方将由界面上的空间 txtCity 的值取代,在默认情况下,该值默认为 Boston。继续完成 Configure Data Source 中的其余界面,回到 Visual Web Developer 的设计视图中。

按 Ctrl+F5 组合键,在浏览器中打开网站,程序显示如图 9.21 所示。其中默认显示的是 Berlin 这个城市中顾客的有关信息。还可以尝试输入 London,Bern 等城市信息。

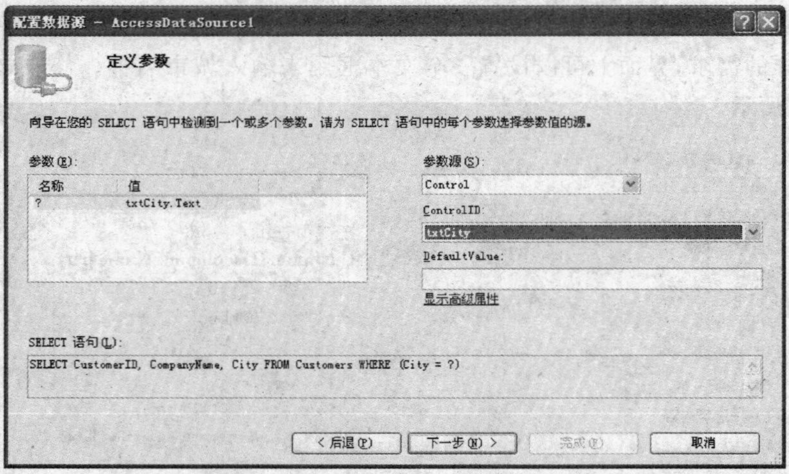

图 9.20　定义查询参数来源

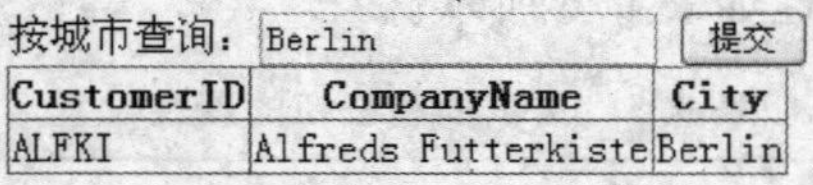

图 9.21　参数化查询的显示结果

9.4.3　使用 ListView 控件显示

类似于 GridView 控件，ListView 控件也可以用来显示数据库的内容，并且进行分页和排序。

【例 9.7】　利用 ListView 控件显示数据表的内容。

新建一个网站，在设计界面中放入控件 ListView。用鼠标右键在 ListView 上单击，选择快捷菜单显示智能标记，按照前一节同样的方式建立到数据源 Employee.fdb 的连接。所不同的是，这次采用如图 9.22 所示的过程选择数据表和字段。

图 9.22　指定来自表或视图的列

设置完以后,选择 ListView 的配置 ListView 任务。在其中选择启用分页。此时如图 9.23 所示,可以顺带选择一种布局和样式。确定之后回到设计视图。

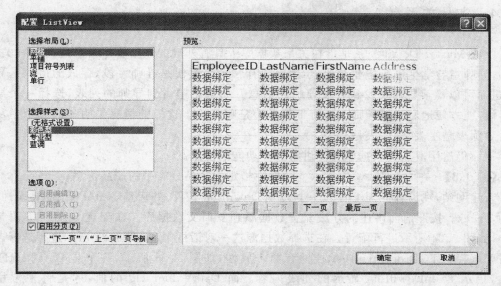

图 9.23　ListView 的外观和样式

到现在为止,所做的工作和 GridView 没有什么大的不同。下面设置两个按钮,分别标注为按照 FirstName 排序和按照 LastName 排序。MSDN 上有明确说明:通过在 LayoutTemplate 模板中添加一个按钮,并将该按钮的 CommandName 属性设置为 Sort,可以对 ListView 控件中显示的数据进行排序。该按钮的 CommandArgument 属性应设置为要用作排序依据的列名。重复单击 Sort(排序)按钮可在排序方向 Ascending 和 Descending 之间切换。如果无法在设计界面中完成按钮的添加工作,可在 default.aspx 的源代码中找到</LayoutTemplate>处,将光标置于这一行前面,双击工具箱中的 Button 控件,连续添加两个控件到页面上来。如果此时回到设计界面查看,会发现在翻页按钮的下方出现了两个按钮。将光标停留在第一个按钮处,在属性面板中设置相应的属性。这些属性值通过代码可以阅读出来,见表 9.6。

表 9.6　按钮的属性设置比较

第一个按钮		第二个按钮	
属性	值	属性	值
ID	btnFN	ID	BtnLN
Text	Sort by FirstName	Text	Sort by LastName
CommandName	Sort	CommandName	Sort
CommandArgument	First_Name	CommandArgument	Last_Name

```
<asp:Button ID = "btnFN" runat = "server" Text = "Sort by FirstName" CommandName = "Sort"
CommandArgument = "First_Name" />
<asp:Button ID = "btnLN" runat = "server" Text = "Sort by LastName" CommandName = "Sort"
CommandArgument = "Last_Name" />
</LayoutTemplate>
```

设置完这些属性之后,现在便可以运行查看效果了。

9.4.4　主从关系

所谓 Master-Detail 关系是指在关系数据库中具有外键的数据表才会出现的一种关系。例如,导师指导学生进行毕业设计,学生表中有一个字段便是导师字段,存放的可以是导师ID,进而可以检索导师表找到有关导师的信息。如果希望看到导师的列表,选择一个导师的时候,能方便地看到该导师下面所带的学生是哪几位。这样的情况是明显的一个主从情况。导师表是主表,学生表是从表。

下面仍然用罗斯文数据库为例讲解这个功能的使用。

【例 9.8】　在 GridView 中显示下拉框中指定的产品分类中的产品信息。

新建网站,在设计界面上置入一个 DropDownList 控件,并启动 AutoPostBack 属性(设置为 True)。按照前面讲述的方法配置数据源到罗斯文数据库。在配置 SELECT 语句界面中,如图 9.24 所示进行配置。在选择数据源这一对话框中,如图 9.25 所示进行选择。这里需要解释一下,DropDownList 控件有两个属性,如图 9.26 所示,一个是 DataTextField属性,指示 DropDownList 显示的列表内容。而 DataValueField 的值,才是将来常用的DropDownList1.SelectedValue 取值的来源。选择下拉框的那一项的值由 DropDownList1.SelectedValue 获得,即有可能显示的内容并不等于该项的值。

DataTextField　**CategoryName**
DataTextFormatSt
DataValueField　**CategoryID**

图 9.24　Categories 表　　　　图 9.25　DropDownList 的显示　　　图 9.26　DropDownList 两个
　　　　　　　　　　　　　　　　　　字段和实际值　　　　　　　　　　　属性的区别

接下来,在设计界面上放一个 GridView 控件,并使该控件绑定到另外一个数据控件AccessDataSource2。AccessDataSource2 仍然连接到罗斯文数据库。这次,数据的来源来自于表 Products 的三个字段:ProductID, ProductName, CategoryID。并在配置 SELECT 语句时,单击 WHERE 按钮,进行如图 9.27 所示的选择,并单击"添加"按钮。从完整的 SQL 语句可以看出,这是一个带有 WHERE 子句的查询,其中"?"的取值不定,将有 DropDownList1.SelectedValue 的值替代。

```
SELECT [ProductID],[ProductName],[CategoryID] FROM [Products] WHERE ([CategoryID] = ?)
```

随界面提示完成相关操作后,回到设计界面,按下 Ctrl+F5 组合键运行。现在,只要在下拉框中选择不同的值,表格的内容就会发生相应的变化。

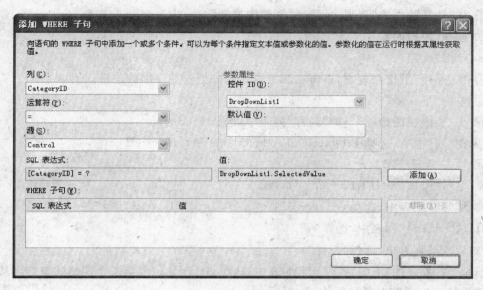

图 9.27　参数化查询

【例 9.9】　GridView 作为主表，DetailsView 作为从表的情况。

这次使用一个 GridView 作为主表，一个 DetailsView 作为从表。希望在 GridView 中一行单击的时候，DetailsView 中显示相关信息。这里有一个问题，为了能够在 GridView 中单击，需要在 GridView 字段中新增一个超链接字段以方便单击。具体做法如下。

（1）向网站新建一页，保持默认名称即可。

（2）切换到设计视图。

（3）在页中输入 Categories，并将文本格式置为标题。

（4）放入一个 GridView 控件，并选择新建数据源，连接到罗斯文数据库。选择 Categories 表的 CategoryID、CategoryName 列，完成当前对话框回到设计界面。

（5）在 GridView 的任务菜单中，选择编辑列。

（6）在"可用字段"下，打开"命令字段"节点，选择"选择"，然后单击"添加"将其添加到"选定的字段"列表中。

（7）在"选定的字段"列表中，选择"选择"，然后在 CommandField 属性网格中，将其 SelectText 属性设置为"详细信息"。

（8）单击"确定"关闭"字段"对话框。

（9）具有"详细信息"超链接的新列即添加到网格中。

（10）选择 GridView 控件，在"属性"窗口中确认其 DataKeyNames 属性设置为 CategoryID。

（11）这样即指定了当用户在网格中选择一行时，ASP.NET 可在已知位置找到当前显示的"类别"记录的键。

（12）从"工具箱"的"数据"组中，将一个 DetailsView 控件拖到该页上。

（13）将该控件配置为使用另一个数据源控件，步骤如下。

① 从"选择数据源"列表中,选择"新建数据源"。

② 选择"数据库"。

③ 单击"确定"。

④ 在"连接"下拉列表中,单击在演练前面部分创建并存储的连接。

⑤ 单击"下一步"。

⑥ 从"表或视图选项"下的"名称"列表中,选择 Products。

⑦ 在"列"框中,选择 ProductID、ProductName 和 CategoryID。

⑧ 单击 WHERE。

⑨ 显示"添加 WHERE 子句"对话框。

⑩ 从"列"列表中,选择 CategoryID。

⑪ 从"运算符"列表中,选择＝"。

⑫ 从"源"列表中,选择"控件"。

⑬ 在"参数属性"下的"控件 ID"列表中,选择 GridView1。第二个网格的查询将从第一个网格中的选中项获取其参数值。

⑭ 单击"添加",然后单击"确定",关闭"添加 WHERE 子句"对话框。

⑮ 单击"下一步"。

⑯ 在"预览"页中,单击"测试查询"。

⑰ 向导将显示一个对话框,提示输入一个要在 WHERE 子句中使用的值。

⑱ 在框中键入"4",然后单击"确定"。

⑲ 显示类别 4 的产品记录。

⑳ 单击"完成"。

(14) 在"DetailsView 任务"菜单中,选中"启用分页"。

(15) 这样即可滚动查看产品记录。

(16) 也可以在"属性"窗口中,打开 PagerSettings 节点,选择其他"模式"(Mode)值。

(17) 默认情况下,是通过单击页码来按页浏览记录的,不过,用户可以选择使用下一页和上一页链接。

现在可以测试主网格和详细信息视图的组合。

【例 9.10】 在不同的页面中显示主/从信息。

由于大部分过程都差不多,在这里只将关键部分介绍一下。

(1) 新建一个页面,命名为 Master. aspx。

(2) 将 GridView 控件放入,并如前操作。这次选择 Customers 表的 CustomerID、CompanyName 和 City 列。

(3) 在"GridView 任务"菜单中,选择"编辑列",显示"字段"对话框。

(4) 清除"自动生成字段"复选框。

(5) 在"可用字段"下,选择"超链接字段",单击"添加",然后如表 9.7 所示设置相应属性。

表 9.7 GridView 的属性设置

属　　性	值
Text	Details
DataNavigateUrlFields	CustomerID
	指示超链接应从 CustomerID 列获取其值
DataNavigateUrlFormatString	DetailsOrders. aspx? custid＝{0}
	创建用来导航到 DetailsOrders. aspx 页的硬编码链接。该链接还传递名为 custid 的查询字符串变量，该变量的值将使用 DataNavigateUrlFields 属性中引用的列进行填充

（6）再新建网页，命名为 DetailsOrders. aspx。切换到设计视图。

（7）放入控件 GridView，从控件上的 GridView 任务中，从选择数据源列表中选择新建数据源。数据源选择如前，即罗斯文数据库。查询语句为：SELECT [OrderID], [CustomerID], [OrderDate] FROM [Orders]。单击 WHERE，从"列"列表中选择 CustomerID。从"运算符"列表中选择"＝"。从"源"列表中选择 QueryString。指定查询将根据查询字符串传入页的值选择记录。在"参数属性"下的"QueryString 字段"框中，键入 custid。查询将从查询字符串中获取客户 ID 值，查询字符串是在单击 MasterCustomers. aspx 页中的"详细信息"链接时创建的。

（8）单击"添加"。

（9）单击"确定"关闭"添加 WHERE 子句"对话框。

（10）单击"下一步"，然后单击"完成"关闭向导。

（11）从"工具箱"的"标准"节点中，将一个 Hyperlink 控件拖到该页上。将其 Text 属性设置为"返回至客户"，并将其 NavigateUrl 属性设置为 Master. aspx。

现在可以测试该网站了。

9.5　数据修改操作

前面所说的一切内容都在表述如何显示数据。现在阐述修改、增加、删除数据的操作。

9.5.1　ADO.NET 基础

通常写 SQL 语句，其中某些值总是处在变动中。例如，想要查询某种类别的产品有哪些。类别便有类别 A、类别 B 等区别。类别便是一个参数，其具体的取值可以在需要查询的时候再确定。在前面已经简单介绍过了参数化查询。事实上，参数化查询的形式和用户使用的驱动程序有关系（在下一小节中讲述）。在 ASP. NET 中，默认提供了 4 种方式访问数据库。

- SQL Server provider。为访问 SQL Server 数据库提供优化（版本 7.0 及以后版本）。
- OLE DB provider。通过 OLE DB 驱动程序访问数据库。当然，该数据库需要有相应的 OLE DB 驱动程序。

- Oracle provider。支持访问 Oracle 数据库(版本 8i 及以后版本)。
- ODBC provider。通过 ODBC 访问数据库。

建议这样选择:如果用户采用的数据库有专有的访问形式,便选择这一种访问方法。例如,如果用户使用 SQL Server 数据库,可以考虑使用 SQL Server provider 进行访问。其次,在没有专有驱动情况下,应该选择 OLE DB provider 访问数据库。再退一步,如果找不到合适的 OLE DB provider 驱动程序,便选择 ODBC 访问数据库。

使用程序方式访问数据库一般是这样进行的。如果是数据显示:

(1) 建立一个到数据库的连接(Connection),然后基于该连接建立一个命令对象(Command),所有数据库相关的操作(主要是 DML,DDL)都是通过该命令对象进行的。

(2) 建立一个 DataReader 对象或者 Dataset 对象来访问这些数据。

(3) 关闭连接。

(4) 将页面发送给用户。用户看到的所有信息都不再与数据库连接,先前创建的所有 ADO.NET 对象都已经销毁。

如果是一个修改(包括插入和删除)操作:

(1) 建立 Connection 和 Command 对象。

(2) 利用 Command 对象执行修改操作(通过 SQL 语句)。

(3) 依据数据访问方式的不同,这些对象均有不同的名称,如表 9.8 所示。

表 9.8　不同的 Data Provider

	SQL Server Data Provider	OLE DB Data Provider	Oracle Data Provider	ODBC Data Provider
Connection	SqlConnection	OleDbConnection	OracleConnection	OdbcConnection
Command	SqlCommand	OleDbCommand	OracleCommand	OdbcCommand
DataReader	SqlDataReader	OleDbDataReader	OracleDataReader	OdbcDataReader
DataAdapter	SqlDataAdapter	OleDbDataAdapter	OracleDataAdapter	OdbcDataAdapter

【例 9.11】 作为上面介绍的示例,使用 ListBox 控件显示数据表 Employees 中所有雇员的姓名。

下面是操作步骤。

(1) 新建网站。

(2) 在页面上放入一个 ListBox 控件。

(3) 在页面空白处双击,产生 Page_Load 事件。输入如下代码。

```
protected void Page_Load(object sender, EventArgs e)
{

    System.Data.OleDb.OleDbConnection myConn = new System.Data.OleDb.OleDbConnection();
        string connString = "Provider = Microsoft.Jet.OLE DB.4.0;Data Source = "D:\\My
Documents\\桌面\\Nwind.mdb\"";
    myConn.ConnectionString = connString;

    System.Data.OleDb.OleDbCommand myCommand = new System.Data.OleDb.OleDbCommand();
```

```
myCommand. Connection = myConn;    ①
myCommand. CommandText = "select * from employees";

myConn. Open();    ②
System. Data. OleDb. OleDbDataReader myReader = myCommand. ExecuteReader();

while (myReader. Read() == true)    ③
{
    ListBox1. Items. Add(myReader["FirstName"] + "," + myReader["LastName"]);
}

myReader. Close();    ④
myConn. Close();

}
```

（4）按 Ctrl＋F5 组合键运行。

注意：

（1）OleDbCommand 依赖于一个连接建立。

（2）在使用 OleDbDataReader 之前，需要打开连接。

（3）myReader. Read()每次读下一行。当返回为假时，指示没有更多的行可以读入（已达末尾）。

（4）创建的连接对象和 DataReader 对象在不使用的时候需要关闭。

【例 9. 12】 重新使用编程的方式完成前面的一个例子。该例子使用下拉框显示主表信息，在从表中显示有关细节。例如，下拉框中显示产品分类，在 GridView 中显示有关该分类下产品的信息。

具体过程如下。

（1）新建一个网站。

（2）在设计界面中放入一个下拉框。设置数据连接，使得该下拉框显示产品分类信息。其 SQL 语句为：SELECT [CategoryID]，[CategoryName] FROM [Categories]。并设置 DataTextField 为 CategoryName，DataValueField 为 CategoryID。

（3）启用 AutoPostBack。这一项使得每次切换下拉框的值的时候，数据都会返回到服务器，从而触发服务器上的一系列动作。这部分相关内容随后介绍。

（4）在设计界面中再放入一个 GridView。双击 DropDownList 控件，输入如下代码：

```
protected void DropDownList1_SelectedIndexChanged(object sender, EventArgs e)
{
    OleDbConnection myConn = new System. Data. OleDb. OleDbConnection();
    myConn. ConnectionString = WebConfigurationManager①. ConnectionStrings
            ["NwindConnectionString"]. ConnectionString;
    OleDbCommand myComm = new OleDbCommand("select ProductID, ProductName from Products where
CategoryID = ?");
    myComm. Connection = myConn;
```

————————————

① 为了能使用 WebConfigurationManager，需要引入 using System. Web. Configuration。

```
myComm.Parameters.AddWithValue("CategoryID", DropDownList1.SelectedValue);

myConn.Open();

OleDbDataReader myReader = myComm.ExecuteReader();
GridView1.DataSourceID = "";
GridView1.DataSource = myReader;      ①
GridView1.DataBind();

myReader.Close();
myConn.Close();
}
```

（5）作为比较。上面的代码可以被下面的代码替代。先在设计界面上放入控件 sqlDataSource2，并设定该数据源控件属性为如下所示。同时，设置 GridView1 的数据源属性为 sqlDataSource2（即 GridView1.DataSourceID＝sqlDataSource2；

```
<asp:SqlDataSource ID = "SqlDataSource2" runat = "server"
    ConnectionString = "<% $ ConnectionStrings: NwindConnectionString %>"
    ProviderName = "<% $ ConnectionStrings: NwindConnectionString.ProviderName %>" >
</asp:SqlDataSource>

protected void DropDownList1_SelectedIndexChanged(object sender, EventArgs e)
{
SqlDataSource2.SelectCommand = "select ProductID, ProductName from Products where CategoryID = " +
DropDownList1.SelectedValue.ToString();
}
```

注意比较这一段代码和前一段代码的区别。该操作在这里被称为数据绑定，避免了在 ListBox 中利用循环填充内容的操作。如果希望在采用 ListBox 的示例中也使用数据绑定操作，可以将示例中的代码替换为：

```
protected void Page_Load(object sender, EventArgs e)
{
    OleDbConnection conn = new OleDbConnection("Provider = Microsoft.Jet.OLE DB.4.0; Data
Source = "D:\\My Documents\\桌面\\Nwind.mdb\"");
    OleDbCommand comm = new OleDbCommand("select productID, ProductName from Products",
conn);

    conn.Open();
    OleDbDataReader reader = comm.ExecuteReader();

    ListBox1.DataSource = reader;
    ListBox1.DataTextField = "ProductName";
    ListBox1.DataValueField = "ProductID";
    ListBox1.DataBind();
}
```

9.5.2 更新操作

采用数据源控件之后有一个弊端。每次页面被请求或者重新请求之后（PostBack），每个数据源控件中的查询语句都将被执行一次,这将带来性能上的负担。即使界面上多个控件使用的是同一个数据源的情形下,也是如此,该查询将被多次执行。不过,sqlDataSource 控件有一个属性 EnableCaching,将其设置为真可以利用缓存技术减少服务器的负担。如果采用之前介绍的 ADO. NET 操作,便可以查询一次,然后多处绑定。而且,在真正应用 ASP. NET 技术到具体应用的时候,有不少细节需要人为控制,这是在有了 sqlDataSource 控件之后还是需要介绍 ADO. NET 基本操作的原因。

另外一方面,正是出自同一原因,习惯将绑定到同一数据源的多个控件使用 GridView、DetailsView 以及 FormsView 控件替代的原因。需要提醒注意的是,数据绑定是在页面完成之前进行的。具体来说,先是 Page. Load 事件,然后是各个控件的相关事件,然后是Page. PreRender 事件,之后数据绑定才会发生。每次因为控件操作,重新请求页面(PostBack)时,数据绑定将会执行。

为了能更好地理解事件,必须要知道页面产生的过程。该过程如下。

(1)页面对象被创建。

(2)开始页面的生命周期,Page. Init 和 Page. Load 事件将依次触发。

(3)其他控件的事件被执行。

(4)如果用户发起数据改变操作,数据源控件执行相关的操作。具体来说,如果行被修改,则 Updating 和 Updated 事件先后执行;如果行被插入,则 Inserting 和 Inserted 事件先后执行;如果行被删除,则 Deleting 和 Deleted 事件先后执行。

(5)执行 Page. PreRender 事件。

(6)数据源控件执行查询,并绑定查询到的数据到相应控件。该步骤在页面首次接受请求的时候以及当诸如 DropDownList 选择项改变而触发的 PostBack 时被执行。相应的Selecting 和 Selected 事件将顺序执行。

(7)页面渲染完毕。

【例 9.13】 编辑产品信息。

设置 sqlDataSource 控件的 UpdateCommand 属性。

步骤如下。

(1)放入 DropDownList 控件和 DetailsView 控件。

(2)设置 DropDownList 控件显示 Products 表的ProductID 和 ProductName 字段,如图 9.28 所示。

在设计界面中放入 DetailsView 控件,设置 SQL 为:SELECT * FROM [Products] WHERE ([ProductID]=?),其中参数来自于 DropDownList1. SelectedValue。相应设置如图 9.29 所示。图 9.30 的界面中的两个选项稍后进行解释。图 9.31 呈现的是图 9.29 中单击 WHERE按钮之后的对话框。

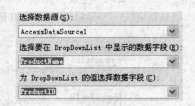

图 9.28 DropDownList 控件的一些
属性设置

回到设计界面,在 DetailsView 任务中如图 9.32 所示的界面上勾选"启用编辑"。

现在可以运行了。运行之后界面如图 9.33 所示。当单击"编辑"按钮时,程序切换为如图 9.34 所示,此时,有"更新"和"取消"两个选择。单击"更新"使得修改生效,单击"取消"返回到图 9.33 所示界面。

图 9.29   DropDownList 的数据来源

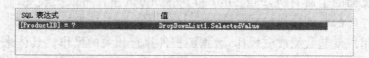

图 9.30   WHERE 子句参数的取值

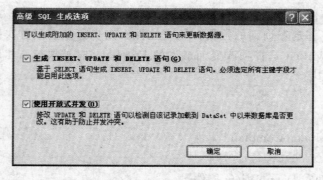

图 9.31   生成 UpdateCommand、InsertCommand、
          DeleteCommand 语句

图 9.32   DetailsView 支持编辑

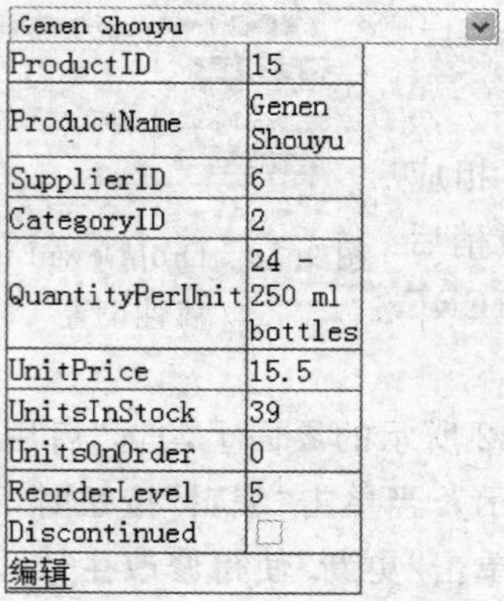

图 9.33   编辑产品信息（编辑前） 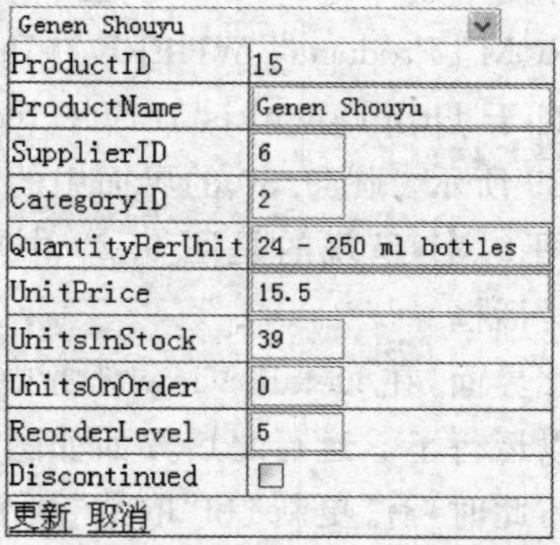   图 9.34   编辑产品信息（编辑中）

下面来看看发生了什么事情。当在图 9.31 中选择第一项时（假定第二项没有选择）。这样 Visual Web Developer 将产生如下代码。以代码中的更新命令为例进行讲解。

```
<asp：AccessDataSource ID = "AccessDataSource2" runat = "server"
        DataFile = "~/App_Data/Nwind.mdb"
        DeleteCommand = "DELETE FROM [Products] WHERE [ProductID] = ?"
        InsertCommand = " INSERT INTO [Products] ([ProductID], [ProductName],
[SupplierID], [CategoryID], [QuantityPerUnit], [UnitPrice], [UnitsInStock], [UnitsOnOrder],
[ReorderLevel], [Discontinued]) VALUES (?, ?, ?, ?, ?, ?, ?, ?, ?, ?)"
        OldValuesParameterFormatString = "original_{0}"     ④
        SelectCommand = "SELECT * FROM [Products] WHERE ([ProductID] = ?)"
        UpdateCommand = " UPDATE [Products] SET [ProductName] = ?, [SupplierID] = ?,
[CategoryID] = ?, [QuantityPerUnit] = ?, [UnitPrice] = ?, [UnitsInStock] = ?, [UnitsOnOrder]
= ?, [ReorderLevel] = ?, [Discontinued] = ? WHERE [ProductID] = ?">   ①
        <SelectParameters>
            <asp：ControlParameter ControlID = "DropDownList1" Name = "ProductID2"
                PropertyName = "SelectedValue" Type = "Int32" />
        </SelectParameters>
        <DeleteParameters>
            <asp：Parameter Name = "original_ProductID" Type = "Int32" />
        </DeleteParameters>
        <UpdateParameters>   ②
            <asp：Parameter Name = "ProductName" Type = "String" />
            <asp：Parameter Name = "SupplierID" Type = "Int32" />
            <asp：Parameter Name = "CategoryID" Type = "Int32" />
            <asp：Parameter Name = "QuantityPerUnit" Type = "String" />
            <asp：Parameter Name = "UnitPrice" Type = "Decimal" />
            <asp：Parameter Name = "UnitsInStock" Type = "Int16" />
            <asp：Parameter Name = "UnitsOnOrder" Type = "Int16" />
            <asp：Parameter Name = "ReorderLevel" Type = "Int16" />
            <asp：Parameter Name = "Discontinued" Type = "Boolean" />
            <asp：Parameter Name = "original_ProductID" Type = "Int32" />     ③
        </UpdateParameters>
        <InsertParameters>
            <asp：Parameter Name = "ProductID" Type = "Int32" />
            <asp：Parameter Name = "ProductName" Type = "String" />
            <asp：Parameter Name = "SupplierID" Type = "Int32" />
            <asp：Parameter Name = "CategoryID" Type = "Int32" />
            <asp：Parameter Name = "QuantityPerUnit" Type = "String" />
            <asp：Parameter Name = "UnitPrice" Type = "Decimal" />
            <asp：Parameter Name = "UnitsInStock" Type = "Int16" />
            <asp：Parameter Name = "UnitsOnOrder" Type = "Int16" />
            <asp：Parameter Name = "ReorderLevel" Type = "Int16" />
            <asp：Parameter Name = "Discontinued" Type = "Boolean" />
        </InsertParameters>
    </asp：AccessDataSource>
```

注意：

（1）当选择图 9.31 的"生成 INSERT、UPDATE 和 INSERT 语句"后，相应的

DeleteParameters、UpdateCommand、InsertParameters 将被生成。并且可以注意到，这些命令都是参数化查询的形式。在前一小节中提到过，参数化查询的形式和采用的驱动程序有关。如果这里使用的是 AccessDataSource 数据源，或者是采用 ODBC 驱动，或者是 OLE DB 驱动，所有的命令参数都会使用"?"指代。并且这些值会被<UpdateParameters>中的相应参数所替换。不过，这里要留意的是<UpdateParameters>中的排列顺序要与相应的"?"出现的顺序一致①。如果使用的 SqlClient 连接 SQLServer，如下面代码所示，问号就被@ProductID 这样的形式替代。在这样的情况下，<UpdateParameters>中参数便无所谓，只要保持和字段名称一致便可以了。但是在使用 ODBC 或者 OLE DB 的情形下，并不能使用@ProductID 形式的待定参数。

```
<asp: SqlDataSource ID = "sourceProductDetails" runat = "server"
ProviderName = "System. Data. SqlClient"
ConnectionString = "<% $ ConnectionStrings: Northwind %>"
SelectCommand = "SELECT * FROM Products WHERE ProductID = @ProductID"
/>
```

（2）如果注意到③处参数名称略有不同，参数前面冠以前缀 original_，不必诧异。每次更新操作实际上都可以获得两种值：当前行修改之后的值和当前行原有的值。original_ ProductID 便是代表 ProductID 原来的取值。

（3）前缀 original_ 不是默认情况下就存在的。当选择图 9.31 的"生成 INSERT、UPDATE 和 INSERT 语句"后，开发环境同时设置了④所指示的属性设置。如果将该属性修改为"old_{0}"，则就应该使用名称 old_ProductID 来取得 ProductID 字段原来的值。

我们回答几个典型的问题，并以此作为 ASP. NET 数据修改部分的结束。这些问题如下。

（1）如果想修改参数怎么办？

（2）如果更新发生错误怎么办？

（3）如果没有任何记录被更新又如何得知？

（4）如果有多个用户同时访问同一条记录，并且先后写入了不同的值，这种情形又该怎么办？

回答如下。

（1）如果是在更新操作中想改变参数，数据源组件在更新之前，Updating 事件会被触发。在更新之后，Updated 事件将被触发。因此，可以在 Updating 事件中修改命令参数的值。例如，总是想将 ProductName 修改为 Apple(这当然不合理，但是可以用来说明问题)，可以写入如下的代码。

---

① 例如，这样的片段。实际的结果是将 First_Name 和 Last_Name 置换。
```
UpdateCommand = "update employee set last_name = ?, first_name = ? where emp_no = ?"
        OldValuesParameterFormatString = "original_{0}">
        <UpdateParameters>
            <asp: Parameter Name = "first_name" />
            <asp: Parameter Name = "LAST_NAME" />
            <asp: Parameter Name = "original_EMP_NO" />
```

```
protected void AccessDataSource2_Updating(object sender, SqlDataSourceCommandEventArgs e)
{
    e.Command.Parameters["ProductName"].Value = "Apple";
}
```

（2）如果更新有错误发生，而且想捕获该错误并阻止错误显示在页面上。这种情形时有发生，例如，想通过一个 Label 组件显示对数据操作的 SQL，看看是否正确。如果 SQL 不正确，页面很可能显示有关 SQL 不正确的一些相关信息，然而这些信息没有包含什么太有用的信息。因此，就是想看看具体操作的 SQL 是什么，如果在 Updating 事件中写入 Label1.Text＝ e.Command.CommandText 是没有用的，因为在页面发回到客户端之前就会因为错误而转入到错误显示页面。此时可以用如下的代码告诉 ASP.NET 错误已经进行处理了。

```
protected void AccessDataSource2_Updated(object sender, SqlDataSourceStatusEventArgs e)
{
    if (e.Exception != null)
    {
        Label1.Text = e.Command.CommandText;
    }
    e.ExceptionHandled = true;
}
```

（3）如果更新操作因为失效或者其他原因，并没有记录实际受到影响。例如，试图更新不存在的记录。页面不会有任何反馈。但是我们可以在 Updated 事件中获知。

```
protected void AccessDataSource2_Updated(object sender, SqlDataSourceStatusEventArgs e)
{
    if (e.AffectedRows == 0)
    {
        Label1.Text = "No update was performed";
    }
    else
    {
        Label1.Text = "Record successfully updated";
    }
}
```

（4）该问题是典型的数据库事务。需要确定在更新的时候，数据行没有被更新过。一种简单的做法是在图 9.31 中勾选"使用开放式并发"。让我们来看看勾选了该项之后产生的 UpdateCommand 便明白了。在 WHERE 子句中，该行相关字段的值都将被检查，看是否与原有值一致。

```
UpdateCommand = "UPDATE [Products] SET [ProductName] = ?, [SupplierID] = ?, [CategoryID] = ?,
[QuantityPerUnit] = ?, [UnitPrice] = ?, [UnitsInStock] = ?, [UnitsOnOrder] = ?, [ReorderLevel] = ?,
[Discontinued] = ? WHERE [ProductID] = ? AND [ProductName] = ? AND (([SupplierID] = ?) OR
([SupplierID] IS NULL AND ? IS NULL)) AND (([CategoryID] = ?) OR ([CategoryID] IS NULL AND ? IS
NULL)) AND (([QuantityPerUnit] = ?) OR ([QuantityPerUnit] IS NULL AND ? IS NULL)) AND
(([UnitPrice] = ?) OR ([UnitPrice] IS NULL AND ? IS NULL)) AND (([UnitsInStock] = ?) OR
([UnitsInStock] IS NULL AND ? IS NULL)) AND (([UnitsOnOrder] = ?) OR ([UnitsOnOrder] IS NULL
```

AND ? IS NULL)) AND (([ReorderLevel] = ?) OR ([ReorderLevel] IS NULL AND ? IS NULL)) AND [Discontinued] = ?"

9.6   传 递 信 息

9.6.1   QueryString

一个网站不可能只由一个页面组成。如何在多个页面之间通信,这是一个重要的话题。下面介绍一种在不同页面之间传递信息的方式。

为了清楚地说明问题,利用一个小程序来阐述。

新建一个网站,在默认的网页 Default.aspx 上添置一个文本框和一个按钮。除此之外,在项目中再添加一个 Web 窗体(网页),保持默认命名 Default2.aspx。并在 Default2.aspx 上放置一个标签(Label1)。

回到网页 Default.aspx,双击 Button1,在产生的事件中写入代码:

```
protected void Button1_Click(object sender, EventArgs e)
{
    Response.Redirect("default2.aspx? infoPassed = " + TextBox1.Text);
}
```

在网页 Default2.aspx 中双击,写入代码:

```
protected void Page_Load(object sender, EventArgs e)
{
    Label1.Text = Request.QueryString["infoPassed"];
}
```

运行之后,在 Default.aspx 中的文本框中随便输入一些值,例如 hello。然后单击按钮可以看到浏览器地址栏中地址从 http://localhost:1088/WebSite44/default.aspx 变化为 http://localhost:1088/WebSite44/default2.aspx?infoPassed = hello。这 样 的 字 符 串 "default2.aspx?infoPassed=hello",被称做 QueryString。从上面内容可知我们是如何将页面转向到另外一个页面的,以及获知是如何取得传递的信息的。如果想以此传递多个值, QueryString 后面附加上多个"关键字 = 值"对就可以了。例如:"default.aspx?info1 = "hello"&info2="world""。请注意中间采用"&"符号进行间隔。如果在本例中有两个文本框,按钮单击事件便可以写作:

```
protected void Button1_Click(object sender, EventArgs e)
{
    Response.Redirect("default2.aspx?txt1 = " + TextBox1.Text + "&txt2 = " + TextBox2.Text);
}
```

9.6.2   URL Encoding

有的时候,需要通过 QueryString 能够传递的字符并不能作为普通的 URL 出现。换言

之,URL 能够接受的字符是普通的字母、数字以及少数的特殊符号。一个明显的字符便是
&符号,因为该符号用作界定符。例如,刚才的例子中,如果在文本框一中输入 34&txt2=
35,则访问的网址将变为 http://localhost:3284/WebSite45/default2.aspx? txt1=
34&txt2=35。事实上,并没有在第二个文本框中输入任何内容。

为了将不被接受的一些字符顺利地传递出去,可以使用 Server.UrlEncode 函数。因此
刚才的两个代码段,现在应该如下改写:

```
protected void Button1_Click(object sender, EventArgs e)
{
    Response.Redirect("default2.aspx?infoPassed=" + Server.UrlEncode(TextBox1.Text));
}
```

在 Default2.aspx 中,代码改写为(采用 Server.UrlDecode 函数)

```
protected void Page_Load(object sender, EventArgs e)
{
    Label1.Text = Server.UrlDecode(Request.QueryString["infoPassed"]);
}
```

现在可以测试。例如输入刚才的 34&txt2=35 在文本框中,单击按钮之后,浏览器地
址栏变为 http://localhost:3284/WebSite45/default2.aspx? txt1=34%26txt2%3d35。
注意其中的&符号已经被替换,=符号也被替换。

9.6.3　Cookie

Cookie 是保存信息的另外一种方式。Cookie 是浏览器保留在用户磁盘上的一些小文
件。如果能顺利找到该文件,就会发现文件是直接可读的。在可以使用 Cookie 之前,需要
引入:

```
using System.Net;
```

Cookie 是非常容易使用的。Request 和 Response 对象都提供对 Cookie 的访问。不过
要记住,如果想保存 Cookie 信息,应该用 Response 对象,如果想读取 Cookie 信息,应该用
Request 对象。

创建一个 Cookie 是容易的,如下:

```
HttpCookie cookie = new HttpCookie("Preferences");
```

例如前面的例子可以这样写按钮单击事件:

```
protected void Button1_Click(object sender, EventArgs e)
{
    HttpCookie cookie = new HttpCookie("preference");
    cookie["textbox1"] = TextBox1.Text;
    Response.Cookies.Add(cookie);
    Response.Redirect("default2.aspx");
}
```

在显示结果的 Default2.aspx 中可以写入代码:

```
protected void Page_Load(object sender, EventArgs e)
{
    HttpCookie cookie = Request.Cookies["preference"];
    if (cookie != null)
    {
        Label1.Text = cookie["textbox1"];
    }
}
```

Cookie 具有生存期，如上面的例子，在关闭浏览器之后 Cookie 便会失效。如果希望能保留更长的时间，可以使用如下语句设置：

```
cookie.Expires = DateTime.Now.AddYears(1);
```

9.6.4　Session

Session(会话)是 ASP.NET 中重要的功能之一。通常见到用户登录功能便是利用 Session 实现的。Session 由用户访问网站发起，直到以下条件满足才失效。

(1) 如果用户关闭并重启了浏览器。

(2) 如果用户使用不同的浏览器访问。在这种情况下，原来的浏览器仍然保留 Session 信息，但是其他浏览器并不能访问该 Session 的任何相关内容。

(3) 如果会话时间超时。该时间可以设定。

(4) 如果 Session.Abandon()方法被调用。

事实上，Session 的使用非常简单。接着使用这一概念重写先前的例子。

在 Default.aspx 中，除了原有的一个文本框和按钮，现在新增一个按钮 Button2 并设置 Button2.Text＝"退出会话"。

Default.aspx 中代码如下：

```
protected void Button1_Click(object sender, EventArgs e)
{
    Session["textbox1"] = TextBox1.Text;
    Response.Redirect("default2.aspx");
}
protected void Button2_Click(object sender, EventArgs e)
{
    Session.Abandon();
    Response.Redirect("default2.aspx");
}
```

Default2.aspx 中代码如下：

```
protected void Page_Load(object sender, EventArgs e)
{
    if (Session["textbox1"] != null)
    {
        Label1.Text = Session["textbox1"].ToString();
    }
```

```
    else
        Label1.Text = "You have lost the session and the current sessionID is: " + Session.
SessionID.ToString();
    }
```

重新回到 Default.aspx,按 Ctrl+F5 组合键。先在文本框中输入一些内容,然后单击 Button1,页面转向到 Default2.aspx,并且顺利显示出文本框中的内容。使用浏览器的"后退"和"前进"按钮进行测试可以发现,Default2.aspx 和 Default.aspx 总是保持原有内容。如果回到 Default.aspx,单击"退出会话"按钮,这时,页面自动跳转到 Default2.aspx,但是显示内容为"You have lost …"。这是因为,当 Session.Abandon()被调用之后,Session ["textbox1"]对象被销毁,从而保证了用户的会话安全。

本 章 小 结

本章学习了 ASP.NET 相关的一些知识。这些知识包括:熟悉 Visual Web Developer 的界面和代码编辑功能;如何检查用户的输入是否有效;如何显示和修改数据库的内容;如何在多个网页之间共享信息或传递信息。

限于篇幅,ASP.NET 其他内容不可能一一涉及。这些内容包括网页基本知识以及 CSS(Cascading Style Sheets,层叠式样表)的使用,网页模板的使用,Application 对象、Server 对象、Request 对象等的介绍以及相关细节。编程是一项操作性的活动,阅读无法代替亲自实验。对于本章没有涉及的相关知识,希望进一步掌握和学习的读者,建议阅读 Mitchell(2003)和 MacDonald(2007)。

习 题 9

1. 编写一个网站,收集学生信息(学号、姓名、性别、电子邮件、学生电话、家庭地址、邮编、家庭电话)。要求每个字段采用文本框显示和输入。并具有错误校验功能。如果有重复记录(以学号、姓名同时匹配为准),请给出提示。录入完毕,在界面上需要有提示。要求使用与数据库驱动配套的 Connection 和 Command 对象。如果数据库服务器是 MS SQL Server,则该对象为 sqlConnction 和 sqlCommand。

2. 同上,将数据库连接对象替换为 sqlDataSource。

3. 采用 DetailsView 控件完成以上功能。

4. 在第1题设计的数据库基础上,试试将数据库资源管理器中的数据表直接拖放到设计界面上会发生什么事情。

5. 学生信息收集完毕之后,一般需要将学生数据按照班级打印。请在第1题的基础上,设计网页,输入班级代号,输出该班完整的学生信息。

附录 A

1. 关键字

关键字是类似标识符的保留的字符序列，不能用作标识符（以 @ 字符开头时除外）。

abstract	as	base	bool	break
catch	char	checked	class	const
default	delegate	do	double	else
explicit	extern	false	finally	fixed
foreach	goto	if	implicit	in
internal	is	lock	long	namespace
object	operator	out	override	params
public	readonly	ref	return	sbyte
sizeof	stackalloc	static	string	struct
throw	true	try	typeof	uint
unsafe	ushort	using	virtual	void
abstract	as	base	bool	break
catch	char	checked	class	const
default	delegate	do	double	else
explicit	extern	false	finally	fixed
foreach	goto	if	implicit	in

2. 运算符

当表达式包含多个运算符时，运算符的优先级控制各运算符的计算顺序。下表按照从最高到最低的优先级顺序概括了所有的运算符。

类　别	运　算　符	含　义
基本	x. y f(x)（x） a[x] x++　x-- new typeof checked unchecked	成员访问运算符 圆括号 索引运算符 自增和自减运算符 对象创建运算符 类型信息运算符 溢出异常控制运算符
一元	+　- ! ~ ++x　--x (T)x	正、负号运算符 逻辑非运算符 按位取反运算符 自增和自减运算符 数据类型转换运算符
乘法	* / %	乘法运算符 除法运算符 求余运算符
加法	+ -	加法运算符 减法运算符
移位	<< >>	左移运算符 右移运算符
关系	<　>　<=　>=	比较运算符
相等	== !=	等于运算符 不等于运算符
逻辑 AND	&	按位与运算符
逻辑 XOR	^	按位异或运算符
逻辑 OR	|	按位或运算符
条件 AND	&&	逻辑与运算符
条件 OR	||	逻辑或运算符
条件	?:	条件运算符(三元运算符)
赋值	=　*=　/=　%=　+=　-= <<=　>>=　&=　^=　|=	赋值运算符

参 考 文 献

[1] MacDonald，Matthew. 2007. Beginning ASP. NET 3.5 in C♯ 2008.

[2] Mitchell，Scott. 2003. Sams Teach Yourself ASP. NET in 24 Hours Complete Starter Kit.

[3] Christian NagelBill Evjen Jay Glynn(美). C♯ 2005&. NET 3.0 高级编程(第 5 版)上卷＋下卷. 北京：清华大学出版社,2007.

[4] Jeffrey Richter(著),李建忠(译). Microsoft . NET 框架程序设计. 北京：清华大学出版社,2003.

[5] 马骏. C♯网络应用编程基础. 北京：人民邮电出版社,2006.

[6] 尹立宏. Visual C♯. NET 应用编程. 北京：电子工业出版社,2003.

[7] 李兰友. Visual C♯. NET 程序设计. 北京：清华大学出版社,2005.

[8] 郑阿奇. C♯程序设计教程. 北京：机械工业出版社,2007.

[9] 罗兵. C♯.程序设计大学教程. 北京：电子工业出版社,2007.

[10] 马骏. C♯网络应用编程基础. 北京：人民邮电出版社,2006.

读者意见反馈

亲爱的读者：

感谢您一直以来对清华版计算机教材的支持和爱护。为了今后为您提供更优秀的教材，请您抽出宝贵的时间来填写下面的意见反馈表，以便我们更好地对本教材做进一步改进。同时如果您在使用本教材的过程中遇到了什么问题，或者有什么好的建议，也请您来信告诉我们。

地址：北京市海淀区双清路学研大厦 A 座 602 室　计算机与信息分社营销室　　收

邮编：100084　　　　　　　　　　　电子邮箱：jsjjc@tup.tsinghua.edu.cn

电话：010-62770175-4608/4409　　　邮购电话：010-62786544

教材名称：Visual C#.NET 程序设计基础教程

ISBN 978-7-302-20117-5

个人资料

姓名：＿＿＿＿＿＿　　年龄：＿＿＿＿＿所在院校/专业：＿＿＿＿＿＿＿＿＿＿＿

文化程度：＿＿＿＿　　通信地址：＿＿＿＿＿＿＿＿＿＿＿＿＿＿＿＿＿＿＿＿

联系电话：＿＿＿＿　　电子信箱：＿＿＿＿＿＿＿＿＿＿＿＿＿＿＿＿＿＿＿＿

您使用本书是作为：□指定教材 □选用教材 □辅导教材 □自学教材

您对本书封面设计的满意度：

□很满意 □满意 □一般 □不满意　改进建议＿＿＿＿＿＿＿＿＿＿＿＿＿＿＿＿

您对本书印刷质量的满意度：

□很满意 □满意 □一般 □不满意　改进建议＿＿＿＿＿＿＿＿＿＿＿＿＿＿＿＿

您对本书的总体满意度：

从语言质量角度看　□很满意 □满意 □一般 □不满意

从科技含量角度看　□很满意 □满意 □一般 □不满意

本书最令您满意的是：

□指导明确 □内容充实 □讲解详尽 □实例丰富

您认为本书在哪些地方应进行修改？（可附页）

＿＿＿＿＿＿＿＿＿＿＿＿＿＿＿＿＿＿＿＿＿＿＿＿＿＿＿＿＿＿＿＿＿＿＿＿＿＿

＿＿＿＿＿＿＿＿＿＿＿＿＿＿＿＿＿＿＿＿＿＿＿＿＿＿＿＿＿＿＿＿＿＿＿＿＿＿

您希望本书在哪些方面进行改进？（可附页）

＿＿＿＿＿＿＿＿＿＿＿＿＿＿＿＿＿＿＿＿＿＿＿＿＿＿＿＿＿＿＿＿＿＿＿＿＿＿

＿＿＿＿＿＿＿＿＿＿＿＿＿＿＿＿＿＿＿＿＿＿＿＿＿＿＿＿＿＿＿＿＿＿＿＿＿＿

电子教案支持

敬爱的教师：

为了配合本课程的教学需要，本教材配有配套的电子教案（素材），有需求的教师可以与我们联系，我们将向使用本教材进行教学的教师免费赠送电子教案（素材），希望有助于教学活动的开展。相关信息请拨打电话 010-62776969 或发送电子邮件至 jsjjc@tup.tsinghua.edu.cn 咨询，也可以到清华大学出版社主页（http://www.tup.com.cn 或 http://www.tup.tsinghua.edu.cn）上查询。

高等学校教材·计算机应用
系列书目

书　号	书　名	作　者
9787302143338	计算机网络技术及应用教程	杨青等
9787302080732	计算机网络技术教程——基础理论与实践	胡伏湘等
9787302120193	计算机网络教程	王群
9787302140108	计算机网络实用技术教程	李冬等
9787302118619	计算机网络与通信	陈向阳等
9787302104926	计算机网络与应用	石良武
9787302110453	计算机维修技术	易建勋
9787302082392	计算机信息技术应用基础	杜茂康等
9787302109341	计算机信息技术应用教程	彭宗勤等
9787302112563	计算机应用基础	刘毅等
9787302132608	计算机应用技术基础	范慧琳等
9787302133155	计算机应用技术学习指导与实验教程——例题精解与练习、上机实践	范慧琳等
9787302090731	计算机英语实用教程	张强华
9787302119715	计算机硬件技术基础	曹岳辉等
9787302086307	计算机与网络应用基础教程	朱根宜
9787302091929	建筑 CAD 技术应用教程	吴涛
9787302087571	局域网技术与应用	李琳
9787302140696	局域网与城域网技术	王文鼐等
9787302089070	科技情报检索	田质兵等
9787302133735	面向对象程序设计与 Visual C++ 6.0 教程题解与实验指导	陈天华
9787302123118	面向对象程序设计与 Visual C++ 6.0 教程	陈天华
9787302090700	面向对象技术与 Visual C++	甘玲
9787302123231	面向对象技术与 Visual C++学习指导	甘玲等
9787302116981	软件技术基础教程	周肆清等
9787302133766	实用计算机技术——公安司法应用实践	汤艳君等
9787302142157	数据结构——C++语言描述	朱振元等
9787302140757	数据库及其应用	肖慎勇等
9787302104728	数据库及其应用学习与实验指导教程	肖慎勇等
9787302142966	数据库系统及应用(Visual FoxPro)第二版	邓洪涛
9787302086253	数据库系统及应用(Visual FoxPro)	邓洪涛
9787302124962	数据库与网络技术	翟延富
9787302128649	数据通信与网络应用	吴金龙等
9787302091295	统计分析方法——SAS 实例精选	周爽
9787302124795	图形图像处理应用教程	张思民等
9787302143086	网络工程规划与设计	陈向阳等
9787302124300	网络基础与应用实务教程	段宁华
9787302142690	网络医学信息应用	刘汉义等
9787302115595	网络远程教学技术基础(含上机指导)	黄景碧等
9787302091875	网页设计教程	侯文彬等
9787302101819	网站建设——基于 Windows Server 2003 和 Linux 9	葛秀慧
9787302103417	微机组装与维护	查志琴等
9787302120513	信息检索	陈雅芝
9787302093619	运筹学算法与编程实践——Delphi 实现	刘建永等
9787302112006	中文信息处理技术——原理与应用	李宝安等